농업통상법

- 최신 WTO농업분쟁사례 분석 -

최 원 목 저

법 영 사

서 문

1995년 WTO가 출범한 이래 20년의 세월이 흘렀다. WTO의 여러 제도 중 가장 성공적으로 기능하고 있는 분야가 분쟁해결제도인 것으로 평가되고 있다. WTO 분쟁해결기구는 출범이래 지난 20년 동안 480건이 넘는 분쟁해결을 부탁받았으며, 농업관련 분쟁의 경우도 우리나라가 미국에 의해 최초로 제소된 농산물 검사 및 검역제도 분쟁(DS3)을 비롯하여 50여개에 이르는 것으로 보인다.

초기에 우리나라는 분쟁해결제도를 이용하는데 있어서 수세적인 입장을 취하여 왔으나, 1997년 소주 사건 피소를 계기로 하여 보다 적극적인 자세로 입장을 전환하여 그 후 많은 사건을 제소하여 성공적인 결과를 이끌어 내고 있다. 우리나라의 WTO제소 및 피소건수는 30여건에 이르고, 80건이 넘는 사건에서 제3자로서 참여하고 있다. 우리는 WTO의 분쟁해결제도라는 다자간의 틀을 잘 이용함으로써 우리의 무역상 이익을 잘 지켜내고 있는 것이다.

2014년 말은 한국에 있어 WTO분쟁해결에 있어 전환점이 될 것으로 보인다. 2015년부터 쌀 시장을 개방해야 하는 국가적 과제를 지니고 있고, 한-중 FTA협정 체결을 앞두고 있어 농업정책의 일대 전환이 필요한 시점이다. 국내적으로 합리적인 농업정책의 전환 밑그림이 그려져야 하는 것은 물론이고 국제법과의 합치성이 보장되어야 한다. 이제는 과거와 같이 외교력과 협상에 의해 국제농업 분쟁을 억제하는 시대는 지났고, WTO협정 체제하에서 국제법에 따른 분쟁해결을 통해 교역국간의 민감한 사안들을 중립적인 판결의 힘을 빌려 신속히 해결해나가는 시대다.

최근 농업분야의 산적한 국가적 과제가 쌓여있음에도 우리 학계에서 농업협정과 국제분쟁을 전문적으로 연구하는 노력이 미흡한 것이 사실이다. 특히 최근 쏟아져 나오는 새로운 판결경향의 WTO농업분쟁 판결 내용들을 일목요연하게 분석하여 실무에 시사점을 도출하려는 노력이 부족하다. 이러한 문제점을 체감하여 우선 최신 농업분쟁의 WTO판례라도 분석하여 한국의 농업정책에 어떠한 시사점을 주는지를 도출하기 위해 본 저서를 출간하게 되었다. 이러한 취지를 헤아려, 필자가 한국 농림수산식품교육문화정보원 측에 제출한 보고서의 내용을 본 저서로 출간하도록 허락해준 한국 농림수산식품교육문화정보원 측과 졸고의 출판을 선뜻 수락해준 법영사측에도 감사를 드린다. 그리고 위 보고서의 공동연구원으로서 수많은 농업관련 WTO분쟁사례의 사실관계를 깔끔히 정리해주어 필자에게 많은 수고를 덜어준 이화여대 통상법률센터 박유미 연구원, 그리고 교정에 도움을 준 이은지 학생에게도 감사한다.

2014년 말 이화여대 교정에서

최 원 목

차　　례

농업통상법

- 최신 WTO농업분쟁사례 분석 -

제1장 연구의 의의 및 시사점

우리나라는 WTO 분쟁해결절차에 관한 양해에 따라 양자협의와 패널·상소기구 절차를 활용하여 무역 상대국의 부당한 무역규제조치를 WTO에 제소하고, 우리 조치가 상대국으로부터 제소당하는 경우 이를 효율적으로 방어하고 통상이익을 보호하기 위해 노력해왔다. 따라서 과거 WTO 분쟁사례에 대한 분석은 분쟁의 사전예방 및 분쟁발생시 대응을 모색하는데 있어 필요하다. 2007년 이전 WTO 분쟁사례의 경우 패널 및 상소기구 보고서 관련, 자세한 연구가 이루어진 바가 있으나,[1] 2007년 이후의 최신 WTO 분쟁사례의 경우 전반적인 쟁점, 패널 및 상소의 결과, 시사점 등을 종합적으로 정리한 선행연구는 존재하지 않는다. 특히, 농축산 분야 무역분쟁은 패널 및 상소보고서 사례 중 30%[2]의 비중을 차지하고 있으며, 미국-브라질 면화 분쟁이나 칠레-농산물가격유지제도 분쟁 등의 사례에서 살펴볼 수 있는 바와 같이 농업분야를 넘어 경제 전반적 파급효과가 크므로, 최신 농축산 분야 WTO 무역분쟁사례에 대한 연구는 매우 큰 의미가 있다.

이러한 취지에서 WTO 출범 20년을 맞이하여, 농축산 분야 최신 국제무역분쟁사례를 요약·분석하고 시사점을 도출함으로써 농업협상과 분쟁해결에 선제적으로 대응할 수 있는 기초자료로 활용토록 연구를 수행하였다. 연구의 범위는 2007년 1월 이후 농축산 분야 WTO 분쟁사례를 대상으로 분석하였으며, 사건개요, 사실관계 및 주요 쟁점, 주요 쟁점별 당사자 주장, 패널보고서 및 상소보고서 판결 요지, 해설 및 평가의 순으로 분석을 진행했다. 참고자료는 WTO 패널 및 상소기구 보고서 원문 및 활용가능한 판례요약 자료(worldtradelaw.net 수록 자료 등)를 활용하였다.

이러한 분석을 바탕으로, 앞으로 우리나라의 농식품 정책에 참고할 수 있는 정책적 시사점을 도출하였는바, 글로벌 코리아의 국제적 위상에 걸맞은 글로벌 농업정책 추진에 기여할 수 있도록 활용되어야 할 것이다. 아울러 본 연구는 농식품 분야 각종 교육 자료로도 활용될 수 있다.

제2장과 3장에서 각각 분석한 필리핀-증류주 분쟁과 태국-담배 분쟁은 GATT

---

1) 김승호(2007). WTO 통상분쟁 판례해설. 법영사 등

2) 2007년 이후 패널보고서 55건중 17건, 상소보고서 31건중 10건이 농축산분야 무역분쟁사례임

의 전통적인 내국민대우 의무 위반에 관한 분쟁이다. 그동안의 내국민대우 조항 관련 판례들을 종합해서 필리핀과 태국 사례에 적용해볼 수 있으며, 사실상 차별 조치에 대한 해석이 어떻게 발전되어오고 있는지를 정리해보는데 도움이 된다.

제4장, 5장, 6장에서 각각 살펴본 호주-뉴질랜드 사과분쟁, 미국-중국산 가금류 수입사건, 한국-캐나다 쇠고기 수입사건은 SPS협정의 과학적 근거에 입각한 위험평가 의무가 식품위생조치에 선행되어야 함을 재확인시켜 주고 있다. 특히, 한국-캐나다 쇠고기 분쟁은 교역자유화의 필요성과 식품안전 보장 문제가 충돌하는 상황에서 어떻게 합리적이고 균형잡힌 농식품정책을 취해나가야 하는지에 관한 뼈저린 교훈을 남기고 있다.

제7장의 미국-원산지 표기제도 분쟁과 제8장의 미국-클로브담배 분쟁은 최근 본격적으로 해석되고 있는 TBT협정의 비차별대우 조항과 필요성 조항에 관한 귀중한 분석자료를 제공해준다. 전통적인 GATT의 비차별대우 조항과 어떠한 차이점을 지니고 있는지, TBT협정의 필요성 원칙이 GATT 제20조의 일반적 예외사유와 어떻게 연결될 수 있는지를 이해하기 위해 위 두 분쟁 판례는 많은 시사점을 주고 있다.

제9장의 미국-오렌지 쥬스 분쟁과 제10장의 중국-닭고기 분쟁은 반덤핑 분야의 실체 및 절차적 조항들이 농산물 수입관련 어떻게 적용되는지를 보여준다. 제11장의 미국-면화 분쟁과 제12장 멕시코-올리브 오일 상계관세 분쟁 또한 제소가능보조금과 상계가능보조금의 개념을 이해하고, WTO협정상 허용보조금으로 인정받기 위한 요건 및 상계조사에서의 절차적 요건들을 다시 한 번 되새기게 해준다.

제13장의 EC-바나나 이행분쟁, 제14장의 캐나다/미국-EC호르몬 분쟁, 그리고 제15장의 칠레-농산물 PBS 분쟁은 WTO판정의 이행단계에서 벌어지는 국내정치적 함수관계와 판정을 제대로 이행하지 않는 경우에 이어지는 후속적인 분쟁의 모습을 적나라하게 보여주고 있어, 우리나라가 WTO에서 패소한 경우의 판정 이행에 대한 많은 시사점을 남긴다.

마지막으로, 제16장의 터키-쌀 수입조치 분쟁은 쌀 시장 관세화 이후에도 관세제도의 구체적 운영방법 여하에 따라 GATT 내국민대우 및 농업협정 위반 클레임의 표적이 됨을 사례로 보여주고 있다. 이것은 쌀 시장 개방의 과제를 앞두고 있는 우리에게 시의적절한 타산지석의 교훈을 남기고 있다.

제 2 장 필리핀 - 증류주 분쟁
(PHILIPPINES - TAXES ON DISTILLED SPIRITS)
(WT/DS396, 403)

<요 약>

필리핀은 증류주에 대해 유형별로 차등세율을 적용하여, 지정(designated)된 원재료(니파, 코코넛, 카사바, 카모트 등)로 생산된 증류주에는 알코올 함량 리터당 낮은 세율을 적용하였다. 이에 높은 소비세 적용 주류를 대부분 수출하고 있었던 미국과 유럽연합은 2009년 말과 2010년 초 각각 위와 같은 필리핀 내국세법이 GATT 제3.2조의 내국민대우원칙에 위반된다는 이유로 필리핀을 WTO에 제소하였다. 선행 유사 분쟁인 한국 소주사건과 일본 소주분쟁에서는 한국과 일본이 술의 '종류'에 따라 차등과세를 하고 있었던 반면("type discrimination"), 칠레 피스코 분쟁에서는 칠레가 술의 '도수'와 가격에 따른 차등과세("discrimination based on alcoholic strength and value") 제도를 유지하고 있었다. 이에 비해 필리핀의 주세제도는 '지정된 원재료'를 사용했는지 여부에 따라 각 주류의 세율을 달리한 점이 상이하다. 이러한 차이점에도 불구하고, WTO패널은 선행 사례들과 같이 '사실상의 차별(de facto discrimination)'에 해당하는 것으로 판정했다는 점에서 공통적이다. 즉, 주류의 종류에 따라 차등 과세하든지(한국, 일본), 알콜 도수에 따라 그러하든지(칠레), 아니면 원료물질 사용여부에 따라 차별하든지(필리핀)에 상관없이, 동종상품에 대한 경쟁조건의 차이가 구조적으로 창출되게 되면 GATT 내국민대우원칙을 위반한다는 점에서 기존의 WTO 판시내용을 확인해주고 있다. 우리나라의 경우, 이미 WTO분쟁을 거쳐 증류주 주세율이 단일화 되었으므로 필리핀 사례가 주는 시사점은 제한적이다. 그럼에도 불구하고, GATT 내국민대우 조항의 해석과 적용에 관한 법률적 시사점을 얻을 수 있으며, 우리 주류제품들이 해외에 수출되는 경우 다른 WTO회원국들의 주세제도 등을 비차별적으로 개편시킬 수 있는 국제법적 근거로 삼을 수 있을 것이다.

Ⅰ. 사건개요 및 사실관계

필리핀은 경쟁력이 취약한 산업 분야에서 강력한 보호주의 정책을 취하고 있는데 이를 위해 높은 관세율, 수입총량 제한, 세이프가드, 기술규제 등 다양한 관세 및 비관세 장벽을 설정하고 있다. 특히 농축산업 부분에 있어 민감품목에 대해서는 최소접근물량(MAV) 정책에 따라 쿼터 내 관세율을 부과하고, 설탕(사탕수수)에 가장 높은 50~65%를 비롯해 쌀 40~50%, 옥수수 35~50%, 가금류 식품, 감자, 마늘, 양배추 40% 등 높은 관세율 정책을 취하고 있다. 또한 주류와 담배에 대해서는 특별 소비세를 부과하는데, 모든 증류주는 병 크기를 기준으로 특소세를 부과하며, 설탕 등 자국에서 생산된 원료로 주조된 증류주에는 낮은 세율을 수입 증류주에는 높은 세율을 부과하는 제도를 취했다. 증류수는 2016년, 담배와 맥주는 2018년부터 매년 4%씩 세율을 인상할 예정이다.[3]

본 사건은 필리핀이 위와 같은 국내 산업 보호정책의 일환으로 증류주에 부과한 차등적 소비세(excise tax)에 대한 것으로 분쟁대상이 된 조치는 필리핀의 내국세법(National Internal Revenue Code) Section 141이었다. 동 법은 증류주에 대해 유형별로 차등세율을 적용하여, Section 141(a)는 지정(designated)된 원재료(니파, 코코넛, 카사바, 카모트 등)로 생산된 증류주에는 알코올 함량 리터당 14.68 PHP의 낮은 세율을 적용하는 반면, 그 외 지정되지 않은 원재료로 생산된 증류주에는 Section 141(b) 적용을 통해 141(a)보다 월등히 높은 158.73~634.90 PHP의 세율을 적용하였다. Section 141(b) 적용 제품들은 시장 판매가격 수준에 따라 세 가지 세율을 적용받도록 되어 있었다.

◇ 필리핀의 내국세법(National Internal Revenue Code) Section 141 (b)
(a) NRP 〈 PHP 250.00 인 경우, PHP 158.73 ppl 적용
(b) PHP 250.00 ≤NRP ≤ PHP 675.00 인 경우, PHP 317.44 ppl 적용
(c) NRP 〉PHP 675.00 인 경우, PHP 634.90 ppl 적용

※ NRP(Net Retail Price), PHP(Philippine Pesos), ppl(per proof litre)

이에 따라 지정된 원재료를 사용하지 않는 수입산 증류주인 진, 브랜디, 럼, 보드카, 위스키, 데낄라 등은 매우 높은 소비세를 적용받게 된 반면, 지정된 원재료를 사용하는 대부분의 필리핀산 증류주는 낮은 소비세를 적용받게 되었다. 이에 높은 소비세 적용 주류를 대부분 수출하고 있었던 미국과 유럽연합은 위와 같은 필리핀 내국세법이 GATT 제3.2조의 내국민대우원칙에 위반된다는 이유로 필리핀을 WTO에 제소하였다.

3) 주간무역, 한눈에 보는 필리핀 구입규제 참고. http://www.weeklytrade.co.kr

Ⅱ. 주요쟁점 및 당사국 주장

1. 주요쟁점

필리핀이 증류주(진, 브랜디, 럼, 보드카, 위스키, 데낄라 등)에 차등적으로 부과하는 소비세(excise tax)가 GATT 제3.2조 제1문 및 제2문에 위반되는지 여부가 문제되었다.

2. 당사국 주장

가. GATT 제3.2조 제1문 관련

① 제소국의 주장(미국 및 유럽연합)

원재료에 상관없이 모든 증류주는 동일한 물리적 특성 및 소비용도를 가지고 있고, 원재료에 의해서 소비자 기호가 영향을 받지 않으며, 모든 증류주의 HS 코드 번호는 동일하고, 다른 대부분의 나라에서도 원재료에 따라 증류주를 구분하지 않기 때문에 필리핀의 지정 원재료로 생산된 필리핀산 증류주와 비지정 원재료로 생산된 수입산 증류주는 동종상품(like products)이라고 주장했다. 또한 비지정 원재료로 생산된 수입산 증류주에 지정 원재료로 생산된 필리핀산 증류주에 대한 과세보다 '초과하는' 과세를 부과하고 있으므로 필리핀의 조치가 GATT 제3.2조 제1문 위반이라 주장하였다.[4)]

② 피제소국의 주장(필리핀)

필리핀은 GATT 제3.2조 제1문상 '동종상품'에 해당되려면 두 상품간 높은 수준의 물리적 동질성과 경쟁관계가 요구된다고 전제하고, 지정된 원재료로 생산된 설탕(sugar-based) 증류주와 비지정 원재료로 생산된 무설탕(non-sugar-based) 증류주는 물리적 특성이 다르며, 설탕 증류주와 무설탕 증류주가 그 가격 차이로 인해 소비자층이 달라 별개 시장을 형성하고 있으므로 이를 동종상품으로 볼 수 없다고 주장하였다. 또한 HS 코드는 원재료에 기반하여 부과되며, 비록 두 제품간의 최종 소비용도가 동일하더라도 이러한 사실이 바로 동종상품임을 의미하는 것은

4) 이상 WT/DS396,403/R(패널보고서), paras. 7.22-29, 7.86 참조.

아니라고 반박했다. 따라서 두 제품이 동종상품이 아니므로 패널은 내국세를 국내산에 비해 수입산에 '초과하여' 과세했는지 여부를 판단할 필요가 없다고 주장했다. 또한, 지정된 원재료로 생산된 증류주와 비지정 원재료로 생산된 증류주간의 법적 구별은 국내생산 보호를 위함이 아니라, 세금 징수와 관련된 필리핀 헌법상의 재정적 목표를 달성하기 위한 가장 적절한 방법의 일환으로 시행된 것이라고 주장했다. 즉, 헌법상의 재정적 목표는 부유한 소비자가 주로 구매하는 값비싼 제품에 더 많은 세금을 부과하고 저렴한 제품에 더 적은 세금을 부과하도록 '누진세'를 시행하는 것이라는 논리다.[5)]

나. GATT 제3.2조 제2문 관련

① 제소국의 주장

미국은 GATT 제3.2조 제2문을 독립적 주장으로, 유럽연합은 주된 주장이 기각될 경우의 예비적 주장으로 주장하였다. 이에 미국은 모든 증류주가, 유럽은 HS 코드 2208호를 지닌 모든 증류주는 원재료와 관계없이 직접 경쟁 또는 대체재임을 언급하며 필리핀이 지정된 원재료를 사용한 국내산 증류수와 비지정 원재료를 사용한 수입산 증류수간에 세율이 10~40배나 차이 나므로 유사하지 않게 과세한 것으로 제3.2조 제2문 위반이라 주장하였다.

② 피제소국의 주장

필리핀은 제소국이 주장하는 제품들은 직접경쟁 및 대체재가 아니고, 설령 직접경쟁 및 대체재라 하더라도, 국내산 및 수입산 제품 간의 과세가 유사하게 이루어졌다고 주장하였다. 또한 설령 유사하지 않은 과세라도 필리핀은 국민의 98.2%가 고가의 수입산 증류주를 소비할 수 없는 형편인 상황에서 일부 수입산 증류주에 높은 세율을 부과하는 조치를 보호주의(protectionism)로 볼 수 없기에 필리핀의 조치는 국내생산을 보호하기 위한 것이 아니므로 GATT 제3.2조 제2문 위반이 아니라고 주장했다.[6)]

5) Ibid.

6) 이상 패널보고서, paras 7.91-95 참조.

Ⅲ. 패널 및 상소기구 보고서 요지

1. 필리핀의 조치가 GATT 제3.2조 제1문을 위반했는지 여부

GATT 제3.2조 제1문

다른 체약당사자의 영토내로 수입되는 체약당사자 영토의 상품은 동종의 국내 상품에 직접적 또는 간접적으로 적용되는 내국세 또는 그밖의 모든 종류의 내국과징금을 초과하는 내국세 또는 그밖의 모든 종류의 내국과징금의 부과대상이 직접적으로든 간접적으로든 되지 아니한다.

가. 패널 보고서 요지

패널은 우선, 필리핀의 조치가 GATT 제3.2조 제1문을 위반했는지 여부를 판단하기 위해 2단계 접근법을 취했다. 즉, (i) 국내산 및 수입산 제품이 동종상품인지 여부, (ii) 수입산 제품에 대해 동종의 국내상품에 부과되는 소비세를 초과(in excess of)하는 소비세가 부과되었는지 여부를 검토했다.

① 국내산 및 수입산 제품이 동종상품인지 여부

동종성 분석을 위해 패널은 전통적인 BTA 접근법7)에 따른 요소들을 검토했다.

<국내산·수입산 증류주가 동종상품인지 여부에 대한 패널의 분석>

고려요소	사 유
제품의 물리적 특성	특정 원재료로부터 증류된 에틸알코올의 결과물인 증류주의 동종성 판단은, 원재료가 아닌, 결과물(final product)을 기준으로 검토해야 한다고 판단 - 색상, 질, 향, 아로마 등을 고려했을 때 수입산과 국내산 증류주간의 차이가 없을 뿐 아니라 비지정된(non-designated) 원재료로 생산된 수입증류수와 지정된(designated) 원재료로 만든 국내산 증류수간에도 차이가 없다고 판단

7) 상품성질설(BTA Approach). 동종성 판단에 있어 전통적으로 GATT/WTO 패널이 취해온 방법으로, 1970년에 제시된 '국경과세조정에 관한 보고서(Report of the Working Party on Border Tax Adjustments)에서 기술된 요소들을 심사하는 것이다. 동 보고서는 제품의 물리적 특성이나 성질, 제품의 최종 소비자 용도 및 소비자 기호나 습관 등을 고려하여 동종상품 여부를 판단할 것을 제시한다.

최종 사용용도	두 종류의 증류주 모두 최종 소비 용도는 '갈증 해소, 사회화(socialization), 휴식, 기분 좋게 취하기' 위한 것으로 동일
소비자 기호	- 국내산 증류주의 가격증가와 수입산 증류주의 가격하락은 국내산 대신 수입산 증류주 소비 경향을 높이므로 대체재라 판단 - 국내산 증류주는 진(gin), 브랜디(brandy), 럼(rum), 데킬라(tequila) 등의 이름을 사용함으로써 수입산 제품을 모방하고 있으므로 대체재라 판단 - 가격 차이로 인해 소비자층이 달라 별개 시장을 형성하고 있으므로 이를 동종상품으로 볼 수 없다는 필리핀의 주장을 기각
관세 분류	두 증류주 모두 동일한 HS 코드인 2208호를 사용[8)]
내부 규제	필리핀의 알콜 음료의 유통방식 및 음주운전을 다루는 다양한 법령에 대한 검토 결과, 동 법령들이 수입산과 국내산 증류주를 다르게 취급하지 않고 있음을 판단

패널은 위와 같은 방법으로 '동종성' 여부를 판단 한 후, 국내산 및 수입산 증류주, 특히 비지정(non-designated) 원재료로 생산된 수입증류수와 지정(designated) 원재료로 만든 국내산 증류수가 GATT 제3.2조 제1문의 '동종상품'이라 보았다.[9)]

② 수입산 제품에 대해 내국과징금을 초과(in excess of)하는 내국세가 부과되었는지 여부

패널은 '아주 적은 비율의 초과도 과도하다(smallest amount of excess is too much)'고 본 기존 상소기구의 판정례를 검토한 후, 필리핀의 조치에 법률상(de jure) 차별

---

8) HS heading 2208

Heading	HS 6-digit Code	Description
22.08		Undenatured ethyl alcohol of an alcoholic strength by volume of less than 80% vol; spirits, liqueurs and other spirituous beverages
	2208.20	- Spirits obtained by distilling grape wine or grape marc
	2208.30	- Whiskies
	2208.40	- Rum and other spirits obtained by distilling fermented sugarcane products
	2208.50	- Gin and Geneva
	2208.60	- Vodka
	2208.70	- Liqueurs and cordials
	2208.80	- Other

9) 이상 패널보고서, paras. 7.31-85 참조.

은 없지만, 사실상(de facto)의 차별이 있다고 판단했다. 즉, 패널은 "필리핀의 국내산 증류주가 모두 지정된 원재료로 생산되므로 낮은 세율이 적용되는 반면, 수입산 증류주 대다수에는 높은 세율이 적용된다"는 점을 주목하고, 국내산 증류주에 비해 수입산 증류주에 불리한 조세가 부과되고 있음을 확인했다. 그리하여 비록 원산지중립적인 조치라고 하더라도, 비지정된(non-designated) 원재료로 생산된 수입증류수 대부분은 사실상 높은 소비세를 부과 받으므로 국내산에 대한 내국세를 초과(in excess of)하는 내국세인 소비세가 부과되어 사실상 차별이 있다고 판시한 것이다. 즉, GATT 제3.2조 제1문 및 제2문에 위반한다는 것이다.[10)]

나. 상소기구 보고서 요지

필리핀은 패널이 (1) 비지정(non-designated) 원재료로 생산된 수입증류주와 지정(designated) 원재료로 만든 국내산 증류수가 동종이라고 판시한 점과, 이에 더 나아가 (2) 모든 분쟁관련 증류주는 동종상품이라고 판시한 패널의 결정에 대해 상소했다.

① 비지정된 원재료로 생산된 수입증류수와 지정된 원재료로 만든 국내산 증류주가 동종인지와 관련하여

상소기구는, 패널이 검토한 요소인 (1) 제품의 물리적 특성(속성, 특성, 질) (2) 필리핀에서의 최종 사용용도 (3) 소비자의 기호 (4) 관세 분류 (5) 관련된 필리핀의 내부 규제 중 필리핀에서의 최종 사용용도[11)]를 제외한 나머지 요소들을 검토했다.

(i) 제품의 물리적 특성(속성, 특성, 질)

i) 패널의 '동종상품'에 대한 해석

필리핀은 패널이 '동종상품'의 개념을 정의함에 있어 '동종상품'을 '동일한(identical) 상품'으로 제한하지 않은 오류를 범했다고 주장하며, 동종상품이기 위해서는 두 제품이 충분히 유사(sufficiently close) 해야 한다고 주장했다. 이에 대해 상소기구는 GATT 제3.2조의 동종상품은, '동일한 상품'에만 제한적으로 적용되는 것이 아니며, 동종상품 여부 판단에 있어서 두 상품이 경쟁관계에 있는지 여부가 주된 기준이 되며 물리적 특성은 두 상품간 경쟁관계의 성격과 정도를 판단하는

10) 이상 패널보고서, paras. 7.86-89 참조.

11) 필리핀은 'ii) 필리핀에서의 최종 사용용도'에 대한 패널의 판정에 불복하지 않았다.

데 고려되는 여러 요소 중 하나일 뿐이라고 하였다. 그리하여 물리적 특성이 아주 가깝다고 하더라도 경쟁의 정도가 낮으면 동종상품이 아닐 수 있고, 물리적 특성의 차이가 있다고 하더라도 그러한 차이가 경쟁관계에 미치는 영향이 제한적인 경우에는 동종상품으로 간주될 수 있다고 하였다.

ii) 원재료의 관련성

원재료가 다르기에 물리적 특성이 차이가 있으므로 동종상품이 아니라는 필리핀측 주장에 대해, 상소기구는 증류주 생산에 사용된 원재료의 차이가 있더라도 그러한 차이가 최종제품에 영향을 미치지 않는 경우라면, GATT 제3.2조의 동종상품으로 판단될 수 있다고 하였다. 또한 상품간의 원재료 차이가 최종제품간의 경쟁관계에 근본적인 차이를 가져오지 않는 한, 그러한 차이는 동종상품임을 판단함에 방해가 되지 않는다고 하였다.

iii) 소비자 인식의 차이(Perceptible Difference Test)

필리핀은 패널이 물리적 특성이 동일한지 여부를 판단함에 있어 잠재적 소비자의 인식을 유일한 요소로 고려하는 방식('perceptible difference test')에 의존하여 잘못된 기준을 적용했다고 주장하였다. 이에 대해 상소기구는 GATT 제3.2조의 동종성 판단에 있어 패널이 고려한 요소인 'perceptible difference test'는 열거(exhaustive)적이 아니고, 단지 사용할 수 있는 여러 도구 중 하나 일 뿐 이라며, 비록 '제품에 대한 인식'이 '제품의 특성'보다 '소비자의 기호'의 판단에 더 관련이 있지만, 패널이 '인식'의 차이를 '제품의 특성'의 판단요소 중 하나로 활용했다면 이에 위법이 있지 않다고 하였다. 그리하여 상소기구는 지정되지 않은 원재료로 생산된 수입산 증류주와 지정된 원재료로 생산된 국내산 증류주간의 물리적 유사성이 있다는 패널의 판단을 지지하였다.

(ii) 소비자의 기호

상소기구는 경쟁·대체의 정도(degree of competition of substitutability) 및 유통방식(distribution channel)에 대한 패널의 판단에 대해 검토했다.

i) 경쟁대체의 정도(Degree of Competition of Substitutability)

필리핀은 패널이 GATT 제3.2조의 첫 문장의 경쟁과 대체성의 정도에 대한 판단에 있어 오류를 범했다고 주장했으나 상소기구는, Canada-Periodicals와 Korea-Beef 사건에서의 상소기구 판시를 들며, GATT 제3.2조의 첫 문장에 포함되기 위해서는 완벽한 대체성(perfectly substitutable)을 가져야 하는 것은 아니라고 하였다.

따라서 소비자 기호의 판단에 있어서 필리핀산 증류수와 수입산 증류수 간의 완벽한 대체적 관계와 유사하다고(close to being perfectly substitutable) 본 패널의 입장을 지지했다.

ii) 유통방식(Distribution Channel)

필리핀은 지정된 원재료로 생산된 증류주와 비지정 원재료로 생산된 증류주 각각의 유통망이 다르므로 이를 소비하는 소비자군도 다름을 주장했다. 패널은 비록 특정 매장이 단지 필리핀산 증류주만 취급하더라도, 수입산 증류주를 판매하는 다른 모든 매장은 필리핀산 증류주도 함께 판매하는 점을 들어 이는 해당 제품들간의 동질성을 보여준다고 보았다. 상소기구는 이러한 패널의 입장을 언급하며 특정 유통망('sari-sari stores')이 단지 국내산 증류주만을 취급한다고 해서 그곳에서 취급하는 증류주와 그렇지 않은 증류주간에 동종상품이 아니라고 보기엔 부족하다며 패널의 입장을 지지했다.

(iii) 관세 분류

필리핀은 비지정(non-designated) 원재료로 생산된 분쟁대상 수입증류수와 지정(designated) 원재료로 만든 국내산 증류수의 HS 코드가 2208호로 동일하다는 점을 들어 두 제품이 동종상품이라 한 패널의 입장에 문제가 있다고 지적했다. 즉, HS 코드 2208호에는 많은 제품이 포섭되고, 각 제품의 특징을 충분히 구체적으로 제시하지 못하기에 위 코드의 호(heading)를 기준으로 동일성을 판단할 수 없다는 것이다. 이에 대해 상소기구는 Japan-Alcoholic Beverages 사건을 언급하며 관세분류도 충분히 구체화 된다면 동종성을 판단하는 유용한 도구가 될 수 있다고 했다.

(iv) 규제 제도(Regulatory Regime)

필리핀은 미국과 유럽연합에서 사탕수수 찌꺼기로 만든 위스키와 브랜디를 "위스키"와 "브랜디"라는 이름으로 판매하는 것을 금지하고 있는 규제 제도는 이 사건과 관련이 없다고 한 점에 위법이 있다고 주장했다. 이에 대해 상소기구는 두 종료의 증류주가 한 시장에서 '동종상품'이라고 간주되더라도 다른 시장에서까지도 '동종상품'이라고 여겨지는 것은 아니라며, 각 제품이 경쟁하고 있는 시장에서만의 경쟁관계 및 특성을 검토하면 된다고 본 패널의 입장을 지지했다.[12)]

12) 이상 WT/DS396,403/AB/R(상소기구보고서), paras. 112-174 참조.

② 모든 증류주가 동종상품이라고 판시한 점에 대해

필리핀은 수입산이든 국내산이든, 어떤 원재료로 만들어지든 간에 관계없이 GATT 제3.2조의 동종상품이라고 한 패널의 결정은 모든 증류주를 동종상품으로 보기 때문에 오류가 있다고 주장했다. 이에 대해 상소기구는, 패널이 찾아낸 '모든 증류주의 물리적 유사성과 경쟁관계'는 GATT 제3.2조의 동종상품 요건을 충족하기에는 부족하며, 동 조의 동종상품이 되기 위해서는 "단지 상당한 정도 이상의 경쟁관계(higher than merely significant)가 필요하다"며 패널의 입장을 기각했다.

결론적으로 패널의 비지정 원재료로 생산된 분쟁대상 수입증류수와 지정 원재료로 만든 국내산 증류수가 동종이라고 판시한 패널의 입장은 상소기구가 지지했으나, 모든 증류주가 동종상품이라고 판시한 점은 기각되었다.13)

2. 필리핀의 제도가 GATT 제3.2조 제2문을 위반했는지 여부

GATT 제3.2조 제2문

어떠한 체약당사자도 제1항에 명시된 원칙에 반하는 방식으로 수입 또는 국내 상품에 내국세 또는 그밖의 내국과징금을 달리 적용하지 아니한다.

부속서 주(註)와 보충적 규정

제3조에 관하여 제2항

제2항 첫번째 문장의 요건에 합치되는 조세는 과세된 상품을 일방으로 하고 유사하게 과세되지 아니한 직접적으로 경쟁적이거나 대체가능한 상품을 타방으로 하여 양자간에 경쟁이 수반된 경우에만 두번째 문장의 규정에 불합치되는 것으로 간주된다.

가. 패널 보고서 요지

◇ 판례법에 의해 발전된 GATT 제3.2조 제2문 위반 판단방법

1. 수입 및 국내산 상품간의 직접경쟁 또는 대체관계에 있는지 여부
2. 직접경쟁 또는 대체관계에 있는 상품간 '유사하지 않게 과세(not similarly taxed)' 되었는지 여부
3. 직접경쟁 또는 대체관계에 있는 상품간의 '유사하지 않은 과세'가 '국내생산 보호를 위한 목적(so as to afford protection to domestic production)'으로 이루어졌는지 여부

13) 이상 상소기구보고서, paras. 177-183 참조.

① '직접경쟁 · 대체'관계

패널은 그동안 일련의 WTO판례에 의해 발전된 GATT 제3.2조 제2문 위반 판단방법에 따라 우선 국내산과 수입산 증류주가 직접경쟁 또는 대체관계에 있는지 여부를 검토했다. 패널은 앞서 동종성 판단에서 검토했던 소비자 기호, 유통방식, 제품특성, 관세분류 등의 요소에 더해 해당 제품들 간의 경쟁관계를 검토했다. 이를 위해 패널은 '경쟁의 정도'가 아닌 '경쟁관계의 성격과 질(quality)'을 검토해야 하고, 교차탄력성을 검토하는 것이 이를 판단하는 좋은 방법이라 하며, 양측 당사국이 제출한 자료를 토대로 수입산 및 국내산 증류주간에 대체성이 있다고 판단했다.

이후 패널은 필리핀 소비자들간의 소득 격차로 인해 비지정 원재료로 만든 수입산 증류주와 지정 원재료로 생산한 국내산 증류주간 시장 세분화가 이루어졌었고, 대부분의 국민은 비지정 원재료로 만든 증류주를 부담할 수 없고 단지 일부(narrow segment)의 소비자군만 이를 구매한다고 주장한 점에 대해 검토하였다. 패널은 대체성 판단을 위한 경쟁관계는 모든 산업군 전체에서 발생해야 하는 것은 아니고, 단지 일부 소비자군에서 경쟁관계가 존재하여 수입산 증류주와 국내산간 부분적 경쟁이 존재한다면, 그 자체로서 GATT 제3.2조 제2문 위반이 발생할 수 있다고 판시했다. 이에 따라 패널은 비지정 원재료로 만든 수입 증류주를 부담할 수 있는 일부의 소비자군 내에서도 수입 증류주와 지정 원재료로 만든 국내산 증류주 간의 직접 경쟁 · 대체 관계가 존재한다고 판단한 것이다.[14)]

② 유사하지 않은 과세

패널은 기존 판례법상 발전된 '유사하지 않은 과세'의 정도를 미미한 수준(de minimis) 이상이라고 보며, 지정된 원재료를 사용한 대부분의 필리핀산 증류주는 Section 141(a)에 따라 PHP 14.68 ppl의 소득세가 적용되는 반면, 비지정 원재료를 사용한 대부분의 수입산 증류주는 NRP에 따라 PHP 158.73 ppl, PHP 317.44 ppl, PHP 634.90 ppl을 적용받으므로 '유사하지 않은 과세'가 있다고 보았다.[15)]

③ 국내생산보호

패널은 '국내생산 보호'를 위한 조치인지 여부에 있어 당해 조치의 의도(intent)

14) 이상 패널보고서, paras. 7.99-138 참조.
15) 이상 패널보고서, paras. 7.140-167 참조.

가 아니라 조치의 적용(application)이 관건이며, 이는 조치의 양태, 설계 및 외형상 구조(design, architecture, and revealing structure)를 통해 확인할 수 있다고 하였다. 필리핀은 국민의 대다수가 고가의 수입산 증류주를 소비할 수 없는 형편인 상황에서 일부 수입산 증류주에 높은 세율을 부과하는 조치를 보호주의(protectionism)로 유추하는 것은 타당하지 않다고 주장하였다. 이에 패널은 당해 조치의 양태, 설계 및 구조를 면밀히 분석한 후, 모든 지정된 원재료는 필리핀에서 재배되고 이에 따라 모든 국내산 증류주는 지정된 원재료로 생산되는 반면, 대다수 수입산 증류주는 지정된 원재료에서 생산되지 않는바, 당해 조치의 적용이 사실상 국내산 증류주에는 저율 과세되고 수입산 증류주에는 고율 과세되도록 설계되었다고 판단하였다.

이에 패널은 필리핀이 직접경쟁 또는 대체관계에 있는 상품간에 '유사하지 않은 과세'를 '국내생산 보호를 제공하도록(so as to afford protection to domestic production)' 부과하였으므로 GATT 제3.2조 제2문을 위반하였음을 판시했다.[16]

나. 상소기구 보고서 요지

필리핀은 패널이 분쟁대상인 증류주가 국내산 또는 수입산 원재료와 무관하게 (1) '직접경쟁 또는 대체'관계라고 한 점, 동 제품들 간에 유사하지 않은 과세가 필리핀산 제품을 (2) '보호하기 위한 목적'으로 이루어졌다고 판시한 점에 대해 상소했다.

① '직접경쟁·대체' 관계

필리핀은 패널이 GATT 제3.2조 제2문의 '직접경쟁·대체상품'의 판단 기준으로서 두 상품간 '경쟁의 정도(degree of competition)'가 아니라 경쟁관계의 '성격과 질'을 검토하는 오류를 범하였다고 주장하였다. 고가의 설탕 증류주(수입산)와 저가의 무설탕 증류주(국내산)는 소비자층이 다르고 공급방식도 다르기 때문에, 두 상품이 '직접경쟁'하거나 '대체가능'하다고 간주될 수 없다는 것이었다. 이에 대해 상소기구는 패널이 필리핀 시장에서 수입산 증류주와 국내산 증류주간 경쟁관계의 정도를 적절한 방식으로 분석하였으며 대체성의 정도를 측정하기 위해 제출된 대체성 연구들도 검토하였다면서, 패널 분석에 오류가 없다고 하였다.

수입산 설탕 증류주와 국내산 무설탕 증류주간 시장 세분화 주장에 관해서

16) 이상 패널보고서, paras. 7.180-187 참조.

상소기구는 수입상 증류주와 국내산 증류주간 가격 차이가 있기는 하지만 두 상품간 가격이 중첩되는 영역이 존재한다면서, 패널이 전체 시장에서 경쟁관계를 분석한데에 오류가 없다고 하였다.

마지막으로, 실질적 경쟁관계가 잠재적 경쟁관계를 암시한다고 판단한 패널의 결정에 오류가 있다는 필리핀의 주장에 대해, 상소기구는 GATT 제3.2조 두 번째 문장의 잠정적 경쟁관계는, 문제된 과세가 없었다면 경쟁관계가 발생하는 경우만을 국한하여 의미하는 것이 아니며, 현실적인 경쟁의 존재는 잠재적 경쟁관계를 강력히 시사할 수 있다(특히, 수입산 증류주에 대한 소비세가 국내산보다 10~40배 높은 경우 더욱 그러하다)고 판시하며 패널의 입장을 지지했다.

결국 상소기구는 수입산이건 국내산이건, 원재료와 무관하게 모든 증류주가 GATT 제3조 제2항 제2문상 '직접경쟁 또는 대체' 관계에 있다는 패널의 판단을 지지하였다.17)

② 국내생산 보호

상소기구는 Japan-Alcoholic Beverages 사건의 판시를 언급하며 '국내생산 보호' 여부 판단에 있어 당해 조치의 의도(intent)가 아니라 조치의 적용(application)이 관건이며, 이는 조치의 양태, 설계 및 외형상 구조(design, architecture, and revealing structure)를 통해 확인할 수 있다고 하였다. 필리핀은 국내 증류주 생산에 수입산 에틸알코올이 사용된다는 사실을 지적했으나, 상소기구는 에틸알코올이 문제된 증류주 자체가 아니라 증류주 생산에 사용되는 투입물에 불과하고 '국내생산보호' 여부를 판단하는데 있어서 고려할 사항은 아니라며 동 주장을 배척했다.

또한 대다수 국민이 수입산 증류주를 소비 할 수 있는 형편이 아니라는 필리핀측 주장에 대해서는, 상소기구는 패널이 당해 조치의 양태, 설계 및 구조를 면밀히 분석하여 내린 결론이라고 하면서, 모든 지정된 원재료는 필리핀에서 재배되고 모든 국내산 증류주는 지정된 원재료로 생산되는 반면, 대다수 수입산 증류주는 지정된 원재료에서 생산되지 않는바, 당해 조치의 적용이 사실상 국내산 증류주에는 저율 과세되고 수입산 증류주에는 고율 과세되도록 하는 결과를 초래한 점에 주목해야 한다고 판시하였다.

결과적으로 상소기구는 "수입산 증류주와 국내산 증류주에 차등세율을 적용하는 필리핀의 소비세는 국내산 증류주 생산을 보호하도록 적용되고 있다"는 패

---

17) 이상 상소기구보고서, paras. 197-243 참조.

널 판단을 지지하였다.[18]

Ⅳ. 해설 및 평가

우리나라의 경우 WTO 주세분쟁을 겪으면서 주류제품에 대한 세율을 단일세율로 개정한 바가 있다. 즉, 1996-1997년 당시 우리나라의 주세제도는 수입증류주의 주종인 위스키, 브랜디에 대하여 꾸준히 세율을 인하(93년 150%→96년 100%)해오고 있었음에도 불구하고 '68년 이래 가격이 비싼 제품에 누진적으로 고율 과세하는 '누진적 종가세제(incremental ad valorem tax)'를 유지하고 있었다. 즉, 당시 우리나라의 주세율 표는 소주의 경우 증류식이 50%, 희석식이 35%였으며, 보드카·진·럼의 경우 80%, 위스키·브랜디는 100% 종가세(ad valorem tax)체제를 유지하고 있었다. 이런 상황에서 미국과 EU가 제소한 한국-주세분쟁[19]에서 GATT 제3조 2항 위반으로 판정이 남에 따라, 문제가 된 소주 및 수입증류주에 대해 단일 세율인 72%를 부과하는 것으로 판정을 이행했다.

이에 앞서 벌어진 일본과 EU·미국·캐나다간의 주세분쟁[20]의 결과 일본의 차별적 주세제도가 WTO협정 위반으로 판정됨에 따라, 일본은 부분종가세·부분종량세 체제를 완전 종량세 체제로 전환하면서 소주와 양주간 세율차를 미소한 정도(de minimis)로 축소한 바가 있다.[21]

칠레는 패널판정 이행 이전의 한국 및 일본과는 상이한 주세제도를 보유하고 있었다. 즉, 한국과 일본이 술의 '종류'에 따라 차등과세를 하고 있었던 반면("type discrimination"), 칠레는 술의 '도수'와 가격(ad valorem)에 따른 차등과세("discrimination based on alcoholic strength and value") 제도를 유지하고 있었다. 그런데, 이러한 차등과세가 도수에 따라 점진적으로 이루어지지 않고, 자국주인 피스코(pisco)가 속해있는 35o와 대부분의 수입주류들이 속해있는 39o 사이에 급격한 세율의 격차를 두어 피스코를 보호하는 효과를 거두도록 설계되었다. 이러한 설계 자체를 사실상의 차별로 인정하며 WTO 패널 및 상소기구는 일본, 한국 소주 판정을 참조하

---

18) 이상 상소기구보고서, paras. 244-257 참조.

19) WT/DS75, DS84. (98.7.31. 패널, 99.1.18. 상소기구 판정)

20) WT/DS8, DS10, DS11. (96.7.11. 패널, 96.10.2. 상소기구 판정)

21) 2000.10월부터 소주와 양주간 세율차를 알코올 1도당 1:1.03 비율의 격차 유지(de minimis 3%). 즉, 희석식 소주는 알콜1도 1kl당 6,228엔→9,924엔으로 인상, 증류식 소주는 알콜1도 1kl당 4,084엔→9,924엔으로 인상, 위스키는 알콜1도 1kl당 24,558엔→10,225엔으로 인하.

여 칠레 주세제도를 GATT 제3.2조 위반으로 판정하였다.[22)]

이러한 일련의 선행 주세 분쟁들과 비교해볼 때, 필리핀의 주세제도는 지정된 원재료를 사용했는지 여부에 따라 각 주류의 세율을 달리한 점이 상이하나, 결국 선행 사례들과 같이 '사실상의 차별(de facto discrimination)'에 해당하는 것으로 판정되었다는 점에서 공통적이다. 즉, 주류의 종류에 따라 차등 과세하든지(한국, 일본), 알콜 도수에 따라 그러하든지(칠레), 아니면 원료물질 사용여부에 따라 차별하든지(필리핀)에 상관없이, 동종상품에 대한 경쟁조건의 차이가 구조적으로 창출되게 되면 GATT 내국민대우 원칙을 위반한다는 점에서 기존의 WTO 판시내용을 확인해주고 있다.

이러한 기존 판례와의 유사성에도 불구하고, 필리핀 주세사건에서 패널이 모든 증류주가 동종상품이라고 판시한 점에 대해 상소기구는 '동종'상품이 되기 위해서는 제품의 물리적 유사성 뿐 아니라 상당한 정도 이상의 경쟁관계(higher than merely significant)가 필요하므로 모든 증류주가 동종상품은 아니라는 입장에서 패널 판정을 기각한 점은 주목을 요한다. 이것은 GATT 제3.2조 제1문상 '동종상품' 분석 또한 제2문의 직접경쟁 또는 대체상품 및 제3.4조의 동종상품의 경우처럼 기본적으로는 '경쟁관계' 시각으로 접근해야 함을 분명히 한 의의가 있다.[23)] 다시 말하면, 가장 좁은 범위의 동종상품을 정의한 제3조 2항 제1문의 동종상품 개념을 충족하기 위해서는 제품의 물리적 유사성이 매우 크다는 입증만으로는 부족하고 시장에서의 경쟁관계까지 입증해야 한다는 것이다.

이것을 반대해석하면, 아무리 물리적으로 유사한 제품도 경우에 따라서는 동종상품이 아닐 수 있으므로 이에 대한 재정적 규제에 있어 차등을 둘 수 있는 여지를 남긴 것으로도 이해할 수 있다. 물론 이러한 규제의 재량권을 향유할 수 있으려면, 물리적으로 매우 유사한 제품이 정작 시장에서는 상호 경쟁 및 대체가능성이 매우 낮다는 것을 입증할 수 있어야 한다.

또한, 필리핀이 개도국이 헌법상의 재정적 목적을 달성하기 위한 수단으로 세금을 부과할 수 있다며, 특정한 원료로 제조한 주류제품은 고가이어서 그러한 제품을 주로 구매하는 고소득층으로부터 상대적으로 많은 세금을 거두어들이려면 세율을 높여야 한다고 주장한 점은 주목을 요한다.[24)] 이러한 일종의 누진세의 필

22) WT/DS/87/AB/R, WT/DS/110/AB/R (1999.12.13)

23) GATT 제3.4조의 동종상품 판정 기준에 있어 비교대상 상품간의 상호 경쟁관계 존재여부가 기본이 됨은 EC 석면분쟁(EC-Asbestos)에서 상소기구가 판시한 바가 있으나, GATT 제3.2조 제1문의 동종상품 개념 맥락에서 이를 명시적으로 판시한 경우는 이전에는 없었음을 주의.

요성 주장을 GATT 제20조의 일반적 예외 맥락에서가 아니라 GATT 제3조 자체 내에서 펼치고 있는 것이다.

문제는 필리핀측이 이러한 논점을 특별히 제3조의 어느 요건과 관련해서 주장하고 있는지를 명시하지 않고 있다는 점이다. 즉, '동종상품' 판정에 있어 조치의 목적을 고려해야 한다는 것인지, 아니면 수입제품의 경쟁조건에 불리한 조치인지를 고려할 때 이러한 누진세의 필요성을 감안해야 한다는 것인지, 제3.1조의 국내산업 보호 여부에 대한 기준으로 삼아야 한다는 것인지가 불분명하다. 이러한 문제점은 패널로 하여금 그러한 필리핀의 주장을 피해갈 수 있는 빌미를 제공한 것으로 보인다. 즉, 패널은 필리핀의 누진세 주장에 대해 아무런 언급도 하지 않고 말았다.

그 결과, 어떠한 개도국이 객관적으로 볼 때 투명하고 필요한 누진세제도를 도입하면서 그것이 GATT 제3.2조 제2문의 차별에 해당하지 않거나 제3.1조에 위반하지 않음을 주장하는 경우, 과연 WTO 패널이 어떠한 입장을 취할 것인지가 궁금해진다. 예를 들어, 재정확보가 매우 중요한 국가적 과제인 나라가 전 조세제도를 누진세 개념으로 재편하면서 주류제품에 대해서도 제품 가격을 기준으로 정비례하는 세금을 부과하는 경우가 해당될 수 있다. 현재의 GATT 제20조의 일반적 예외 사유에 재정확보 차원의 누진세제도가 명시되어 있지 않으므로, GATT 제3.2조 제2문의 "유사하지 않게 과세"나 제3.1조의 "국내산업을 보호하도록 적용" 요건과 관련하여 이러한 누진세 조치를 정당화시키는 것은 필요할 수 있다. 이 점과 관련해서는 앞으로 관련분쟁이 발생하여 상소기구가 어떠한 입장을 취

24) 필리핀 측의 제1차 서면입장서 요약본에 포함된 하기 내용 주장 참고. "This case involves the right of a developing country WTO Member to impose a tax regime that is best suited to achieve the fiscal objectives set out in its Constitution in light of the administrative and enforcement constraints it faces with respect to tax collection. An important tenet of the Philippines' fiscal objective is equitable taxation. Article VI, Section 28(1) of the Constitution of the Philippines provides that "the rule of taxation shall be uniform and equitable. The Congress shall evolve a progressive system of taxation." This means, among other things, that taxation should be based on the taxpayer's individual ability to pay. Therefore, higher-priced goods, typically bought by wealthier consumers, should bear a higher absolute tax than lower-priced goods, typically bought by less affluent consumers. In the Congressional deliberations at the time of the adoption of Section 141 of the National Internal Revenue Code, it was stated that the proposed tax system would be fair as "It will be based on the ability to pay ... because the tax will depend on whether the product is high priced or low priced ... [This] will accommodate or answer the constitutional requirement of equitable taxation." Worldtradelaw.net의 Dispute Settlement Commentary도 이러한 주장을 주목하고 있음. 필리핀 주세사건 패널보고서의 Commentary부분 참조. http://www.worldtradelaw.net.

하는지를 주시할 필요가 있다.

우리나라의 경우, 이미 WTO분쟁을 거쳐 증류주 주세율이 단일화되었으므로 필리핀 사례가 주는 시사점은 제한적이다. 그럼에도 불구하고, GATT 내국민대우 조항의 해석과 적용에 관한 법률적 시사점을 얻을 수 있으며, 우리 주류제품들이 해외에 수출되는 경우 다른 WTO회원국들의 주세제도 등을 비차별적으로 개편시킬 수 있는 국제법적 근거로 삼을 수 있을 것이다.

〈WTO 분쟁해결 일지〉

2009.12.10. EU, 패널 설치 요청
2010.3.26. 미국, 패널 설치 요청
2010.1.19., 2010.4.20. 패널 각각 설치
2010.7.5. 패널위원 구성 완료
2011.5.4. 잠정보고서 발간
2011.6.27. 최종보고서 분쟁당사국 회람
2011.8.15. 최종보고서 회람
2011.9.23., 2011.9.28. 필리핀 및 EU, 각각 상소 의사 통보
2011.12.21. 상소기구 보고서 회람
2012.1.20. 상소기구 보고서 채택

제 3 장 태국-담배 분쟁
(THAILAND-CUSTOMS AND FISCAL MEASURES ON CIGARETTES FROM THE PHILIPPINES) (WT/DS371)

< 요 약 >

태국 정부는 수입담배의 관세평가에 있어 거래가격(transaction value)을 부인하고 구성가격(deductive value)을 사용하고, 담배제품을 포함한 일정한 상품의 판매에 대해 부가가치세(VAT: value added tax)를 부과하면서 태국의 국산담배의 판매에 대해서는 이를 면제하는 조치를 취했다. 이에 다국적 담배회사인 필립모리스의 투자를 유치하여 담배를 태국에 수출하고 있었던 필리핀은 2008년 태국을 WTO에 제소하였다. WTO 상소기구는 GATT 제3.4조 위반의 요건 중 "덜 유리한 대우(less favourable treatment)"의 판단기준이 "경쟁조건(conditions of competition)"이라는 점을 다시 한 번 확인시키고, 경쟁조건에 대한 영향 심사는 그러한 영향의 "개연성의 정도(degree of likelihood)"에 대한 심사가 아니고, 해당조치와 경쟁조건간의 "진정한 관계(genuine relationship)"에 대한 분석임을 강조하였다. 상소기구는 수입담배 판매자들이 VAT공제를 위해서는 신청절차를 밟아야 하므로 자동적으로 VAT면제 혜택을 받는 국산 담배업자에 비해 일정한 절차적 부담이 가해지게 되고, 이것은 경쟁조건에 부정적 영향을 미치므로 GATT 제3.4조를 위반한다고 판시하였다. 즉, 문제가 되는 조치와 수입품·국산품간의 경쟁조건 간의 영향 관련성만 입증된다면, 그 영향 발생의 개연성의 정도와 관계없이 덜 유리한 대우가 성립될 수 있는 점에서 GATT 내국민대우 의무 조항은 더욱 그 적용범위가 넓어지는 효과가 발생했다고 평가된다. 앞으로 우리가 농산물 분야의 각종 행정규제를 취하는 경우에 그것이 조세부담과 연결되는 경우, 각종 행정요건들이 수입농산물에 불리한 경쟁조건을 시장에서 창출하는지 여부는 물론, 국산품에 비해 수입품에 조세부담이 조금이라도 높게 초래되지 않는지도 점검해야 할 것이다.

Ⅰ. 사건개요 및 사실관계

이 사건은 태국이 필리핀으로부터 수입된 담배에 대해 부과한 관세 및 재정조치와 관련된 분쟁이다. 태국의 담배전매회사(Thai Tobacco Monopoly, TTM)는 태국에서 유일하게 담배생산이 허가된 생산업체로 이곳에서 생산하는 담배가 태국의 담배소비 시장의 약 80퍼센트를 점유하고 있었다. 2000년 다국적 담배회사인 필립모리스(PM: Philip Morris)는 미화 3억 달러를 필리핀에 투자하여 Tanauan시에 Philip Morris Philippines Manufacturing Inc.(PMPMI)란 이름으로 제조공장을 설립하고 연간 300억 개의 담배를 생산했다. 이러한 생산규모는 필리핀 시장점유율 90퍼센트에 달하는 것이었다. 이곳에서 생산하는 Marlboro와 L&M 담배는 PMPMI에 의해 태국으로 수출되곤 했는데, 2006년 8월 태국 정부는 이러한 수입담배의 관세평가에 있어 거래가격(transaction value)을 부인하고 구성가격(deductive value)을 사용하고, 담배제품을 포함한 일정한 상품의 판매에 대해 부가가치세(VAT: value added tax)를 부과[25]하면서 태국의 국산담배의 판매에 대해서는 이를 면제함으로써 PMPMI가 생산한 담배의 경쟁력은 심각하게 약화되었다. 이에 따라 필리핀은 태국과의 협의를 요청했고, 두 국가는 2006년부터 2008년 9월에 걸치는 기간 동안 두 번의 공식 협의 절차를 포함하여 여러 번의 협의과정을 거쳤다. 약 3년에 걸친 협의가 실패로 돌아가면서 필리핀은 2008년 2월 7일 WTO에 제소하였고, WTO협의를 거쳐 2008년 9월 29일 패널설치를 요청하였다. 이에 따라 2008년 11월 17일 패널이 설치되었고, 패널보고서는 2010년 11월 회람되었다. 2011년 2월 패소국인 태국이 상소함에 따라 2011년 6월 17일 상소기구 보고서가 회람되고 2011년 7월 15일 채택되었다.

Ⅱ. 주요쟁점 및 당사국 주장

1. 주요쟁점

필리핀은 태국이 (1) 관세평가협정 제1조, 4조, 5조, 7조, 10조 그리고 16조 위반, (2) VAT체제를 구성하는 특정 조치와 관련 GATT 제3.2조와 3.4조 위반, 그리고 (3) GATT 제10조 위반을 주장하였다. 아래에서는 본 사건의 주요 쟁점인 GATT 제3.2조와 3.4조 및 태국의 항변으로 검토된 GATT 20(b)조 관련 쟁점을 검토하기로 한다.

---

25) 태국의 VAT제도는 담배제품의 매 거래단계에 대해 7%의 종가세를 부과하는 구조로 되어있으며, 국산 담배에 대해서는 이를 면제하고, 수입담배에 대해서는 이전단계에 지불한 VAT에 대해 후속 판매자가 세금공제(tax credit)를 신청할 수 있도록 고안되어 있었다.

2. 당사국 주장

필리핀은 태국이 (1) VAT와 관련하여 수입담배에 차별적인 과세기준을 적용하고 국내담배에 대하여 VAT를 면제시킴으로써 GATT 제3.2조 제1문을 위반하였고, (2) 수입담배 재판매업자들에게만 일정한 행정요건을 충족하도록 함으로써 GATT 제3.4조를 위반하였다고 주장하였다.

가. GATT 제3.2조 제1문 관련 주장

필리핀은 태국이 동종(like)의 국내담배에 적용하는 기준을 초과하여 수입담배에 VAT를 부과함으로써 수입담배에 차별적인 과세기준을 설정하고 있으므로 GATT 제3.2조 제1문을 위반한다고 주장하였다. 이에 대해 태국은 VAT 과세기준은 수입담배와 국내담배에 모두 동일한 방식으로 적용되므로 GATT 제3.2조 제1문의 위반이 아니라고 반박하였다.

즉, 필리핀은 최고 소매가격(Maximum Retail Selling Price, MRSP)을 기준으로 산정되는 태국의 VAT는 수입담배에 대하여 더 높은 MRSP를 적용하게 되므로, 더 많은 세금을 수입담배에 부과하게 된다고 주장하였다. 즉, 태국이 국내담배의 MRSP는 RSP(Retail Selling Price)를 기준으로 하지만 수입담배의 MRSP는 일반적으로 RSP보다 높은 수치를 기준으로 설정하기 때문에, MRSP와 RSP의 차이로 인해 수입담배에 대하여 상대적으로 높은 VAT가 적용된다는 것이다. 이에 대하여 태국은 GATT 제3.2조의 목적상 수입제품에 대한 차별적인 내국세의 적용여부를 판단함에 있어서 중요한 것은 수입담배의 과세기준이 국내담배를 보호할 목적으로 설정되고 적용되었는지의 문제이고, 과세기준 자체가 더 높은가의 문제가 아니라고 반박하였다. 또한 태국은 종가(ad valorem)세제 하에서는 고가제품일수록 징수되는 절대적인 금액은 더 클 수밖에 없다고 주장하였다.

이에 더해 필리핀은, 법률상의 VAT 면제가 국내담배 재판매업자들에게만 허용된다는 점에서 국내담배와 "동종"인 수입담배에 대한 덜 우호적인 대우로서 초과 과세를 의미하므로 태국이 GATT 제3.2조 제1문을 위반하였다고 주장했다. 이에 대하여 태국은 수입담배 재판매업자가 부담하는 VAT는 납세의무가 도래하기 전에 세금공제로 인해 자동적으로 상쇄되기 때문에 수입담배에 대한 초과 과세는 없다고 반박하였다. 한편 필리핀은, 태국 법에 의해 세금공제가 허용되더라도 수입담배 재판매업자들이 부담하는 순 VAT가 언제나 "자동적으로 그리고 동시

에" 0이 되는 것이 아니므로 초과 과세가 존재한다고 주장했다.[26)]

나. GATT 제3.4조 관련 주장

필리핀은 수입담배 판매업자들은 VAT 의무를 부담함과 동시에 추가로 VAT 관련 행정요건(세금송장의 준비 및 송달, VAT 기록 보관, 그리고 세금감사)을 충족해야 하는 반면 국내담배는 VAT가 면제되므로, 이는 GATT 제3.4조의 위반이라 주장하였다. 또한 비록 수입담배 판매업자가 VAT를 면제받기 위해 세금공제를 청구할 수 있으나, 이를 위해서 일정한 행정절차를 따라야 하는 반면 국내담배 재판매업자들은 VAT 면제로 인해 이러한 절차를 따를 필요가 없기에 수입담배에 덜 우호적인 대우가 존재한다고 주장했다. 이에 대해 태국은 국산 및 수입담배 재판매업자 모두 규제적 측면에서 동일한 대우를 받고 있으며, VAT 관련 요건은 미미한 차이 밖에 없기에 태국 시장 내에서의 수입담배의 경쟁상황을 변경하지 않는다며 반박하였다.[27)]

Ⅲ. 패널 및 상소기구 보고서 요지

1. 태국의 조치가 GATT 제3.2조 제1문을 위반했는지 여부

◇ GATT 제3.2조 제1문

다른 체약당사자의 영토내로 수입되는 체약당사자 영토의 상품은 동종의 국내 상품에 직접적 또는 간접적으로 적용되는 내국세 또는 그 밖의 모든 종류의 내국과징금을 초과하는 내국세 또는 그 밖의 모든 종류의 내국과징금의 부과대상이 직접적으로든 간접적으로든 되지 아니한다.

가. 패널 보고서 요지

패널은 태국이 국내담배 재판매업자들을 VAT 의무로부터 면제시키고 수입담배에 대하여는 동종 국내담배와는 달리 VAT를 과세한 것은 GATT 제3.2조 제1문을 위반하는 것이라고 판시하였다. 패널은 그동안 판례에 의해 발전된 GATT 제

26) 이상 WT/DS371/R(패널보고서), para. 7.421 참조.

27) 이상 패널보고서, paras. 7.645-647 참조.

3.2조 제1문 위반 판단방법을 적용하여 심리하였다.

> ◇ 판례법에 의해 발전된 GATT 제3.2조 제1문 위반 판단방법
> 1. 수입 및 국내 제품이 동종상품인지 여부
> 2. 국내제품에 적용되는 기준을 초과(in excess of)하여 수입제품에 내국세 및 기타 국내 과징금을 적용하였는가의 여부
>
> Canada-Periodicals 사건에서 상소기구가 마련한 기준

① 담배에 대한 VAT

(i) 수입 및 국내 제품이 동종상품(like products)인지 여부

필리핀은 "모든" 수입담배와 "모든" 국내담배는 동종제품이며, 특히 각 가격대에 있는 국내담배와 수입담배는 동종제품이라고 주장하였다. 이에 대하여 패널은 관련 조항은 반드시 "모든" 수입제품이 "모든" 국내제품과 동종일 것을 요구하지 않으며, 일정한 국내제품과 "동종"이라면 관련 조항의 적용을 받는다고 지적하였다.

문제가 되었던 수입담배와 국내담배는 각각 Marlboro와 L&M, 그리고 같은 가격대에 있는 국내브랜드로, 패널은 동종성의 판단은 사안별로 엄격하게 해석해야 하고, 판단 요소로서 (1) 제품의 특성, 성질 및 품질 (2) 시장에서의 제품의 최종 용도, (3) 소비자의 기호 및 습관, 그리고 (4) 관세 분류를 고려해야 한다고 하였다. 태국은 Korea-Alcoholic Beverages 사건에서 상소기구의 평결을 인용하여 "완벽하게 대체가능한 제품"만이 GATT 제3.2조 제1문상의 동종제품의 범위에 속한다고 주장하였지만, 패널은 관련 사건에서 상소기구가 동종제품의 범위를 "동일한(identical)" 제품으로 제한하려는 의도가 있었다고 보기 어렵다고 판단하였다. "동일한" 제품으로 해석하는 것은 "완벽하게 대체가능한"의 경제적 의미에 부합될 수는 있어도, 그것은 GATT 제3.2조 제1문에 따라 제품의 동종성을 판단하는 것을 거의 불가능하게 만들기 때문이라고 보았다. 단, 패널은 동종제품은 좁게 해석해야 하고 그 판단은 각 사례별로 판단되어야 함을 재차 강조하며 여기에는 사실적 상황은 물론 패널의 재량적 판단도 들어갈 수 있음을 지적하였다.

결국 패널은 Marlboro 및 L&M 담배는 그에 상응하는 태국내의 국산담배와 물리적 특성이 같고, 동일한 최종용도와 소비자 기호를 가지고 있고, 동일한 세번으로 분류되기에 동종상품이라고 보았다.[28)]

---

28) 이상 패널보고서, paras. 7.427-451 참조.

<국내산·수입산 담배가 동종상품인지 여부에 대한 패널의 분석>

고려요소	사 유
제품의 물리적 특성	담배의 물리적 특성과 관련하여, 필리핀은 담배는 모두 종이, 담배와 첨가물의 혼합, 필터로 구성되어 있고, 모든 면에서 사실상 동일한 방식으로 만들어지고 포장됨.
최종 사용용도	흡연이라는 동일한 최종용도를 지님
소비자 기호	필리핀이 제시한 TNS(Taylor Nelson Sofres) 시장연구와 대체탄력성 연구는 관련 변수에 대한 불완전한 통제로 인해 수입담배와 국내담배 간 대체가능성을 보여주기에는 결정적이지 못하다고 봄. 교차탄력성 연구의 경우, 적어도 Marlboro와 L&M 담배가 동일한 가격대에 있는 국내담배와 대체가능한 관계에 있다는 것이 확인된다고 판시.
관세 분류	동일한 HS 코드를 사용

(ii) **국내제품에 적용되는 기준을 초과(in excess of)하여 수입제품에 과세되었는지 여부**

필리핀은 (1) 태국의 수입제품에 대한 절대적 수치의 과세표준(MRSP: Maximum Retail Selling Price)이 국내산 제품에 대한 것보다 높고, (2) 해당제품의 실제 소매가격보다 구조적으로(systematically) 높아, 수입담배의 MRSP는 통상적으로 RRSP (Recommended Retail Selling Price)보다 높은 반면에 국내담배의 경우 두 수치가 언제나 동일하므로, 이 두 가격간의 차이로 인해 수입담배는 국내담배에 비하여 더 높은 VAT를 적용받게 된다고 보았다. 그리고 이에 따라 태국이 국내제품에 적용되는 기준을 초과(in excess of)하여 수입제품에 과세되었다고 주장했다. 패널은 초과 과세 유무를 판단하기 위해 VAT 체계를 검토하는 것으로부터 시작했다.

◇ 태국의 부가가치세제 (Thai VAT system)

세금 = 과세율 × 과세표준 (MRSP - VAT)

→ VAT = 7%*(MRSP-VAT) 또는 7/107*MRSP)

MRSP = 수입상 또는 국내 생산업자가 제안한 MRSP/RRSP

※ - 수입업자 또는 국내 제조업자는 새로운 브랜드를 도입하거나 현재의 MRSP를 수정하고 싶을 때 태국 재무부(Thai Excise)에 수정할 MRSP/RRSP를 제안함

- 담배에 대한 과세 표준 = MRSP liability를 기준으로 함

i) 태국의 수입제품에 대한 절대적 수치의 과세표준(MRSP: Maximum Retail Selling Price)이 국내산 제품에 대한 것보다 높은지 여부

패널은 과거 상소기구가 "가장 미미한 차이라 하더라도 초과 과세(even the smallest amount of excess is too much)"라고 한 점과, GATT 제3.2조 제1문에서 규정하는 차별적 내국세의 금지는 무역효과 기준(trade effects test)이나 최소허용한도 기준(de minimis standard)이 적용되는 것도 아니라고 평결하였음을 지적하였다. 패널은 Marlboro와 L&M에 대해서는 MRSP가 국내담배보다 더 높게 설정되어 있음을 확인하였지만, 태국의 VAT체제하 MRSP의 산정 및 수정 방식을 포함하여 MRSP의 특정적인 본질을 고려하지 않은 상태에서 절대적인 MRSP 수치만으로 수입담배에 대한 차별적인 VAT를 입증하기 어렵다고 판시하였다.

ii) 수입산 및 국내산 담배의 MRSP의 구조적 차이

필리핀은 태국정부가 과세표준의 요소가 되는 마케팅 비용을 수입담배에 차별적으로 설정함으로써 수입담배에 더 높은 과세표준을 적용하여 수입담배에 대하여 초과 과세하였다고 주장하였는데, 태국은 국내담배와 수입담배는 동일한 방식의 VAT 과세표준을 설정하였고 과세표준 설정 요소인 마케팅 비용을 결정하는 것은 태국정부가 아니라 수입업자와 제조업자라고 하였다. 또한 태국은 실제 판매가와 동일하지 않은 고정가격이 VAT 과세기준이 될 수는 있는 것이기 때문에, 고정된 과세기준인 MRSP과 실제 판매가의 차이로 인한 세액의 차이는 그 자체로 GATT 제3.2조의 위반이 될 수 없다고 주장하였다. 패널은 이에 동의하여 실제 판매가와 고정된 과세기준의 차이가 자동적으로 GATT 제3.2조의 위반을 증명하는지는 않는다고 하였다. 태국 재무부(Thai Excise)가 수입담배에 대하여 MRSP 설정에 필요한 마케팅 비용을 과장함으로써 수입담배를 차별하는 방식으로 MRSP를 산정했다는 필리핀의 주장에 대해 패널은 "명목상의 세금부담이 아닌 실질적인 세금부담을 비교"해야 한다고 판시한 Argentina-Hides and Leather 사건을 인용하며 (1) 일반적으로 마케팅 비용이 어떻게 결정되는지, (2) 태국 재무부가 수입담배 MRSP의 설정을 위한 마케팅 비용 산정을 함에 있어 일반적 방법을 벗어났는지 여부, 그리고 (3) 이로 인해 수입담배에 대한 초과 과세가 발생했는지를 검토하였다.

◇ 일반적인 마케팅 비용 결정방법

(1) Top-down 방식 : 마케팅 비용은 브랜드 간의 MRSP 차이 및 MRSP 구성요소의 합을 반영

(2) Bottom-up 방식: 마케팅 비용은 모든 적용가능 세금과 공장가격을 제외하고 담배를 태국 소비재 시장으로 들여오는데 들어가는 비용을 의미

패널은 태국의 국내산 담배인 TTM 브랜드의 경우 위의 일반적인 마케팅 비용 결정방법을 사용한 반면, 수입산 브랜드인 Marlboro와 L&M에는, 태국이 2005년 12월 7일자 MRSP의 마케팅 비용을 산정함에 있어서 일반적 방법을 적용하지 않았고, 이것은 마케팅 비용을 증가시킴으로써 결과적으로 국내담배에 적용하는 기준을 초과하여 VAT를 적용하였다고 판단하였다. 또한 패널은 태국 재무부가 2006년과 2007년 MRSP를 산정하기 위해 일반적 방법으로부터 벗어나 동종의 국내담배에 비하여 수입담배에 초과 과세함으로써 GATT 제3.2조 제1문을 위반했다고 판시하였다.[29)]

② 국내산 담배 재판매업자에 대한 VAT 면제

필리핀은 국산 담배 판매에 대한 VAT 면제가 수입담배에 대한 초과 과세이며 이것은 GATT 제3.2조 제1문의 위반이라고 주장하였다.

국산 담배 재판매업자들은 Thai Revenue Code의 Section 81(1)(v), Royal Decree No. 239[30)], 그리고 Thailand's Order of Revenue Department No. Por. 85/2542(Order No.Por. 85/2542)[31)]에 따라 VAT로부터 면제된다. 패널은 TTM이 태국내 유일한 담배 제조업자이고 태국정부의 기관이기 때문에 위 조항에 따라 TTM 브랜드 담배를 판매하는 업자들을 VAT 면제를 받는다고 보았다. 즉 태국의 관련 조치는 구

---

29) 이상 패널보고서, paras. 7.468-567 참조.

30) Section 3(1) of Royal Decree No. 239 "Section 3. There shall be exempt from value added tax for the following businesses:

(1) Sale of cigarettes produced by a manufacturer which is an organization of a government where the seller is not such manufacturer who produces such cigarettes: provided that this shall not include the seller who is a bonded ware house duty free shop."

31) The Order of Revenue Department No. Por. 85-2542에 따라 국영 기업인 담배 생산자로부터 세금송장을 받고 담배를 구입한 등록된 재판매업자는 Section 81(1)(v) of the Revenue Code상의 VAT의 면제를 받는다(a registered operator who buys cigarettes and receives a tax invoice from the tobacco industrial operator that is a State's organization is exempted from VAT in Section 81(1)(v) of the Revenue Code).

체적으로 국영기업인 제조업자, 즉 태국내 유일한 국내담배 제조업자인 TTM이 생산한 담배에 적용이 되는 반면, 수입담배 재판매업자들은 Thai Revenue Code Section 82/7[32]에 따라 VAT 납부의무가 있게 되는 것이다. 결국 패널은 국내담배의 판매는 VAT 면제를 받는 반면에 수입담배의 판매에 대해서 VAT가 부과되는 것이므로 수입담배에 대한 초과 과세가 된다고 보았다.

수입담배 판매업자들은 자신들에 해당 담배를 판매한 이전 단계의 판매자가 지불한 VAT를 공제(tax credit)하고 판매세를 지급하도록 제도화되어 있었다. 그러므로, 태국은 수입담배 판매자라도 이전 거래단계의 판매자가 이미 지불한 VAT를 Por.Por.30[33] 양식에 따라 작성하여 제출하면 세금공제를 받을 수 있기 때문에 초과 과세가 아니라고 주장했다. 이러한 주장에 대하여 필리핀은 국내담배 재판매업자에 대한 법률상의 VAT 면제는 사적 당사자의 행위를 조건으로 하는 세금공제로 해결되는 문제가 아니라고 반박하였다. 패널은 US-Tobacco 사건의 판결을 인용하여 수입제품에 대하여 초과 과세하지 않을 의무는 초과 과세의 잠재적 가능성까지도 확대 적용됨을 언급하였다. 따라서 덜 우호적인 대우의 단순한 가능성, 즉 내국세에 있어서 수입제품에 대한 차별적 대우가 부여될 가능성 역시 GATT 제3.2조 제1문의 위반으로 볼 수 있다고 판단한 것이다. 이에 따라 패널은 수입담배 판매업자들은 VAT 공제를 받기 위해선 Por.Por.30 양식 작성 및 제출, 세금 송장, input/output tax에 대한 기록 작성 및 보관 등, 특정 행정요건을 충족해야 하는데 이는 추가적인 절차를 거칠 필요 없이 세금공제가 자동적으로 이루어지는 TTM 담배와 차별적 대우라는 것이다. 결론적으로, 수입담배 판매업자들은 특정 행정요건을 충족하여야만 상쇄되는 VAT 의무가 있고 요건 불충족시 여전히 VAT의 적용을 받게 되므로 이러한 잠재적인 VAT 의무는 국내담배 판매업자들에게는 부과되지 않기에 수입담배에 대한 초과 과세이며 결과적으로 GATT 제3.2조 제1문 위반이라고 판단하였다.[34]

나. 상소기구 보고서 요지

태국은 국내산 담배 재판매업자에 대한 VAT 면제를 GATT 제3.2조 제1문의

32) Thai Revenue Code 6장 Section 82/7에 따르면, VAT를 등록한 모든 담배 재판매업자는 모든 판매의 단계에서 구매자로부터 VAT를 징수해야 한다고 규정하고 있다.

33) 수입담배 재판매업자들은 VAT return form인 Por.Por.30를 제출해야 하는데, 이를 통해 세금공제를 요청할 수 있다.

34) 이상 패널보고서, paras. 7.568-644 참조.

법률상의 위반이라고 한 패널의 판단에 불복하며 GATT 제3.2조 위반으로 판정된 문제의 조치는 재정조치가 아니라 제3.4조의 적용을 받는 행정요건이고, 설령 관련 조치가 GATT 제3.2조가 규율하는 재정조치라도, 세금 양식(form) 작성이라는 요건 및 입증가능하고 합법적인 매매에 대해서만 세금공제를 가능케 하는 것이 제3.2조의 위반이 될 수 없다며 상소하였다.

관련 조치가 오로지 행정요건과 요건 불충족시 수반되는 재정적 결과와 관련이 있기 때문에 패널은 제3.2조가 아닌 제3.4조에 따라 관련 조치를 검토했어야 한다고 주장한 태국의 상소와 관련, 상소기구는 태국의 조치는 수입담배 재판매업자들이 VAT 면제 목적상 필요한 요건 불충족시 VAT의 적용을 받도록 하기 때문에, 요건충족의 여부는 수입담배에 부과되는 세금의 정도에 직접적인 영향을 미친다고 하였다. 그리고 VAT의 완전한 면제는 결국 국내담배 재판매업자들에게 VAT를 전혀 부과하지 않는 것이 되는 것이라며 위 주장을 지지했다. 따라서 상소기구는 태국의 조치가 수입담배와 국내담배에 적용되는 개별적 세금의무에 영향을 미친다는 패널의 판정에 동의하고, 관련 조치가 GATT 제3.2조의 적용을 받는다고 보았다. GATT 제3.2조의 적용을 받는다면 VAT 면제 목적상 필요한 "행정적 정식절차"를 밟도록 하는 것이 WTO협정 위반이라고 볼 수 없다고 한 태국의 주장에 대해서 상소기구는 차별적인 과세는 수입담배 판매업자만이 VAT 의무를 부담하는 경우가 발생할 수 있다는 데에 있는 것이지 행정요건 그 자체가 문제가 아니라고 판단하였다. 이에 따라 상소기구는 태국이 국내담배에 부과하는 내국세를 초과하여 수입담배에 대하여 내국세를 부과하였다는 패널의 판정을 지지했다.

이에 대해 태국은 자국의 VAT공제제도가 단순히 사적 당사자들이 일정한 행정요건을 따르도록 하고 있다는 이유로 WTO협정 위반을 구성하지는 않으며, 또한 이러한 제도는 "입증이 가능하고 합법적인 매매에 대해서만 세금공제를 가능케"하는 사회적 기능도 수행함을 고려해야 한다고 반박했다. 그러나 상소기구는 수입담배 판매업자들이 VAT 공제신청을 제출할 수 있다는 사실이 중요한 것이 아니고, 공제신청 요건에 해당하지 않는 경우도 있을 수 있어 그러한 경우 수입담배에 대해서만 세금부담이 가해지는 셈이므로 제3.2조 제1문의 위반이 성립하게 된다는 패널 판정을 지지하였다.[35]

---

35) 이상 WT/DS371/AB/R(상소기구보고서), paras. 86-119 참조.

2. 태국의 제도가 GATT 제3.4조를 위반했는지 여부

◇ GATT 제3.4조
다른 체약당사자의 영토내로 수입되는 체약당사자 영토의 상품은 그 국내판매, 판매를 위한 제공, 구매, 운송, 유통 또는 사용에 영향을 미치는 모든 법률, 규정, 요건에 관하여 국내원산의 동종 상품에 부여되는 대우보다 불리하지 않은 대우를 부여받아야 한다. 이 항의 규정은 상품의 국적에 기초하지 아니하고 전적으로 운송수단의 경제적 운영에 기초한 차등적 국내운임의 적용을 방해하지 아니한다.

가. 패널 보고서 요지

패널은 태국의 GATT 제3.4조 위반여부를 판단하기 위하여 (1) 관련 수입제품과 국내제품이 '동종상품'인지의 여부, (2) 관련 조치가 수입국내에서의 판매, 판매를 위한 제공, 구입, 수송, 유통 또는 사용에 영향을 미치는 모든 법률규칙 및 기타 요건을 구성하는가의 여부, 그리고 (3) 수입제품에 대한 불리한 대우가 있었는지 여부를 검토하였다

① 동종상품인지 여부

패널은 태국의 관련 조치가 원산지를 기준으로 담배를 구분하고 있다고 보았고 이에 대하여 태국은 아무런 이의를 제기하지 않았다. 또한 패널은 과거 상소기구의 판결을 인용하며 GATT 제3.4조의 동종상품의 범위는 제3.2조 제1문의 동종상품의 범위보다 넓다며, GATT 제3.2조 제1문의 동종성 요건을 충족한다면 제3.4조상의 동종성 요건도 충족하는 것이라 하였다. 따라서 GATT 제3.2조 위반 여부 심사에 있어 패널은 Marlboro와 L&M 담배가 GATT 제2조 제1문상 동일한 가격대에 있는 동종제품이라고 판단하였으므로 마찬가지로 GATT 제3.4조상 국내담배와 "동종"의 것이라고 판시하였다.[36]

② 관련 조치가 수입국내에서의 판매, 판매를 위한 제공, 구입, 수송, 유통 또는 사용에 영향을 미치는 법률규칙 및 기타 요건을 구성하는지의 여부

과거 패널과 상소기구는 "영향을 미치는"이란 용어가 적용되는 범위는 광범위하고, 그 용어 자체로 어떠한 의무도 부과하지 않지만, 동종의 수입상품에 대하

36) 이상 패널보고서, paras. 7.661-662 참조.

여 '불리한 대우'를 하지 않을 의무를 정의하는 데에 도움이 된다고 하였다. 이러한 해석을 바탕으로 패널은 태국의 VAT관련 행정요건이 GATT 제3.4조상 수입담배의 국내 판매에 영향을 미치는 조치라고 판단하였다.[37)]

③ 불리한 대우 여부

수입담배에 대한 불리한 대우 여부와 관련하여 패널은 (1) 태국 법령이 수입담배 판매업자에게 추가적인 행정상의 부담을 주고 있는지, (2) 이러한 부담이 태국 시장에서 수입담배의 경쟁에 부정적인 영향을 미치는지, 그리고 (3) 이러한 태국의 조치가 GATT 제20(d)조에 의해 정당화될 수 있는지를 검토하였다.

(i) 추가적인 행정상의 의무 부담 여부

우선 Thai Revenue Code의 Section 83/1는 모든 VAT 등록자들이 매매되는 제품 또는 서비스의 종류를 불문하고 매월 Por.Por.30 양식을 작성하고 제출할 것을 규정하고 있다. 그런데 Thai Revenue Code의 Section 81/2에 따라 국내담배 재판매업자들은 VAT가 면제되므로, VAT 관련 위와 같은 행정요건으로부터도 면제되는 반면 VAT 적용대상인 수입담배 판매업자들에게는 관련 의무가 적용된다.

이에 따라 패널은 세 가지 VAT 관련 행정요건이 수입담배 판매업자들에게만 추가적인 부담을 지우고 있다고 보았다. 즉, (1) 모든 VAT 등록자들은 매매되는 제품 또는 서비스의 종류를 불문하고 매월 Por.Por.30 양식을 작성하고 제출해야 하는데, 수입담배 판매업자들에게는 동 의무가 부과되는 반면, 국내담배 판매업자들은 VAT 목적상 등록할 필요가 없어 관련 양식의 작성 및 제출의무로부터 면제되고, (2) VAT 등록자인 담배 판매업자가 국내담배와 수입담배를 모두 판매할 경우 Por.Por.30 양식 작성시 국내담배의 매매내역을 기재할 필요가 없다는 이유로 수입담배 판매업자들은 가중된 행정부담을 진다고 판단하였다. 또한, (3) Thai Revenue Code Section 87은 수입담배 판매업자들에게 'input tax'와 'output tax' 관련 기록, 제품과 원자재 관련 기록의 작성 및 관리를 요구하고, Section 87/3은 수입담배 판매업자들로 하여금 회계와 감사 목적으로 국내담배 판매업자들에게 요구하는 것보다 많은 양의 정보를 유지할 것을 요구하고 있다는 것이다.

마지막으로, Thai Revenue Code 제4장에 따른 VAT 관련 행정요건 불충족시, 수입담배 판매업자들만이 잠재적으로 다양한 벌금과 제재를 받도록 되어 있으므로 태국이 관련 요건들을 오로지 수입담배 판매업자들에게만 추가적으로 부담지

37) 이상 패널보고서, paras. 7.664-665 참조.

우고 있다고 판정하였다.

(ii) 수입담배의 경쟁기회에 미치는 부정적인 영향

필리핀은 추가적 행정요건을 수입담배 판매업자에게 부담시키는 조치는 수입담배의 경쟁기회에 영향을 미칠 수밖에 없기 때문에 그 자체로 GATT 제3.4조 위반이라고 주장하였다. 이에 대해 패널은 과거 상소기구의 평결을 인용하여, 태국법에 의한 VAT 관련 행정요건은 태국 시장 내 수입담배의 경쟁기회를 잠재적으로 변경시킬 수 있는 가능성이 있다고 보았다. 즉, 개별적인 행정 요건만으로 경쟁기회를 변경시키지 않더라도, 관련 요건들이 축적되면 부정적인 방향으로 경쟁기회을 변경시킬 수 있다는 점에 주목했다. 예를 들어, 이러한 추가적 행정적 요건은 사업의 운영비를 증가 시킬 수 있는 것이다. 결론적으로 패널은 태국이 수입담배 판매업자들에게만 VAT 관련 행정요건을 부과함으로써 수입담배에 불리한 대우를 하였고, 이것은 곧 GATT 제3.4조의 위반이라고 판단하였다.[38)]

태국의 제도가 GATT 제20(d)조에 의해 정당화 될 수 있는지는 아래의 해당부분에서 검토한다.

나. 상소기구 보고서 요지

국내담배 판매업자들에 대한 VAT 면제와 관련하여, 태국은 수입담배 판매업자들에게 추가적 행정요건을 충족하도록 규정함으로써 동종의 국내담배에 비하여 불리한 대우를 하였다는 패널의 결정에 오류가 있다며 항소하였다.

수입담배에 불리한 대우를 했다는 패널의 판정과 관련하여 태국은 양 제품에 대한 대우의 차이가 존재하더라도 관련 조치로 인한 대우가 "불리하지 않다면" 단지 조치상의 차이가 있더라도 그것이 반드시 GATT 제3.4조의 위반이 되는 것은 아니라고 주장하였다. 태국은 패널이 "조치 상의 차이가 비용에 영향을 미치고 수입담배의 경쟁상황에 잠재적으로 불리한 영향을 미칠 수 있다는" "이론적 가능성"에 근거한 부적절한 기준을 사용하였다고 주장하였다. 또한 태국은 수입담배에 부과된 추가적 행정요건은 "매우 미미한" 차이에 불과하며, 수입제품에 대한 대우가 "불리한 대우"를 구성하지 않는 한 추가적 또는 더 복잡한 요건을 적용시킬 수 있는 권리가 있다고 주장하였다.

태국은 패널이 사용한 "잠재적"이라는 용어 자체가 단순히 규제적 대우의 차

---

38) 이상 패널보고서, paras. 7.667-738 참조.

이가 수입 담배의 경쟁상황에 영향을 미칠 수 있다는 "이론상의 가능성"만을 근거로 했음을 나타내는 것이라고 하였지만, 상소기구는 이러한 태국의 주장을 기각하였다. 이와 관련하여 US-FSC(Article 21.5-EC)의 판정례를 인용하며, 문제의 조치가 불리한 대우를 수반하는가를 검토함에 있어서 "문제되는 조치가 시장에 미치는 실질적 효과에 근거할 필요는 없다"고 판시하였다. 다면 관련 조치의 구조, 예상된 운영방식, 디자인 등을 고려하여 해당조치와 수입제품의 경쟁기회간의 진정한 관련성(genuine relationship)을 판단하면 된다는 것이다. 상소기구는 패널은 필리핀이 제출한 계량경제학 연구조사에 따라 수입담배와 국내담배 간 "어느 정도의 가격 탄력성과 구매자들의 제품전환패턴"이 있음을 검토하였고, 추가적인 행정 요건이 운영비용을 증가시키는 것도 확인하였음을 언급했다. 상소기구는 패널이 수입담배와 국내담배가 태국 시장 내에서 밀접한 경쟁관계에 있기 때문에 추가적 행정요건이 상대적으로 수입담배에 대하여 부정적인 영향을 미칠 수 있음을 확인하기 위해 관련 연구를 참조한 것이므로 패널의 판단이 오류가 아니었음을 확인하였다. 또한 추가적 행정요건이 오로지 수입담배에 대해서만 적용이 된다는 사실은 그 자체로 수입담배에 불리한 방향으로 경쟁기회를 변경시킬 수 있음을 의미한다는 패널의 판단을 지지하며 태국의 주장을 기각하였다. 결론적으로 상소기구는 패널의 판정을 지지하며 필리핀의 조치는 GATT 제3.4조 위반임을 판시했다.[39]

3. 태국의 제도가 GATT 제20(d)조에 의해 정당화 될 수 있는지 여부

> ◇ GATT 제20(d)조
>
> 다음의 조치가 동일한 여건이 지배적인 국가간에 자의적이거나 정당화할 수 없는 차별의 수단을 구성하거나 국제무역에 대한 위장된 제한을 구성하는 방식으로 적용되지 아니한다는 요건을 조건으로, 이 협정의 어떠한 규정도 체약당사자가 이러한 조치를 채택하거나 시행하는 것을 방해하는 것으로 해석되지 아니한다. …
>
> (d) 통관의 시행, 제2조 제4항 및 제17조 하에서 운영되는 독점의 시행, 특허권·상표권·저작권의 보호, 그리고 기만적 관행의 방지와 관련된 법률 또는 규정을 포함하여 이 협정의 규정에 불합치되지 아니하는 법률 또는 규정의 준수를 확보하기 위하여 필요한 조치

39) 이상 상소기구보고서, paras. 123-140 참조.

가. 패널보고서 요지

패널은 수입담배 판매업자에 대한 VAT 관련 행정 요건이 GATT 제20(d)조에 의해 정당화될 수 있다는 태국의 주장에 대해, GATT 제20(d)조를 충족하기 위해서는, (1) 해당 조치가 GATT 협정의 규정에 '불합치되지 아니하는 법률 또는 규정'의 준수를 확보하기 위하여 필요한 조치여야 하고, (2) 그러한 준수를 확보하기 위해 '필요한' 조치여야 한다고 언급했다. 이에 따라 패널은 태국의 VAT 관련 법은 GATT 협정에 합치하지 않고, 태국이 관련 행정요건이 GATT 제20(d)조에 따라 VAT 법의 준수를 확보하기 위하여 '필요한' 조치임에 대한 입증을 다하지 않았다는 이유로 태국의 주장을 기각했다.[40)]

나. 상소기구 보고서 요지

태국은 패널이 태국의 GATT 제20(d)조의 주장을 기각한 점에 대해 항소하였다. 이에 대해 상소기구는 패널이 태국의 주장을 기각함에 있어, 준수를 확보하기 위하여 필요한 조치의 대상이 된 GATT에 합치하는 법률이나 규정이 아닌, 패널이 이미 GATT 제3.4조 위반이라 판단한 VAT 관련법을 검토했다는 점에서 상호 참조(cross-reference)의 오류를 범하고 있다고 보았다. 그리고 이러한 상호 참조하에 패널은 추가적인 행정요건이 이미 GATT 제3.4조 위반이라 판단했기에 이러한 행정요건은 법률준수를 확보하기 위해 필요한 것으로 정당화 될 수 없다고 판단했다는 것이다. 이에 대해 상소기구는 이러한 우회적인 접근은 태국의 GATT 제20(d)조를 주장할 권리를 박탈한 것이라는 태국의 주장을 받아들여 패널의 접근은 명백히 잘못된 것이라 판단했다.

그리하여 상소기구는, 태국의 GATT 제20(d)조 주장에 대해 판단하였는데 이를 위해 (1) 관련 조치가 GATT와 합치하는 "법률 또는 규정"의 준수를 확보하기 위해 실행되었는지, (2) 그러한 준수를 확보하는데 관련 조치가 "필요"한지, (3) 관련 조치가 GATT 제20조 두문(chapeau)에 의해 정당화 될 수 있는지를 검토했다.

그럼에도 상소기구는 (1) 태국이 관련 조치 하에 수입제품과 국내산제품간의 차별적 대우를 정당화 할 이유를 설명하는 대신 VAT 유동성과 관련된 행정 요건을 정당화 하려했고, (2) 관련 조치의 준수가 요구되는 "법률이나 규정"이 무

---

40) 이상 패널보고서, paras. 7.757-758 참조.

엇인지에 대해 정확히 밝히지 못했으며, (3) "필요성" 요건에 대한 태국의 입증이 부족하며, (4) GATT 제20조 두문에 대한 입증도 부족하다며 태국의 주장을 기각했다.41)

Ⅳ. 해설 및 평가

본 분쟁은 GATT의 내국민대우 조항의 해석과 적용에 관한 일반적 시사점을 주고 있다. 우선, GATT 제3.4조 위반의 요건 중 "덜 유리한 대우(less favourable treatment)"의 판단기준이 "경쟁조건(conditions of competition)"이라는 점을 다시 한 번 확인시켜주고 있다는 점이다. 덜 유리한 대우의 판단 기준인 "경쟁조건에 부정적 영향을 미치는 경우(adversely modify the conditions of competition)"는 GATT 제3조의 문언상 명시되어 있지는 않으나, Italian Agriculture Machinery 판결 이후 GATT/WTO 판결에 의해 일관되게 유지되어 오고 있다. 이 때, 경쟁조건에 부정적 영향을 미치는 것을 입증하는데 있어, 실제로 수입제품의 수입량 감소 등의 무역효과를 입증할 필요는 없고, 해당 조치가 수입품과 국산품간의 경쟁의 조건에 영향을 주는지를 합리적인 논증으로 설명하면 족한 것이다. 다시 말해, 비록 해당 조치로 인해 부정적 무역효과가 아직 실현되지 않았을 지라도, 경쟁조건에 영향을 줄 것이 합리적으로 추론되는 경우에도 내국민대우 위반이 성립될 수 있는 것이다. 그리고 이러한 영향의 정도가 미미하더라도, 조금이나마 영향을 줄 것이 합리적으로 추론되는 경우에는 덜 유리한 대우가 성립되게 된다. 본 사건에서 태국측은 패널 판정을 비판하며 수입담배 판매자들이 VAT 공제를 위해서는 신청절차를 밟아야 하므로 이러한 절차적 부담이 경쟁조건에 부정적 영향을 가할 개연성이 있다는 식의 "이론적 가능성(theoretical possibility)"에 의존하고 있는 점을 상소절차에서 지적했다.

이에 대해 상소기구는 경쟁조건에 대한 영향 심사는 그러한 영향의 "개연성의 정도(degree of likelihood)"에 대한 심사가 아니고, 해당조치와 경쟁조건간의 "진정한 관계(genuine relationship)"에 대한 분석임을 강조했다. 그러므로 해당 조치와 경쟁조건 간에 직접적(진정한) 관련성이 존재하는지 여부가 앞으로 내국민대우 위반 여부를 결정짓는 심사기준이 될 것으로 보인다. 물론 "진정한 관련성" 여부를 조사하기 위해서는 영향을 미치는 개연성의 정도에 대한 고려가 이루어지기 마

41) 이상 상소기구보고서, paras. 1699-180 참조.

련이므로 위 상소기구의 입장이 기존 심사기준과 별반 다르지 않다는 주장도 가능하기는 하나,42) 조치와 경쟁조건간의 영향관계만 논리적으로 성립된다면, 실제로 영향을 미칠 개연성의 정도가 아무리 작더라도 진정한 관련성을 부인하지는 못한다는 식으로 해석될 가능성이 크다고 할 수 있다.

따라서, 이제 문제가 되는 조치와 수입품·국산품간의 경쟁조건 간의 영향 관련성만 입증된다면, 그 영향 발생의 개연성의 정도와 관계없이 덜 유리한 대우가 성립될 수 있는 점에서 GATT 내국민대우 의무 조항은 더욱 그 적용범위가 넓어지는 효과가 발생했다고 본다.

농업분야에서도 수많은 국내조치를 통해 국산 농산물과 수입농산물간의 경쟁조건에 영향을 미칠 수 있다. 수입농산물에 불리한 경쟁조건을 창출하는 조치를 취해놓고, 무역통계상 수입품에 대한 불리한 무역효과가 발생하지 않았으므로 내국민대우 위반이 아니라거나, 수입품의 경쟁조건에 미치는 영향이 미미하다는 식의 주장을 펼치는 것은 효과적 방어논리가 아니라는 점을 주의해야 한다.

한편, 본 사건은 특정한 정부 규제에 의한 과세조치가 시행될 때 GATT 제3.2조와 제3.4조의 적용범위가 상호 배타적으로 구분되지 않을 수 있음을 시사한다. 태국은 내국세와 관련하여 수입제품에 대한 차별적인 대우의 가능성이 있다면 관련 조치는 제3.2조 위반이라고 한 패널의 판정과 관련하여, VAT면제제도라는 행정요건 불충족으로 인하여 발생하는 결과에까지 GATT 제3.2조가 적용될 수 없고, 행정요건 불충족으로 인한 불이익과 같은 제3.4조의 이슈가 고율의 세금으로 인한 내재적 차별과 같은 제3.2조 문제와 같을 수는 없다고 하였다.

이에 대해 상소기구는 본 사건은 VAT면제 요건이 수입품과 국산품간의 조세부담에 직접적 영향을 미치므로, 조세에 관한 조항인 제3.2조가 적용되는 것이라고 판시했다. 더 나아가 상소기구가 "설령 특정 조치가 전적으로 행정요건으로만 구성되어 있는 경우라 하더라도 그러한 행정요건이 수입상품과 동종의 국내상품에 적용되는 개별적 세금 부담에 영향을 미치는 경우는 GATT 제3.2조의 적용을 받을 수 있는 가능성을 배제하지 않는다"43)고 판시한 점은 주목할 만하다. 즉, 제

---

42) 태국 담배 분쟁 상소기구 보고서에 대한 wordtradelaw.net의 commentary 참조. http://www.worldtradelaw.net.

43) "Even if a measure consists solely of administrative requirements, it would not exclude the possibility of administrative requirements, it would not exclude the possibility that such requirements may have a bearing on the respective tax burdens of imports and like domestic products and may therefore be subject to Article III.2." Footnote 144, Appellate Body report.

3.4조의 관할 범위에 해당하는 경우라도 그것이 조세 부담에 영향을 미치는 경우는 제소국의 선택에 따라 제3.2조의 관할 사항도 될 수 있다는 것이다.

제3.2조는 제3.4조와 달리 경쟁조건에 대한 영향 심사가 아니라 부과 조세율의 차이라는 수량적 기준에 의해 그 위반여부가 판가름 나게 된다. 즉, 조금이라도 조세부담에 차이가 있는 경우 그것이 경쟁조건에 불리한 영향을 미치는 지와 상관없이 바로 제3.2조 제1문 위반이 성립될 수 있다는 점에서, 본 사건에서 필리핀 측이 취한 입장과 같이 제소국 입장에서는 동종상품 요건만 충족 가능하다면 가급적 제3.2조를 원용하여 제소하는 것이 유리하게 되는 것이다.

이것은 또한 앞으로 우리가 농산물 분야의 각종 행정규제를 취하는 경우에 그것이 조세부담과 연결되는 경우, GATT 제3.4조는 물론 제3.2조의 요건도 준수해야 함을 의미한다. 즉, 각종 행정요건들이 수입농산물에 불리한 경쟁조건을 시장에서 창출하는지 여부는 물론, 국산품에 비해 수입품에 조세부담이 조금이라도 높게 초래되지 않는지도 점검해야 할 것이다.

〈WTO 분쟁해결 일지〉

2008.9.29.	필리핀 패널 설치 요청
2008.11.17.	패널 설치
2009.2.16.	패널위원 구성 완료
2010.6.30.	잠정보고서 발간
2010.8.4.	최종보고서 분쟁당사국 회람
2010.11.15.	최종보고서 회람
2011.2.22.	태국, 상소 의사 통보
2011.6.17.	상소기구 보고서 회람
2011.7.15.	상소기구 보고서 채택

제 4 장 호주-뉴질랜드 사과 분쟁
(AUSTRALIA-MEASURES AFFECTING THE IMPORTATION OF APPLES FROM NEW ZEALAND) (WT/DS367)

< 요 약 >

호주는 오래전인 1919년 오클랜드 뉴질랜드산 사과에 부란병(fire blight)이 발생했음을 이유로 1921년 뉴질랜드로부터의 사과 수입을 금지한 바가 있다. 1986, 1989 및 1995년에 이어 1999년 1월, 뉴질랜드는 호주시장에 대한 접근을 요청했고, 호주검역국은 수입 위험평가(IRA: Import Risk Analysis)를 개시했다. 그 결과 호주는 뉴질랜드로부터의 사과 수입과 관련한 많은 요건들을 부과하기에 이르렀다. 이에 뉴질랜드는 이러한 요건들이 SPS 협정 제2.2, 2.3조, 제5.1, 5.2, 5.3, 5.6조, 제8조 및 부속서 C(1)(a) 위반이라며 WTO에 제소했다. 이 분쟁에서는 SPS협정의 심사기준(standard of review)이 여러 쟁점에서 문제되었다. 패널은 제5.1조의 심사기준을 제5.6조에 확대적용한 반면, 상소기구는 이러한 패널의 접근법을 비난하며, 제5.1조와 제5.6조는 별개의 심사기준이 필요함을 판시했다. 즉, 상소기구는 SPS협정 제5.1조와 같이 WTO 협정 문언상에 회원국 당국의 결정사항임을 언급하고 있을 경우 그 결과로 회원국 당국이 내린 결정을 어느 정도 존중(deference)해 주어 그러한 결정의 이론적 근거가 일관성 있고 개관적인지만 심리해야 하는 반면, WTO 협정상 그러한 문언이 없는 경우는 이러한 만큼의 존중을 부여할 필요가 없이 패널이 주도적으로 해당 조치 자체의 정당성을 객관적으로 심사해야 한다고 판시했다. 이러한 심사기준을 적용한 상소기구는 호주가 SPS협정 제5.1, 5.2, 2.2조를 위반했다는 패널 판정은 수용하되, 제5.6조를 아울러 위반했다는 판정은 기각했다. 우리 정부도 수입농산물에 대해 다양한 SPS조치들을 취하고 있다. 이러한 조치를 취할 때, SPS협정상의 과학적 증거에 기초하여 일관성 있고 객관적인 위험평가를 거쳐야 한다. 즉, 관련 국제기구에 의해 개발된 위험평가 기술을 고려하여 평가해야 하며, 단순한 위험의 가능성(possibility)이 아니라 위험의 발생확률(probability)까지 고려해야 한다. 또한, 충분한 과학적 증거 없이 특정 위험과 그 결과에 대해 과장하거나 과대평가해서는 안 되는 것이다. 이러한 위험평가의 일관성과 객관성을 입증하기 위해서는 전문가 판단에 대한 결론의 도출과정과 이러한 판단의 활용에 대한 충분한 입증서류를 준비해놓는 것이 바람직하다.

Ⅰ. 사건개요 및 사실관계

이 사건은 뉴질랜드로부터 수입된 사과에 대한 호주의 조치와 관련된 분쟁이다. 호주는 오래전인 1919년 오클랜드 뉴질랜드산 사과에 부란병(fire blight)이 발생했음을 이유로 1921년 뉴질랜드로부터의 사과 수입을 금지한 바가 있다. 1986, 1989 및 1995년 뉴질랜드는 호주 사과 시장에 대한 접근을 요청했으나 매번 거절당했다. 1996년 호주 검역국(AQIS: Quarantine and Inspection Service)은 뉴질랜드산 사과에 대해 병해충의 위험에 대해 위험평가를 시작했고 1998년 평가에 대한 결과가 공개되었다. 1999년 1월, 뉴질랜드는 또다시 호주시장에 대한 접근을 요청했고, 호주검역국은 수입 위험평가(IRA: Import Risk Analysis)를 개시했다. 호주검역국 내의 생물안전당국(Biosecurity Australia)은 2000년 동 위험평가에 대한 보고서 초안을 발표한 후, 2006년 11월 최종 보고서를 발표했는데, 동 보고서는 뉴질랜드가 호주로 수출을 하기 위해서는 병해충 격리를 위한 식물위생 절차를 따르고, 관련 준수사항에 대한 문서화된 표준 운영 절차(SOP: standard operating procedure)를 마련해야 함을 요구하였다. 또한 사과 수출이 개시되기 전, SOP는 호주검역국에 의해 승인되어야 하며 AQIS 감사의 대상이 된다는 것이다. SOP는 호주와 뉴질랜드 양국간의 업무계획에 따라 마련하게 되었는데, 양국은 SOP에 대한 합의점을 찾지 못하여 뉴질랜드로부터 호주로의 사과 수입이 계속 금지되었다. 양국은 수입금지가 SOP가 아닌 IRA나 업무계획 문제로부터 기인함을 인정했다. 호주는 IRA는 "해충의 유입, 정착, 확산에 대한 양적 평가와 결과에 대한 질적인 평가의 혼합"의 성격을 지니고 있다고 보았는데, IRA의 기술적 요소로서 해충 위험 분석(PRA: Pest Risk Analysis)의 일부인 해충 위험평가(pest risk assessment)의 각 단계는 다음과 같다.

◇ 해충 위험평가(Pest Risk Assessment)의 단계

(1) 해충 분류

(2) 해충의 유입, 정착, 확산 가능성에 대한 평가

(3) 결과에 대한 평가

(4) "제한되지 않은 위험(unrestricted risk)"을 측정하기 위해 (2)와 (3)을 결합.

"제한되지 않은 위험"이란, 식물위생 조치 없이 12개월 동안 뉴질랜드로부터 사과가 수입되었을 경우 각 해충으로부터 생기는 연간 위험을 의미.

IRA에 따르면 각 해충에 대한 “제한되지 않은 위험” 평가 이후 해충 위험 관리(pest risk management)에 착수하는데, 이는 호주가 적정한 보호수준(ALOP: appropriate level of protection)[44]을 유지하고 무역에 대한 영향을 최소화하기 위해 위험을 경감시키는 조치이다. 위험 관리 조치가 요구되는지를 판단하기 위해 IRA는 ALOP와 각 해충과 연관된 제한되지 않은 위험을 비교한다. 만약 해충으로부터 오는 제한되지 않은 위험이 ALOP를 초과한다면, IRA는 동 조치가 필요하다고 판단한다. 호주의 ALOP와 각각의 해충으로부터 오는 위험을 비교한 IRA에 따른 분석 결과, 호주는 뉴질랜드로부터의 사과 수입과 관련한 많은 요건들을 부과하기에 이르렀다. 이에 뉴질랜드는 호주로 사과를 수출하기 위해선 동 요건들을 충족해야만 했는데, 뉴질랜드는 호주가 부과하는 17개의 조치가 SPS 협정 제2.2, 2.3조, 제5.1, 5.2, 5.3, 5.6조, 제8조 및 부속서 C(1)(a) 위반이라며 WTO에 제소했다.[45]

◇ 이 사건에서 문제된 병해충
- 부란병 (fire blight)
- 동고병 (European canker)
- 사과 잎마름 각다귀(ALCM: apple leafcurling midge)

※ 호주는 위 병해충과 관련하여 사과 수출시 준수해야 하는 17개의 조치(부록 참고)들을 부과했다. 이러한 조치들은 각 병해충과 관련된 특별조치들과 세 종류의 병해충 모두에 공통적으로 적용되는 일반 조치(조치15-17)로 분류된다.

Ⅱ. 주요쟁점 및 당사국 주장

1. 주요쟁점

뉴질랜드는 호주의 조치가 SPS 협정 제2.2, 2.3조, 제5.1, 5.2, 5.3, 5.6조, 제8조 및 부속서 C(1)(a) 위반하였음을 주장하였다. 아래에서는 SPS 협정 제2.2조, 제5.1, 5.2, 5.6조 관련 쟁점을 검토한다.

---

44) IRA에는 호주의 ALOP는 매우 낮은 수준으로 위험을 감소시키는 것을 목표로 하는 식물 위생상의 보호를 의미한다고 규정되어 있다. (동 조치는 사과뿐 아니라 뉴질랜드의 생물안전 정책의 일환이다)

45) 이상 WT/DS367/R(패널보고서), paras. 2.1-255, 7.122 참조.

2. 당사국 주장

가. 뉴질랜드의 주장

① SPS 제2.2조 관련

뉴질랜드는 호주가 충분한 과학적 증거 없이 뉴질랜드산 사과 수입을 제한하는 조치를 취했다고 주장했다. 즉, 호주의 조치와 과학적 증거간에 어떠한 합리적이고도 객관적인 관계도 없이 조치를 취함으로 SPS 제2.2조 위반이라는 것이다. 호주의 부란병(fire blight) 관련 조치는 완숙한·무증상의 사과가 병해충을 옮기는 역할을 한다는 사실에 근거하여 이루어지고 있는데 이와 같은 사과가 뉴질랜드산이라는 증거가 없고, 오히려 완숙한·무증후성 사과는 이와 같은 병해충을 옮기지 않는다는 근거가 있다고 주장했다. 동고병과 관련해서는, 호주의 기후는 동고병이 잘 발생하는 기후 조건이 아니므로 동고병이 호주에서 정착하여 확산된다는 근거가 없다고 주장했다. ALCM의 경우에도 충분한 과학적 증거 없이 호주의 조치가 취해졌다고 주장했다.

② SPS 제5.1조 관련

뉴질랜드는 호주의 조치가 SPS 제5.1조 및 부속서 1의 "위험 평가"에 기초하지 않아 SPS 제5.1조를 위반했다고 주장했다. IRA는 위험평가를 단지 '가능성'에 불과한 양적 확률의 가치(quantitative probability values)로 보는데, 이러한 접근은 위험평가가 단순 '가능성(possibility)'이 아닌 '확률(probability)'에 기반을 두어야 한다고 한 Australia-Salmon과 EC-Hormones에서의 상소기구의 판시에 반하는 것이라 주장했다.

또한 뉴질랜드는 호주가 병해충의 유입, 정착 및 확산을 평가하는데 실패했고, IRA는 어떠한 분석도 없이 특정 조치를 적용하고 있고, 대안조치에 대한 평가도 제대로 하지 않았다고 주장했다.

③ SPS 제5.2조 관련

뉴질랜드는 호주의 IRA는 위험 평가를 함에 있어 이용가능한 과학적 증거들을 무시했고, 관련 과학적 증거들에 대한 진지한 고려를 하지 않아 SPS 제5.2조를 위반하였음을 주장했다.

④ SPS 제5.6조 위반

뉴질랜드는 호주가 교역을 덜 제한하면서도 자국의 ALOP를 충족시킬 대안조치가 있음을 주장하였다. 부란병의 경우 수입을 완숙한·무증후성 사과에 대해서만 제한하는 것과 동고병의 경우, 600개의 사과 샘플에 대한 검증을 하는 것이 덜 무역제한적인 대안조치가 될 것임을 주장했다.[46)]

나. 호주의 주장

① SPS 제5.1조 및 2.2조 관련

호주는 뉴질랜드가 SPS 제5.1조의 위험평가의 특성을 오해했다고 주장하며, IRA가 이용가능한 과학적 근거에 기반을 두지 않은 분석을 했다는 뉴질랜드의 주장에 대해, 뉴질랜드가 선별적인 증거, 잘못된 계산 및 가정에 근거하였다고 반박했다. 즉, SPS협정에 따라 유효한 생물위생 관련 위험 평가는 잠재적 생물학적·경제적 결과뿐 아니라 병해충의 유입, 정착 및 확산 모두를 고려해야 한다는 것이다. 그리고 부란병 관련 IRA 최종 보고서는 부란병을 옮기는 병원(causal agent)인 Erwinia amylovora가 뉴질랜드산 사과로부터 검출되었으며 이는 중대한 위험을 야기할 것이라는 것을 상세히 적시했다고 주장했다. 또한, 동고병 관련해서는 뉴질랜드의 기후에 대한 분석이 단지 사과와 배의 상업적 생산과 관련된 소수의 환경조건만을 고려했고 병원체(pathogen)와 호주의 다양한 곳에 존재하는 숙주의 위험을 간과 했으므로 동고병의 잠재적 확산에 대한 부정확한 예측으로 이어졌다고 주장했다.

② SPS 제5.2조 관련

호주는 자국의 IRA가 뉴질랜드가 언급한 모든 이용가능한 과학적 증거들(관련 생산 과정, 샘플링, 시험, 점검, 환경 및 생태학적 조건)을 다 고려한 것임을 주장했다. 또한 호주는 IRA의 최종보고서 상의 과학적 근거에 기초한 포괄적 분석을 통해 호주의 조치와 과학적 증거간의 객관적·합리적 관계가 있음을 주장했다.

③ SPS 제5.6조 관련

호주는 뉴질랜드가 SPS 제5.6조에 따라 호주의 ALOP를 충족시킬 어떠한 "대안"조치도 제시하지 못했으며 ALCM의 경우, "대안"조치가 상당히 덜 무역 제한적이라는 것을 증명하지 못했다고 주장했다. 더불어 "일반조치"와 관련된 어떤

46) 이상 패널보고서, paras. 4.1-50 참조.

대안조치도 제시하지 못했음을 주장했다.47)

Ⅲ. 패널 및 상소기구 보고서 요지

1. 호주의 조치가 SPS 제5.1, 5.2, 2.2조를 위반했는지 여부

◇ SPS 제2조 기본적인 권리 및 의무

2. 회원국은 위생 및 식물위생 조치가 인간, 동물 또는 식물의 생명 또는 건강을 보호하는데 필요한 범위 내에서만 적용되고, 과학적 원리에 근거하며 또한 충분한 과학적 증거 없이 유지되지 않도록 보장한다. 단, 제5조 제7항에 규정된 사항은 제외된다.

◇ 제5조 위험평가 및 위생 및 식물위생 보호의 적정수준 결정

1. 회원국은 관련 국제기구에 의해 개발된 위험평가 기술을 고려하여, 자기나라의 위생 또는 식물위생 조치가 여건에 따라 적절하게 인간, 동물 또는 식물의 생명 또는 건강에 대한 위험평가에 기초하도록 보장한다.
2. 위험평가에 있어서 회원국은 이용가능한 과학적 증거, 관련 가공 및 생산 방법, 관련 검사, 표본추출 및 시험방법, 특정 병해충의 발생률, 병해충 안전지역의 존재, 관련 생태학적 및 환경조건, 그리고 검역 또는 다른 처리를 고려한다.

부속서 1 정 의 (Re.4)

4. 위험평가 – 적용될 수 있는 위생 또는 식물위생 조치에 따라 수입회원국의 영토 내에서 해충 또는 질병의 도입, 정착 또는 전파의 가능성과 이와 연관된 잠재적인 생물학적 및 경제적 결과의 평가, 또는 식품, 음료 및 사료내의 첨가제, 오염물질, 독소 또는 질병원인체의 존재로 인하여 발생하는 인간 또는 동물의 건강에 미치는 악영향의 잠재적 가능성에 대한 평가

가. 패널 보고서 요지

① SPS 제2.2, 5.1, 5.2조의 관계

패널은 과거 패널 및 상소기구 판정례를 언급하며 SPS 제2.2, 5.1, 5.2조간의 “긴밀한 관계”가 있으면서도 완전히 동일한 것은 아니라고 하였다. 즉, 제2.2조가 SPS조치와 과학적 증거간의 필수적 연관성에 초점을 맞추는 반면, 제5.1조와 5.2조는 그러한 연관성이 필요는 하지만 위험평가에 의존하기 때문에 간접적으로만

47) 이상 패널보고서, paras. 4.376-419 참조.

검토된다는 것이다. 이에 따라 패널은, SPS 제5.1 및 5.2조의 더 구체적인 주장을 검토한 후 제2.2조 문제를 검토했다.

(i) **부란병**(Fire Blight)**과 동고병**(European Canker)

뉴질랜드는 호주의 IRA는 SPS 제5.1조 및 부속서 1(4)의 위험평가가 아니며, 해충의 유입, 정착 및 확산 가능성에 대한 평가를 하지 않았고 제5.2조를 위반했으며 이에 따라 제2.2조도 위반했다고 주장했다. 이를 판단하기 위해 패널은 (1) IRA가 뉴질랜드로부터 호주로의 병해충의 유입, 정착, 확산 가능성을 "수입 단계(importation step)"에 따라 과대평가했고, IRA가 이를 판단하는데 있어 적합한 과학적 증거에 기초하지 않았는지 여부와 (2) IRA가 병해충의 유입, 정착 및 확산과 연관된 생물학적, 경제적 결과를 과장하였고 이를 판단하는 과정에서 IRA가 적합한 과학적 증거에 기초하지 않았는지 여부를 검토했다.

i) 수입 단계(Importation Step)

패널은 호주가 뉴질랜드산 사과를 수입하기 위해 요구되는 8개의 수입 단계를 검토하였다. 아래와 같은 판단 하에 패널은 IRA의 수입의 가능성에 대한 전반적인 측정은 적합한 과학적 증거에 따라 검토되지 않았고(부란병의 경우), IRA가 주장한 과학적 증거에 의해 뒷받침 되지 않았기에(동고병의 경우) 일관성이 없고 객관적이지 못하다고 판시했다.

<수입단계에 대한 패널의 분석>

수입단계	뉴질랜드의 주장	패널의 판단
1단계-병해충이 그 근원인 뉴질랜드 과수원에 존재할 가능성	뉴질랜드의 과수원에 에르비니아균(Erwinia amylovora)이 100% 존재할 것이라는 IRA의 주장에는 오류가 있고 부정확하다	IRA가 의존한 과학적 증거가 불충분함
2단계-오염되거나 병해충이 들끓는 과수원에서 생산된 과일 또한 오염되거나 병해충이 있을 가능성	- 부란병: 에르비니아균이 존재할 것이라는 것은 과장되었음 - 동고병: Neonectria galligena에 감염 되었다는 과학적 증거 없음	IRA의 측정은 일관성이 없고 객관적이지 못함
3단계-오염되지 않은 과일이라도 과수 채집 또는 가공공장으로 운송시 감염될 가능성	- 부란병: 과학적 근거없음 - 동고병: Neonectria galligena가 오염되지 않은 과일에 옮겨질 가능성 없음	IRA의 측정은 일관성이 없고 객관적이지 못함
4단계-가공공장에서 통상적 가공의 과정을 거친 후에도 오염되거나 해충이 들끓는 상태로 남는 가능성	- 부란병: 과학적 근거가 아닌 가정에 기반한 것임 - 동고병: 통상적 가공 과정은 외부 오염을 줄임. IRA의 주장을 뒷받침할 과학적 근거도 없음	- 부란병: 뉴질랜드의 입증 부족 - 동고병: IRA의 측정은 일관성이 없고 객관적이지 못함

5단계－가공단계에서 오염되지 않은 과일도 오염될 가능성	가공단계에서의 오염은 미미함	IRA의 측정은 일관성이 없고 객관적이지 못함
6단계－오염되거나 병해충이 들끓는 과일은 팰리트화, 컨테이너화될 때, 그리고 호주로의 운송시 오염된 상태로 남는 가능성	- 부란병: IRA는 컨테이너화될 때와 운송시, 에르비니아균을 급격히 감소시키는 냉동저장고에 의해 이루어짐을 간과 - 동고병: 입증할 과학적 증거 부재	IRA의 측정은 일관성이 없고 객관적이지 못함
7단계－오염되지 않은 과일도 팰리트화, 컨테이너화될 때, 그리고 호주로의 운송시 오염될 가능성	- 부란병: 오염의 가능성이 미미함 - 동고병: 과학적 근거도 없음	IRA의 측정은 일관성이 없고 객관적이지 못함
8단계－오염되거나 병해충이 들끓는 과일은 최소한의 국경조치 후에도 오염 또는 병해충이 들끓는 상태로 남는 가능성	이에 대해서 뉴질랜드는 논하지 않음	

ii) 부란병과 동고병의 유입, 정착, 확산의 가능성

◇ 근접성(proximity): 병해충에 민감한 숙주식물 근처에서의 실익이 되는 생산점 (the production of utility points)
◇ 노출: 감염된 사과가 근접하여 버려진 경우 이에 의해서 민감한 숙주식물의 병해충에 노출의 가능성

이를 판단하기 위해 패널은 근접성(proximity), 그리고 노출(exposure)을 검토했다. 패널은 근접성 요건관련, 뉴질랜드가 충분한 증거를 제출하지 않았음을 이유로 뉴질랜드 주장을 기각하였다. '노출'과 관련해서 패널은, 생존능력, 유충의 이동성, 접종물 투여량(inoculum dose), 수용성(receptivity)과 환경적 요소를 고려한 후, 호주의 위와 같은 요소에 대한 검토가 충분한 과학적 증거에 기반을 두지 않았다고 판시했다. 결과적으로 패널은 부란병과 동고병에 대해 호주가 SPS 제5.1, 5.2조 그리고 2.2조 위반하였다고 판시했다.

(ii) 사과 잎마름 각다귀(ALCM: apple leafcurling midge)의 유입, 정착, 확산의 가능성

ALCM의 유입, 정착 및 확산의 가능성과 관련하여 패널은, 생존능력, 기생력, ALCM 출현의 기간, 기후조건을 검토한 후 이에 대한 IRA의 판단은 객관적이지 못하고 정당화 될 수 없고, 결과적으로 ALCM과 관련된 잠재적인 생물학적 경제적 결과는 충분한 과학적 증거에 기반을 두지 않아 호주가 SPS 제5.1, 5.2조 그리

고 2.2조를 위반하였다고 판시했다.

사과 잎마름 각다귀(ALCM)의 유입, 정착, 확산의 가능성	패널의 판단
생존능력	고치(cocoon)로서의 ALCM의 생존력에 대한 고려가 없음
기생력	호주가 고치(cocoon)로서의 ALCM의 기생력에 대한 검토를 하지 않은 오류가 있다고 판단
출현의 기간	냉동 저장고로부터 분리된 후 ALCM이 출현하기 위한 기간과 관련하여 잘못된 가정에 기반
기후 조건	ALCM 확산을 위한 기후조건에 대한 검토 부재
무역의 형태	호주가 뉴질랜드산 사과의 대부분을 소매용으로 수입할 뿐 재포장을 위해 과수원 도매상으로 운송하지 않는다는 뉴질랜드의 주장을 받아들임

(iii) **일반 조치**(General Measures)

뉴질랜드는 병해충에 일반적으로 적용되는 일반조치(measure 15-17)[48]라 불리는 3가지 요건에 대해 이의를 제기했다. 패널은 이러한 일반 조치 또한 이 사건 병해충과 관련된 특정 조치와 연관되어 있고, 호주의 IRA는 SPS 제5.1조 및 부속서 1(4)가 의미하는 적절한 위험평가가 아니라고 보았다. 또한 이러한 일반 조치를 적용함에 있어 IRA는 이용가능한 과학적 증거, 관련 가공 및 생산 방법을 고려하지 않았고, 부란병·동고병의 출현빈도, ALCM이 발생하는 환경 조건 등을 검토하지 않았으므로 SPS 제5.1, 5.2조 및 2.2조 위반이라 판시했다.[49]

나. 상소기구 보고서 요지

부란병, 동고병, ALCM 그리고 일반 조치와 관련 SPS 제5.1, 5.2조 및 2.2조

48) Measures 15-17 were described by New Zealand as "general" measures:
(15) "The requirement that Australian Quarantine and Inspection Service officers be involved in orchard inspections for European canker and fire blight, in direct verification of packing house procedures, and in fruit inspection and treatment."
(16) "The requirement that New Zealand ensure that all orchards registered for export to Australia operate under standard commercial practices."
(17) "The requirement that packing houses provide details of the layout of premises."

49) 이상 패널보고서, paras. 7.214-7.1095 참조.

위반이라 판시한 패널의 판단에 대해 호주는 부란병, ALCM 그리고 일반조치와 관련하여 항소했다.

상소기구는, SPS 제5.1조와 부속서 1(4)의 적절한 위험평가인지 판단하기 위해서는 위험평가자(risk assessor)와 이용가능한 과학적 증거간의 관계를 평가해야 한다고 보았다. 이를 위해 상소기구는, (1) 패널이 SPS 제5.1조하의 IRA검토를 위한 심사기준(standard of review)을 잘못 적용했는지 여부, (2) IRA 전문가 판단에 대한 접근을 잘못했는지 여부, (3) IRA의 논증과 관련한 오류에 대한 중요성(materiality)에 대한 패널의 판단을 검토했다.

① 패널이 사용한 심사기준

호주는 IRA의 결론의 바탕이 된 과학적 근거가 객관적이지 못하고 일관성이 없다는 패널의 판단에 대해 패널이 잘못된 심사기준에 근거했다고 주장했다. 즉, 호주는 US/Canada-Continued Suspension에서의 패널 및 상소기구의 판정례를 들며 "과학 공동체에 의해 정당화"된 범위에 속하는 것 이상의 과학적 증거는 필요 없다고 주장한 것이다. 이에 대해 상소기구는 패널이 IRA의 결론이 객관적이지 않고 일관성이 없다고 판단한 이유는, IRA가 충분한 과학적 증거없이 특정 위험과 그 결과에 대해 과장했고 과대평가했기 때문이라고 보았다. 또한 "과학 공동체에 의해 정당화"된 범위 내에서만 패널의 분석이 제한되었어야 한다는 호주의 주장을 기각하며 패널이 사용한 심사기준에는 오류가 없다고 판시했다.[50)]

② IRA 전문가 판단에 대한 패널의 접근

호주는 SPS 제5.1조의 "자기나라의 위생 또는 식물위생 조치가 여건에 따라"라는 문구는 과학적 증거가 거의 없는 경우 위험평가에 있어 당사국에게 융통성을 부여하므로, IRA 전문가 판단에 대한 결론의 도출과정을 자세히 설명할 것을 요구한 패널의 결정은 잘못되었다고 주장했다. 이에 대해 상소기구는, 위험평가에 있어 과학적 증거가 부족한 경우, 회원국은 SPS 제5.7조[51)]의 잠정조치를 취할 수 있는데, 호주가 이러한 조치 대신 위험평가를 수행한 것은 이러한 위험평가를

---

50) 이상 WT/DS367/AB/R(상소기구보고서), paras 230-231 참조.

51) SPS 협정 제 5.7조: 관련 과학적 증거가 불충분한 경우, 회원국은 관련 국제기구로부터의 정보 및 다른 회원국이 적용하는 위생 또는 식물위생 조치에 관한 정보를 포함, 입수가능한 적절한 정보에 근거하여 잠정적으로 위생 또는 식물위생 조치를 채택할 수 있다. 이러한 상황에서, 회원국은 더욱 객관적인 위험평가를 위하여 필요한 추가정보를 수집하도록 노력하며, 이에 따라 합리적인 기간내에 위생 또는 식물 위생 조치를 재검토한다.

수행하기 위한 충분한 증거가 있음을 암시하는 것이라 보았다. 따라서 "자기나라의 위생 또는 식물위생 조치가 여건에 따라"라는 문구는 패널이 위험평가의 일관성과 객관성을 평가하는 것을 방해하지 않는다고 보았다. 또한 상소기구는 SPS 제5.1조의 "관련 국제기구에 의해 개발된 위험평가 기술을 고려하여" 위험평가를 해야 함을 언급하며, 패널이 IRA에 전문가 판단에 대한 결론의 도출과정을 자세히 설명할 것을 요구한 것이나 전문가 판단의 활용에 대한 충분한 서류를 제공하지 않았다고 판단한 점에 오류가 없다고 판시했다.[52)]

③ IRA의 논증과 관련한 오류에 대한 중요성(materiality)에 대한 패널의 판단

호주는 Australia-Salmon분쟁 이행적합성(Article 21.5) 패널의 판정례를 언급하며, 패널이 IRA의 중간 결론의 오류의 중요성을 평가하지 않았다고 주장했다. 또한 IRA의 논증이 '매우 잘못되어' 위험평가 전체의 '합리적 판단(reasonable confidence)'을 평가절하 하는지에 대해 판단했어야 한다고 주장했다.

이에 대해 상소기구는, Australia-Salmon 이행적합성 패널은 위험평가에 있어서 개별적인 결함이 언제 위험평가 전체를 평가절하 시키는지에 대한 어떠한 일반적인 기준을 제시하고 있지 않다고 판시했다. 그리하여 패널은 US/Canada-Continued Suspension의 판정례를 언급하며 논증이 객관적/일관성 있는지와 회원국이 내린 특정 결론이 충분한 과학적 근거에 기반을 두었는지 여부에 따라 판단한 것이라 보았다. 그리고 패널은 병해충의 유입, 정착, 확산과 관련된 요소들과 수입단계들에 대한 IRA의 판단 오류가 충분히 심각하여 IRA가 SPS 제5.1조 위반했음을 판시할 수 있을 정도로 종합적으로 분석하였다고 판시했다.

결과적으로 상소기구는, IRA가 SPS 제5.1조 및 부속서1(4)에 따른 위험평가의 요건을 충족하지 못하며, IRA 판단의 오류가 SPS 제5.2조 위반이 된다는 패널의 판단을 지지했다. 그리하여 호주의 부란병, ALCM에 대한 조치 및 일반조치가 SPS 제5.1, 5.2조 및 2.2조를 위반하였다고 판시했다.[53)]

2. 호주의 조치가 SPS 제5.6조를 위반했는지 여부

> ◇ SPS 제5.6조
> 5.6. 제3조 제2항을 저해함이 없이, 위생 또는 식물위생 보호 적정수준을 달성하기

52) 이상 상소기구보고서, paras. 245-248 참조.

53) 이상 상소기구보고서, paras. 261-262 참조.

> 위하여 위생 또는 식물위생 조치를 수립 또는 유지하는 때에는, 회원국은 기술적 및 경제적인 타당성을 고려하여, 동 조치가 위생 또는 식물위생 보호의 적정수준을 달성하는데 필요한 정도 이상의 무역제한적인 조치가 되지 않도록 보장한다. (Re.3)
>
> (Remark 3) 제5조 제6항의 목적상, 기술적 및 경제적인 타당성을 고려하여 합리적으로 이용 가능하고 위생 또는 식물위생 보호의 적정수준을 달성하면서 무역에 대한 제한이 현저히 적은 다른 조치가 없는 경우, 동 조치는 필요한 정도 이상의 무역제한조치가 아니다.
>
> ◇ 부속서 1
>
> 5. 위생 또는 식물위생 보호의 적정수준 – 자기나라 영토내의 인간, 동물 또는 식물의 생명 또는 건강을 보호하기 위하여 위생 또는 식물위생 조치를 수립하는 회원국에 의해 적절하다고 판단되는 보호 수준
>
> ※ 주 : 많은 회원국들은 달리 이 개념을 "수용가능한 위험 수준"이라고 지칭하고 있음.

가. 패널 보고서 요지

패널은 SPS 제5.6조 위반임을 판단하기 위해서는 Australia-Salmon의 상소기구가 판시한 바와 같이, 제소국은 다른 "대안 조치"가 (1) 기술적·경제적 타당성을 고려했을 때 합리적으로 이용가능하고, (2) 회원국의 위생 또는 식물위생 보호의 적정수준을 유지할 수 있게 하고, (3) 문제된 SPS 조치보다 덜 무역제한적임을 검토해야 한다고 보았다.

뉴질랜드는 호주의 16개 조치와 관련해서 위 3가지 조건이 충족됨을 주장하며 부란병, 동고병, ALCM과 3가지 일반 조치와 관련한 특정 대안들을 제시했다. 그리하여 패널은 (1) 부란병 및 동고병 (2) ALCM (3) 일반 조치로 나누어, 뉴질랜드가 제시한 대안을 검토하고, 이러한 대안조치가 SPS 제5.6조를 위반했는지 여부를 검토했다.

① 부란병 및 동고병 관련 대안조치

뉴질랜드는 부란병 및 동고병 관련 대안조치로 완숙한·무증후성의 사과에 대해서만 수입을 제한하는 것을 제시했다. 이에 대해 패널은, SPS 제5.6조 상의 3가지 test 중 두 번째 요건인 (2) 대안조치가 회원국의 위생 또는 식물위생 보호의 적정수준을 유지할 수 있게 하는지, 즉 대안조치로도 호주의 ALOP[54]를 달성가능

---

54) ALOP: 매우 낮은 수준으로 위험을 감소시키는 것을 목적으로 하여 높은 수준의 위생 및 생물위생 조치를 제공하는 것

한지를 검토했다.

뉴질랜드는 이러한 대안조치로도 호주는 ALOP를 달성할 수 있다고 주장했다. 이에 대해 호주는, 뉴질랜드의 대안조치에 대해 이미 IRA가 검토한바 있고, ALOP에 의해 허용되는 '매우 낮은 수준(very low level)'보다 높은 '낮은' 수준의 위험을 주는 것으로 판단했고 이러한 대안조치를 통해 ALOP를 달성할 수 없다고 반박했다.

패널은 우선 호주가 뉴질랜드산 사과 수입으로 인한 부란병 및 동고병의 위험에 대해 과장했다는 뉴질랜드의 주장을 검토했다. 이를 위해 이미 패널이 SPS 제5.1조 검토함에 있어 호주가 과장하였다고 판단한 점을 들어 뉴질랜드의 주장을 지지했다. 그 다음으로 패널은, 뉴질랜드가 제시한 대안조치가 호주의 ALOP가 제시하는 기준 아래로 부란병 및 동고병의 위험을 감소시키는지 검토했다. 이를 위해 패널은 전문가들의 의견(완숙한·무증후성의 뉴질랜드산 사과의 유입, 정착, 확산으로 오는 부란병의 위험이 매우 낮다)을 참조하며 뉴질랜드가 제시한 대안조치로 호주의 ALOP를 달성할 수 있음을 판시했다.

② ALCM에 대한 대안조치

뉴질랜드는 ALCM관련한 대안조치로 수입지에서 600개의 과일 샘플에 대한 검사와 "소매상 요건(retail-ready)"을 제시했다. 그러나 패널은 뉴질랜드가 "소매상 요건"에 대해 구체적으로 주장하지 않았음을 이유로 첫 번째 대안조치에 대해서만 검토했다. 뉴질랜드는 제안한 대안이 호주와 뉴질랜드 간의 교역중인 모든 상품에 대한 해충격리에 있어서 표준적인 수입 및 수출시의생물위생조치이며 이미 이러한 방법은 존재하고 있다고 주장하였다. 이에 대해 패널은 이와 같은 조치가 "현실세계"에서 기술적·경제적으로 이용가능한지 여부를 검토했다. 그리하여 뉴질랜드의 주장처럼 동 조치가 호주와 뉴질랜드간의 표준적 조치일 뿐 아니라 이미 많은 국가들에 의해 시행되고 있으므로 이론상으로만 가능한 조치가 아니라 현실적, 기술적, 경제적으로도 이용가능한 것이라 판시했다. 이후 패널은 600개의 샘플을 검사하는 대안조치가 호주의 ALCM 관련 요건들보다 덜 무역 제한적인지를 검토했다. 이를 위해 패널은 현 제도하에서보다 시장 접근이 현저히 쉽게 이루어는지 여부와 대안조치 하에서의 증가된 시장접근이 현저한지 여부를 검토한 후 대안조치가 현 ALCM 조치보다 "현저히" 덜 무역 제한적이라고 판단했다.

③ 일반 조치

패널은 마지막으로 일반조치와 관련하여 뉴질랜드에 의해 제기된 대안조치를 검토했다. 뉴질랜드는 대안조치로 (1) 사과가 완숙하고 무증후성인지를 판단하기 위해 고안된 뉴질랜드의 제도와 (2) 600개의 샘플 검사를 위한 조치와 관련한 AQIS의 검사를 제시했다. 패널은 이러한 대안조치가 기존의 제도보다 덜 무역 제한적인지 여부를 우선 검토했는데, 이를 위해서 뉴질랜드가 제시한 대안조치가 일반조치인 Measure 15와 비교될 수 있는지를 보았다. 그러나 패널은 Measure 15에 대해 이전에 어떤 명확한 설명도 제공된 바 없음을 지적하며, 비록 Measure 15의 불확실성에 대한 증명책임이 뉴질랜드측에 있는 것은 아니나, 뉴질랜드의 주장을 판단하기 위해서는 뉴질랜드가 제소국으로서 최초 입증(prima facie case) 책임이 있기 때문에 Measure 15에 대한 설명 없이 대안조치와의 비교가 불가능하다고 판시했다.

그리고 일반조치인 Measures 16, 17과의 관계에 있어서는, 대안조치가 현 제도보다 시장 접근을 현저히 유리하게 하는지와 증가된 시장접근 기회의 유무를 판단하였는데, 이에 대해 Measure 16이 과학적으로 정당화 될 수 없다는 뉴질랜드의 주장을 기각했다. 어떠한 조치가 과학적으로 정당화 될 수 있는지 여부는 "무역 제한성"을 판단하는데 아무런 연관이 없기 때문이다. 또한 과수 재배자의 규정준수의 다양성은 비용이 많이 들고 시간 소모적이라는 뉴질랜드의 주장에 대해 패널은, 대안조치가 어떻게 덜 비용·시간 소모적인지에 대해 뉴질랜드가 증명할 책임이 있다며 이러한 책무를 다하지 못한 뉴질랜드의 주장을 기각했다.[55]

나. 상소기구 보고서 요지

호주는 부란병과 ALCM과 관련한 조치가 더 무역 제한적이고, SPS 제5.6조 위반이라고 판시한 패널 판정에 대해 상소했다. 호주는 특히, 대안조치가 호주의 적합한 안전 수준을 달성하기에 충분하다는 패널의 판시와, 완숙한·무증후성 사과로 수입을 제한하는 것과 600개의 사과 샘플에 대한 검사하는 것을 대안조치로 본 패널의 판시에 상소했다. 상소기구는 SPS 제5.6조 위반이 되기 위해서는 (1) 문제된 조치 이외의 대안조치가 기술적·경제적으로 이용가능하고, (2) 대안조치로 회원국의 위생 및 식물위생 안전의 적합한 수준을 달성가능하고, (3) 문제된

55) 이상 패널보고서, paras. 7.1096-1402 참조.

SPS 조치보다 상당히 덜 무역 제한적이어야 함을 상기하며, 두 번째 요건에 초점을 두었다. SPS 부속서1(5)가 위생 또는 식물위생 보호의 적정수준을 "회원국에 의해 적절하다고 판단되는 보호 수준"이라고 규정한 점과, Australia-Salmon의 상소기구가 "보호의 적정수준을 설정하는 것은 회원국의 특권"이라고 한 점을 들며, 이러한 적정 보호수준 판단을 위해서는 문제된 조치와 대안조치로 얻을 수 있는 보호의 수준간의 비교가 필요하다고 했다. 즉, 제안된 대안조치로 달성할 수 있는 보호의 수준이 적정 보호수준과 같거나 초과한다면 수입국의 문제된 SPS 조치가 적정 보호수준보다 더 무역 제한적이라는 것이다.

이에 대해 호주는, 패널이 SPS 제5.6조의 위반여부를 판단함에 있어, IRA가 제5.1조상의 적합한 위험평가가 아니라는 결정에 근거하였으므로, 상소기구가 SPS 제5.1, 5.2, 2.2조와 관련한 패널의 판단을 뒤집는다면 제5.6조 관련 판단도 뒤집어야 할 것이라고 주장했다. 이에 상소기구는, SPS 제5.1, 5.2, 2.2조와 관련된 패널의 판단은 유효하며, 동 조항들과 제5.6조는 별개의 것이라며 호주의 이러한 주장을 기각했다.

이후 상소기구는 (1) 뉴질랜드산 사과 수입의 위험에 대한 호주의 계산이 과장되었고, (2) 뉴질랜드가 주장한 대안조치가 호주의 ALOP 이하로 위험을 감소시킬 수 있다고 한 점에 대해 검토했다. 이에 대해 상소기구는, SPS 제5.6조 어디에도 제소국에게 수입국이 수입 제품과 관련된 위험을 과장했다고 주장할 책임을 부과하지 않고 있고, 패널은 SPS 제5.1, 5.2조와 별개로 제5.6조에 근거하여 대안조치가 호주의 보호의 적정수준을 결정할 필요가 있다고 보았다. 즉, 패널이 대안조치가 객관적으로 보호의 적정수준을 달성하는지를 검토했어야 한다는 것이다. 그러나 패널은 제5.1조하의 IRA를 검토함에 있어 발견한 결과에 근거하였고, 뉴질랜드가 제안한 대안조치가 호주의 보호의 적정수준을 달성할수 있는지에 대해 확정적으로 결정한 바 없으므로 패널의 결정에 잘못이 있다고 보았다. 그러므로 뉴질랜드가 완숙한·무증상의 사과로 수입을 제한하는 것과 600개의 사과 샘플에 대한 검사를 유효한 대안조치로 본 패널의 판단을 기각했다.[56]

결국, 상소기구는 호주가 SPS협정 제5.1, 5.2, 2.2조를 위반했다는 패널 판정은 수용하되, 제5.6조를 아울러 위반했다는 판정은 기각한 것이다.

---

56) 이상 상소기구보고서, paras. 342-407 참조.

Ⅳ. 해설 및 평가

호주-뉴질랜드 사과 사건에서는 SPS협정의 심사기준(standard of review)이 여러 쟁점에서 문제되었다. 특히 SPS 제5.1, 5.2조와 관련한 심사기준을 정하는데 있어 패널과 상소기구는 다소 다른 기준을 활용한 것으로 보이는데, 패널은 제5.1조의 심사기준을 제5.6조에 확대적용한 반면, 상소기구는 이러한 패널의 접근법을 비난하며, 제5.1조와 제5.6조는 별개의 심사기준이 필요함을 판시했다. 즉, 패널은, 제5.6조 심사에 있어 Autralia-Salmon 사건과 같이, 대안 조치가 호주가 규정한 보호수준의 적정한 정도를 달성할 수 있는지를 검토함에 있어 제5.1조 심사에서 적용한 "일관성 있고 객관적인지(coherent and objective)"에 대한 검증을 거친 위험평가관련 결과들을 활용했다. 이에 대해 상소기구는, 이러한 패널의 태도를 비판하며, 패널이 수입국 당국이 수행한 위험평가에 대해 제로베이스에서 새로운(de novo) 심리를 하지 않은 것은 타당하나, SPS 제5.1조와 제5.6조는 서로 다른 상황에서 적용됨을 강조했다. 즉, 제5.6조는 회원국이 덜 무역 제한적인 조치를 취할 수 있었는지 여부를 검토해야 하는 것으로, 패널은 제소국에 의해 제안된 대안조치 자체를 객관적으로 검토했었어야 한다는 것이다.

이러한 상소기구의 비판은, SPS협정 제5.1조와 같이 WTO 협정 문언상에 회원국 당국의 결정사항임을 언급[57]하고 있을 경우 그 결과로 회원국 당국이 내린 결정을 어느 정도 존중(deference)해주어 그러한 결정의 이론적 근거가 일관성 있고 객관적인지만 심리해야 하는 반면, WTO 협정상 그러한 문언이 없는 경우는 이러한 만큼의 존중을 부여할 필요가 없이 패널이 주도적으로 해당 조치 자체의 정당성을 객관적으로 심사해야 한다는 것을 의미한다. 따라서 위와 같은 문언이 규정된 제5.1조와 그렇지 않은 제5.6조는 개별적으로 검토되어야 한다는 것으로, 이러한 상소기구의 접근은 제5.1조를 제외하고 엄격한 요건하에서 적용되는 다른 SPS 규정들을 고려한 것으로 판단된다.

우리 정부도 수입농산물에 대해 다양한 SPS조치들을 취하고 있다. 이러한 조

57) SPS 제5.1조는 "회원국은 관련 국제기구에 의해 개발된 위험평가 기술을 고려하여, 자기나라의 위생 또는 식물위생 조치가 여건에 따라 적절하게 인간, 동물 또는 식물의 생명 또는 건강에 대한 위험평가에 기초하도록 보장한다"라고 규정하며 회원국 당국에 의해 위험평가가 수행될 것을 요구하고 있음.

치를 취할 때, SPS협정상의 과학적 증거에 기초하여 일관성 있고 객관적인 위험평가를 거쳐야 한다. 즉, 관련 국제기구에 의해 개발된 위험평가 기술을 고려하여 평가해야 하며, 단순한 위험의 가능성(possibility)이 아니라 위험의 발생확률(probability)까지 고려해야 한다. 또한, 충분한 과학적 증거 없이 특정 위험과 그 결과에 대해 과장하거나 과대평가해서는 안되는 것이다. 이러한 위험평가의 일관성과 객관성을 입증하기 위해서는 전문가 판단에 대한 결론의 도출과정과 이러한 판단의 활용에 대한 충분한 입증서류를 준비해놓는 것이 바람직하다.

아울러, SPS협정 제5.6조의 필요성 요건을 충족하는 것도 중요하다. 이를 위해서는 고려 중인 SPS 조치 이외의 대안조치가 기술적·경제적으로 이용가능한지를 살펴보아야 한다. 만일 이러한 대안조치로 회원국의 위생 및 식물위생 안전의 적합한 수준을 달성가능하고, 해당 SPS 조치보다 상당히 덜 무역 제한적인 경우에는 그 대안조치를 채택해야 한다. 예를 들어, 수입금지 조치를 고려할 경우에는 금지 대상제품의 범위를 가급적 한정해야 하며, 수입금지 대신 전수검사나 검역강화조치가 대안이 될 수 있는지를 항상 검토한 후, 우리가 설정하는 보호수준을 달성할 수 있는 여러 방안 중 가장 교역에 대한 제한이 적은 대안을 선택해야 한다. 이러한 필요성 요건을 충족했는지에 대해서는 WTO패널이 위험평가의 적정성에 대한 판단과는 달리 상대적으로 엄격한 심사기준을 적용함을 주의해야 한다. 그러므로, 단순히 SPS조치를 선택하는데 있어 일관성과 객관성을 확보하는 것으로는 부족하며, 여러 가능한 대안의 보호수준 달성 여부와 교역제한 효과를 정확하게 비교하여 취사선택하는 것이 요구되는 것이다.

〈WTO 분쟁해결 일지〉

2007.12.6. 뉴질랜드, 패널 설치 요청
2008.1.21. 패널 설치
2008.3.12. 패널위원 구성 완료
2010.3.31. 잠정보고서 발간
2010.8.9. 최종보고서 회람
2010.8.31. 호주, 상소 의사 통보
2010.11.29. 상소기구 보고서 회람
2010.12.17. 상소기구 보고서 채택

<부록: 호주가 부과한 사과 수입에 대한 17개 조치 목록>[58]

O Measures 1-8 relate to "*fire blight*":

(1) "The requirement that apples be sourced from areas free from fire blight disease symptoms."

(2) "The requirement that orchards/blocks be inspected for fire blight disease symptoms, including that they be inspected at an inspection intensity that would, at a 95% confidence level, detect visual symptoms if shown by 1% of the trees, and that such inspections take place between 4 to 7 weeks after flowering."

(3) "The requirement that an orchard/block inspection methodology be developed and approved that addresses issues such as visibility of symptoms in the tops of trees, the inspection time needed and the number of trees to be inspected to meet the efficacy level, and training and certification of inspectors."

(4) "The requirement that an orchard/block be suspended for the season on the basis that any evidence of pruning or other activities carried out before the inspection could constitute an attempt to remove or hide symptoms of fire blight."

(5) "The requirement that an orchard/block be suspended for the season on the basis of detection of any visual symptoms of fire blight."

(6) "The requirement that apples be subject to disinfection treatment in the packing house."

(7) "The requirement that all grading and packing equipment that comes in direct contact with apples be cleaned and disinfected (using an approved disinfectant) immediately before each Australian packing run."

(8) "The requirement that packing houses registered for export of apples process only fruit sourced from registered orchards."

O Measures 9-13 relate to "*European canker*":

(9) "The requirement that apples be sourced from export orchards/blocks free of European canker (pest free places of production)."

(10) "The requirement that all trees in export orchards/blocks be inspected for symptoms of European canker, including that orchards/blocks in areas less

58) 패널보고서, paras. 2-1-255.

conducive for disease are inspected for symptoms by walking down every row and visually examining all trees on both sides of each row, and that areas more conducive to the disease are inspected using the same procedure combined with inspection of the upper limbs of each tree using ladders (if needed), and that such inspections take place after leaf fall and before winter pruning."

(11) "The requirement that all new planting stock be intensively examined and treated for European canker."

(12) "The requirement that an orchard/block be suspended for the season on the basis that any evidence of pruning or other activities carried out before the inspection could constitute an attempt to remove or hide symptoms of European canker."

(13) "The requirement that exports from an orchard/block be suspended for the coming season on the basis of detection of European canker and that reinstatement would require eradication of the disease, confirmed by inspection."

Measure 12 was later excluded from the terms of reference, by agreement of the parties.

O Measure 14 relates to "*apple leafcurling midge*":

(14) "The requirements of inspection and treatment for apple leafcurling midge, including: the option of inspection of each lot on the basis of a 3000 unit sample selected at random across the whole lot for apple leafcurling midge, symptoms of quarantineable diseases, quarantineable pests, arthropods, trash and weed seeds, with detection of any live quarantineable arthropod resulting in appropriate treatment or rejection for export; the option of inspection of each lot on the basis of a 600 unit sample selected at random across the whole lot for symptoms of quarantineable diseases, trash and weed seeds, plus mandatory appropriate treatment of all lots."

O Measures 15-17 were described by New Zealand as "*general*" measures:

(15) "The requirement that Australian Quarantine and Inspection Service officers be involved in orchard inspections for European canker and fire blight, in direct verification of packing house procedures, and in fruit inspection and treatment."

(16) "The requirement that New Zealand ensure that all orchards registered for export to Australia operate under standard commercial practices."

(17) "The requirement that packing houses provide details of the layout of premises."

제 5 장 미국-중국산 가금류 수입 분쟁
(UNITED STATES-CERTAIN MEASURES AFFECTING IMPORTS OF POULTRY FROM CHINA) (WT/DS392)

< 요 약 >

중국과 미국은 2004년 조류 인플루엔자(AI) 발생을 이유로 상호간 가금류 수입을 금지했는데, 중국은 곧 금지조치를 해제한 반면 미국은 이를 계속 유지하였다. 미국으로 가금류를 수출하기 원하는 국가는 미국 농무부에 적격여부에 대한 판단을 요청해야 하고, 이러한 요청하에 해당 가금류가 미국의 가금류 제품과 '동등한지' 여부를 판단하고 수입허용 여부를 결정하였다. 이에 따라, 중국은 2004년 4월 FSIS에 동등성 여부에 대한 판단을 요청했으나, 미국 농무부는 중국의 가금류 공정 및 도축 과정은 미국의 제도와 동등한 수준이라는 잠정적 판단과 함께 추가적인 평가를 보류했다. 이처럼 중국에 대한 평가가 보류되고 있는 동안, 미국 내에서 중국의 식품검사 제도에 대한 우려가 확산되어 2007년부터 미국의회는 연례국회배당금 및 일련의 관련 조치에 근거하여 중국산 가금류의 대미 수출을 막는 법안을 제정하여 시행하기에 이르렀다. 이에 중국은 이러한 조치는 중국에 대한 노골적인 차별을 제도화하고 국내 상품에 대한 보호주의라고 비판하고, 2009년 WTO에 제소하기에 이르렀다. WTO 패널은 미국이 관련법규 제정 시 위험평가에 기반을 두지 않았으므로 SPS협정 제5.1, 5.2조를 위반하였다고 판시했다. 또한 미국이 제시한 식품 안전 문제에 대한 증거는 제2.2조에 의한 충분한 과학적 증거라고 볼 수 없으므로, "SPS조치를 충분한 과학적 증거 없이 유지하지 말 것"을 규정한 SPS협정 제2.2조와 자의적 차별금지를 규정한 제2.3조를 위반하였다고 판시했다. 조류 인플루엔자의 확산과 같이 소비자의 안전을 도모하기 위해 급속한 조치를 취해야 하는 경우, 필요한 조치를 취하는 것은 모든 정부의 기본 의무일 것이다. 그런데 문제는 SPS조치가 끊임없는 예방적 조치를 취하기를 원하는 소비자의 심리를 이용해 불필요한 정도까지 보호조치를 취하면서, 국내산업 보호를 위한 수단으로 전락하는 경우에 발생한다.

이러한 경우 발생을 막고 위생 위험으로부터 국민 건강을 보호하기 위해 정당한 권한을 행사하려면, SPS협정 제5조에 따른 위험평가를 실시해야 한다. 위험평가 작업시 주의할 점은 과학적 증거가 해당 조치와 합리적인 연관성이 있고 해당 조치가 다루는 위험의 존재를 충분히 입증하고 있어야 한다는 점이다. 미국측이 근거로 제시한 바와 같은, 중국산 가금류에 대한 조사도 아닌 일반적인 중국의 식품안전 수준에 대한 자료는 구체성과 충분성을 결여하는 것이다. 따라서, 우리 정부가 앞으로 SPS조치를 취하는 경우는 해당 조치가 달성하려고 하는 목표에 초점을 맞춘 특정된 위험을 상정하고, 그에 대한 위험의 평가 작업을 진행해야 할 것이다. 이러한 평가에 기초해서 SPS조치를 취하는 경우라도, 특정한 국가의 상품을 표적으로 삼아 다른 나라 상품에 비해 자의적인 차별을 가하지 않도록 주의해야 한다. 동일한 위험을 주는 대상 상품인 경우 서로 다른 보호 수준을 설정하지 말아야 하며, 일관된 보호수준이 설정되었으면, 그러한 수준을 달성하기 위해 필요한 정도 이상의 무역제한 조치를 취하지 않도록 주의해야 한다.

Ⅰ. 사건개요 및 사실관계

중국과 미국은 2004년 조류 인플루엔자(AI) 발생을 이유로 상호간 가금류 수입을 금지했는데, 중국은 곧 금지조치를 해제한 반면 미국은 이를 계속 유지하였다. 미국은 국내외 가금류 제품에 적용되는 식품안전 검사(food safety inspection)제도를 유지하고 있었는데, 이 제도는 미국 농무부 식품안전검사국(FSIS: Food Safety and Inspection Service)이 제정한 '가금류생산법'에 근거하는 것이었다. 동 제도에 따라 미국 국내산 상품들은, 연방정부가 규정하는 요건을 충족하지 못하고 정부검사를 받지 않은 경우 국내에서 판매될 수 없게 규정하는 반면, 수입제품은 국가별로 다른 수준의 기준을 적용하여 FSIS 승인하에 수입을 허락하고 있었다. 미국으로 가금류를 수출하기 원하는 국가는 FSIS에 적격여부에 대한 판단을 요청해야 하고, 이러한 요청하에 FSIS는 해당 가금류가 미국의 가금류 제품과 '동등한지' 여부를 판단하고 수입허용 여부를 결정하였다.

이에 따라, 중국은 2004년 4월 FSIS에 동등성 여부에 대한 판단을 요청했다. 동 요청에 따라 FSIS는 중국산 가금류에 대한 판단을 하였고, 중국의 가금류 공정 및 도축 과정이 미국의 제도와 동등한 수준이라는 잠정적 판단과 함께 추가적인 평가를 보류했다. 이처럼 중국에 대한 평가가 보류되고 있는 동안, 미국 내에서 중국의 식품검사 제도에 대한 우려가 확산되어 2007년부터 미국의회는 연례 국회배당금 및 일련의 관련 조치에 근거하여 중국산 가금류의 대미 수출을 막는 법안을 제정하여 시행하기에 이르렀다. 관련법 제733조는 행정부의 기금이 중국산 가금류의 수입에 이용되는 것을 금지하였으나, 동 조항은 2008년 9월 30일부로 적용이 만료되었다. 그러나 2009년 3월 오바마 대통령은 Agriculture Appropriations Act(AAA) 2009에 서명하였는데, 동 법안의 제727조는 구 법 제733조와 같은 내용을 담고 있었다. 또한 동 조항은 법안 설명서(Joint Explanatory Statement,

JES)와 더불어서 FSIS에 대해 중국산 가금류 수입제한을 위한 일정한 조치들을 취할 것을 요구하였다.

> Joint Explanatory Statement(JES)
>
> 중국에서 심각한 식품 오염 관련 문제가 있으므로, FSIS는 중국 가금류 수입을 재개하기 위한 어떠한 활동에도 의회가 승인한 기금을 사용할 수 없다. 중국이 최근 식품관련 안전기준법을 개정하였는데, 미국농무부(USDA: United States Department of Agriculture)는 1년 내 중국으로부터 수입된 가금류의 안전성의 변화에 대해 위원회에 보고해야 한다. 또한 중국산 가금류 제품의 안전성을 입증하는 자료 (검사제도에 대한 감사 자료, 미국에의 수출 증명서에 적힌 중국내 가금류 및 도살 시설에 대한 감사 자료, 실험실에 대한 자료 등)를 제출해야 한다.…

위와 같이 JES는 USDA가 중국 식품법 개정 변화에 대한 보고를 할 것과 중국으로부터 가금류 수입의 안정성을 보증할 수 있는 자료를 제출할 것을 요구하고 있었다. 이에 더해 FSIS 웹사이트상에 공시해야 할 의무를 부과하였고 중국 가금류 수입을 재개하기 위한 어떠한 활동에도 의회가 승인한 기금을 사용하지 못하게 하고 있었다.

미국은 이 조치를 의회가 다른 기관들에 대한 "감독(oversight)"권을 행사한 것이라는 입장이었다. 즉 해당 조치는, 미국의 수입식품에 대한 안전을 보증하기 위한 미국의 제도와 분리할 수 없는 것이고, 제727조는 동등성 검토를 위한 하나의 절차적 요건에 불과하다는 것이다. 중국은 이러한 조치는 중국에 대한 노골적인 차별을 제도화하고 국내 상품에 대한 보호주의라고 비판하고, 2009년 4월 17일 미국의 AAA 제727조를 WTO에 제소하기에 이르렀다. AAA 제727조는 2009년 9월 30일 그 적용이 만료되었다.[59)]

Ⅱ. 주요쟁점 및 당사국 주장

1. 주요쟁점

중국은 미국의 AAA 제727조가 GATT 제1.1, 11.1조, 농업협정 제4.2조, SPS협정 제2.2., 2.3, 5.1, 5.2, 5.6, 8조를 위반한다고 주장했다. 이하에서는 GATT 제1.1,

59) 이상 WT/DS392/R(패널보고서), paras. 2.1-32 참조.

11.1, 20조, SPS협정 제2.2., 2.3, 5.1, 5.2, 5.6조에 대해 검토한다.

2. 당사국 주장

가. 제소국 중국의 주장

중국은 미국의 제727조가 위험평가에 기반을 두지 않은 것으로 SPS협정 제5.1, 5.2, 2.2조를 위반했다고 주장했다. SPS협정 제2.3조와 관련하여 중국은 미국이 중국에 대해 더 높은 수준의 보호조치를 취해 자의적이고 부당한 차별을 하고 있다고 주장했다. 즉, 제727조는 중국산 가금류 제품에 대한 승인의 고려, 부여 및 이행을 금하므로 FSIS 승인을 획득할 수 있는 다른 WTO 회원국들에 비해 중국을 차별하고 있다는 것이다.

SPS협정 제5.6조에 관해 중국은 Remark 3에 따라 무역에 대한 제한이 현저히 적은 다른 대안조치가 존재하므로, 미국이 동 조에 위반하여 필요한 정도 이상의 무역제한적인 조치를 취하고 있다고 주장했다.

GATT와 관련된 쟁점으로 중국은 다른 모든 체약당사자에게는 제공하는 편의, 호의, 특권 또는 면제를 중국산 가금류에는 즉시, 무조건적으로 부여하지 않아 미국이 GATT 제1.1조를 위반하였다고 주장했다. 또한 제727조가 중국산 가금류의 경쟁적 기회에 부정적 영향을 미치는 수입 제한을 부과하고 있으므로 GATT 제11조 위반이라 주장했다.[60]

나. 피소국 미국의 주장

미국은 제727조항은 동등성 평가 과정에서 적용되는 요건이기 때문에 SPS협정 제5.1, 5.2, 2.2조는 적용되지 않는다고 반박했다. 또한 미국은 미국의 조치는 객관적이고 과학적인 판단에 근거해 미국의 공중보건을 고려한 조치라고 주장했다. 이에 더해, 미국은 제727조가 GATT 제20(b)조에 따라 중국의 가금류 수입으로부터 초래되는 위험으로부터 인간, 동물 또는 식물의 생명 또는 건강을 보호하기 위해 제정되었으므로 중국의 주장들은 이유 없다며 반박했다.

---

60) 이상 패널보고서, paras 7.162-166, 7.205-208, 7.308-309, 7.320-321 참조.

Ⅲ. 패널 보고서 요지

1. 미국이 SPS 협정 제5.1, 5.2, 2.2조를 위반했는지 여부 - 위험평가와 과학적 증거

◇ 제5조 위험평가 및 위생 및 식물위생 보호의 적정수준 결정

1. 회원국은 관련 국제기구에 의해 개발된 위험평가 기술을 고려하여, 자기나라의 위생 또는 식물위생 조치가 여건에 따라 적절하게 인간, 동물 또는 식물의 생명 또는 건강에 대한 위험평가에 기초하도록 보장한다.
2. 위험평가에 있어서 회원국은 이용가능한 과학적 증거, 관련 가공 및 생산 방법, 관련 검사, 표본추출 및 시험방법, 특정 병해충의 발생률, 병해충 안전지역의 존재, 관련 생태학적 및 환경조건, 그리고 검역 또는 다른 처리를 고려한다.

부속서 1 정 의 (Re.4)

4. 위험평가 - 적용될 수 있는 위생 또는 식물위생 조치에 따라 수입회원국의 영토 내에서 해충 또는 질병의 도입, 정착 또는 전파의 가능성과 이와 연관된 잠재적인 생물학적 및 경제적 결과의 평가, 또는 식품, 음료 및 사료내의 첨가제, 오염물질, 독소 또는 질병원인체의 존재로 인하여 발생하는 인간 또는 동물의 건강에 미치는 악영향의 잠재적 가능성에 대한 평가

패널은 우선 미국이 위험평가를 수행했는지 여부와 제727조가 그러한 위험평가에 기반을 두었는지 여부를 검토했다. 미국은 위험평가를 수행하였다고 주장하지 않는 대신, 제727조항에 GATT 제20(b)조에 기반을 둔 과학적 근거가 있다고 주장했다. 미국은 이와 관련하여, 중국의 식품에 대한 보건 및 안전과 관련된 여러 보고와 연구 자료를 제출했다. 이에 대해, 패널은 과거 상소기구가 '위험평가는 반드시 SPS조치를 취할 때 수행해야 하는 것은 아니다. 그러므로 특정한 연구들이 회원국에 의해 수행되지 않았다는 사실이 위험평가를 수행하지 않았다는 결론으로 이어지는 것은 아니다.'라고 한 점을 들었다. 그러나 이러한 과거 상소기구 판시에도 불구하고, 패널은 미국이 제출한 자료들은 미국이 위험평가를 했는지 여부에 대한 증명을 하지 못하고 있다고 보았다. 그리하여 미국이 제727조 제정 시 위험평가에 기반하지 않았으므로 SPS협정 제5.1, 5.2조를 위반하였다고 판시했다.

SPS 제2.2조
회원국은 위생 및 식물위생 조치가 인간, 동물 또는 식물의 생명 또는 건강을 보호하는데 필요한 범위내에서만 적용되고, 과학적 원리에 근거하며 또한 충분한 과학적 증거없이 유지되지 않도록 보장한다. 단, 제5조제7항에 규정된 사항은 제외된다.

이후 패널은 제2.2조를 검토했는데, 제727조가 SPS 제2.2조의 "충분한 과학적 증거없이 유지되지 않도록 보장"되었는지를 검토했다. 패널은 과거의 상소기구 판시내용인 "과학적 증거가 충분함을 증명하기 위해서는 과학적 증거가 해당 조치와 합리적인 연관성이 있고 해당 조치가 다루는 위험의 존재에 대해 충분히 입증해야 하고, 위험평가를 위해 필요한 종류여야 한다"는 부분을 지목했다. 그리고 이러한 SPS 조치가 제5.1조와 제5.2조 상의 위험평가에 기반을 두지 않았다면 과학적 증거에 기초하지 않은 것이고 충분한 과학적 증거 없이 유지되고 있는 것이라고 판시했다. 패널은 미국이 제출한 증거들을 검토한 후, 미국이 중국의 식품안전을 일반적으로 검토하였으나 중국의 가금류 조사(inspection)에 대해 구체적으로 다루지 않고 있다고 보았다. 그리고 미국이 중국의 식품 위생 문제에 대한 자료(특히 조류독감, 가금류 밀수 등과 관련된 신문 기사, 출판물)를 제출했으나 이러한 증거들은 중국의 가금류를 소비하는데 있어서 오는 위험을 보여주고 있지는 못한다고 판단했다. 결국 패널은 미국이 제시한 식품 안전 문제에 대한 증거는 제2.2조에 의한 충분한 과학적 증거라고 볼 수 없고, 미국은 제2.2조를 위반하였다고 판시했다.[61]

2. 미국이 SPS 협정 제2.3조를 위반했는지 여부 – 자의적이고 부당한 차별

SPS협정 제2.3조
회원국은 자기나라 영토와 다른 회원국 영토간에 차별 적용하지 않는 것을 포함하여 자기나라의 위생 및 식물위생 조치가 동일하거나 유사한 조건하에 있는 회원국들을 자의적이고 부당하게 차별하지 아니하도록 보장한다. 위생 및 식물위생 조치는 국제무역에 대한 위장된 제한을 구성하는 방법으로 적용되지 아니한다.

61) 이상 패널보고서, paras. 7.170-204 참조.

중국은 미국이 중국에 대해 더 높은 수준의 보호조치를 취해 자의적이고 부당한 차별을 하고 있다고 주장했다. 즉, 제727조는 중국산 가금류 제품에 대한 승인의 고려, 부여 및 이행을 금하므로 FSIS 승인을 요청할 수 있는 다른 WTO 회원국들에 비해 중국을 차별하고 있다고 주장했다. 패널은 Australia-Salmon 사건의 판정례를 들며, 제2.3조가 '기본적인 의무'를 규정하고 있고 제5조가 제2.3조의 구체적 진술이므로, 제5.5조 위반이라고 판정된 경우는 당연히 제2.3조 위반도 성립한다고 판시했다.

SPS협정 제5.5조

인간, 동물 또는 식물의 생명 또는 건강에 대한 위험으로부터의 위생 또는 식물위생 보호의 적정수준이라는 개념의 적용에 있어서 일관성을 달성할 목적으로, 각 회원국은 상이한 상황에서 적절한 것으로 판단하는 수준에서의 구별이 국제무역에 대한 차별적 또는 위장된 제한을 초래하는 경우에는 자의적 또는 부당한 구별을 회피한다. 회원국은 이 협정 제12조제1항, 제2항 및 제3항에 따라 위원회에서 이 규정의 실제 이행을 촉진하기 위한 지침을 개발하기 위하여 협력한다. 동 지침을 개발함에 있어서 위원회는 사람들이 자발적으로 자신을 노출하는 인간의 건강상 위험의 예외적 특성을 포함한 모든 관련 요소를 고려한다.

패널은 미국이 SPS협정 제5.5조를 위반하였는지 판단했는데, 이를 위해 다음의 세 가지 요소를 검토했다. (1) 비교 대상간에 적절한 것으로 판단되는 서로 다른 보호수준(ALOP: Appropriate level of protection)을 적용하고 있는지 여부, (2) 그러한 ALOP가 자의적인지 여부, (3) ALOP의 차이가 차별을 초래하는지 여부를 검토했다.

첫 번째 요건과 관련하여, 패널은 제727조의 기금사용 제한 요건이 중국에만 적용되는 것으로 이는 중국과 다른 회원국간의 상품의 차별을 야기하므로 비교 대상 간의 서로 다른 수준의 보호조치를 적용하고 있다고 보았다. 이에 대해, 미국은 자국이 모든 가금류에 대해 단 하나의 ALOP 기준(해당 제품이 안전한지 여부)만을 적용하고 있다고 주장했다. 그러나 패널은 제727조와 일반적인 FSIS 조치를 함께 검토했는데, 제727조가 '안전하지 않은' 가금류의 수입을 제한할 뿐 아니라 미국 정부 기관이 중국산 가금류의 수입을 허용하는 규칙을 설정하고 이행하는 것을 금지하고 있다고 판단했다. 그리하여 패널은 제727조에 일반적인 FSIS 절차와는 상당히 다른 ALOP간의 차별이 존재한다고 판단했다.

두 번째 요건에 대해서, 미국은 잠재적으로 안정적이지 않은 가금류의 위험을 평가하기 위한 조치를 달성하기 위한 ALOP 수준의 차이에 대한 과학적 증거가 있는지 여부를 판단했다. 이에 중국은 자국이 미국으로부터 가금류 수입에 대한 FSIS 승인을 받은 국가 임에도 불구하고, 제727조에 의해 FSIS 승인을 받지 못한 다른 회원국의 가금류보다 중국산 가금류를 더 위험한 제품으로 취급하고 있다고 주장했다. 이에 대해 미국은 중국산 가금류가 중국의 식품 안전 평가 방식으로 인한 위험을 내포하고 있다고 반박했으나, 패널은 미국이 이를 입증할 충분한 증거를 제출하지 못했다고 보았다. 그리고 제727조가 위험평가와 충분한 과학적 근거에 기반을 두지 않은 점을 들며 미국의 ALOP의 차이에 대한 충분한 과학적 근거의 부존재로 인해 자의적인 차별이 있다고 판시했다.

세 번째 요건과 관련하여, 패널은 ALOP의 차이가 '국제 무역에 위장된 제한을 초래하는지 여부'를 평가 했다. 패널은 Australia-Salmon 사건의 판정례에 따라, (1) 서로 다른 보호 수준에 대한 자의적이고 정당화 될 수 없는 차별, (2) 보호의 정도에 '상당한 차이', (3) SPS 협정 제5.1 및 2.2조에 위반이 당해 조치에 존재한다고 판단했다. 즉, 제727조가 중국산 가금류에 대해서만 적용되는 것은 차별적이고, 이러한 ALOP의 차이는 정당화 될 수 없어 결국 중국에 대한 차별을 구성한다고 본 것이다. 결국 패널은 미국의 제727조가 ALOP의 자의적이고 정당하지 않은 차별로 다른 회원국의 가금류에 비해 중국산 가금류를 차별하여 제5.5조를 위반하고 있다고 판시했다. 결과적으로 패널은 미국의 제727조가 제5.5조 위반하였으므로 당연히 제2.3조도 위반했다고 판시했다.62)

3. 미국이 SPS 협정 제5.6조를 위반했는지 여부 - 필요한 정도 이상의 무역제한적인 조치

SPS 협정 제5.6조

제3조 제2항을 저해함이 없이, 위생 또는 식물위생 보호 적정수준을 달성하기 위하여 위생 또는 식물위생 조치를 수립 또는 유지하는 때에는, 회원국은 기술적 및 경제적인 타당성을 고려하여, 동 조치가 위생 또는 식물위생 보호의 적정수준을 달성하는데 필요한 정도 이상의 무역제한적인 조치가 되지 않도록 보장한다. (Re.3)

(Remark 3) 제5조 제6항의 목적상, 기술적 및 경제적인 타당성을 고려하여 합리적으로 이용 가능하고 위생 또는 식물위생 보호의 적정수준을 달성하면서 무역에 대한 제한이 현저히 적은 다른 조치가 없는 경우, 동 조치는 필요한 정도 이상의 무역제한조치가 아니다.

62) 이상 패널보고서, paras. 7.197-204 참조.

중국은 Remark 3의 요건을 충족하는 대안조치(중국산 가금류 수입에 대해 FSIS 승인 절차의 적용)가 존재하므로 미국의 조치는 필요한 정도 이상의 무역제한적인 조치라고 주장했다. 이에 대해, 패널은 해당 조치가 무역 제한적인지 여부를 판단하기 위해서는 제품이 주는 위험과 실제 적용된 ALOP를 비교해야 한다고 보았다. 그러나 패널은 중국의 가금류 제품이 주는 위험이 어느 정도인지에 대한 당사국의 증명 없이는 패널이 가정적인 분석을 해야 하기 때문에 이는 패널이 스스로 위험평가를 하게 되는 것이라고 하였다. 그러나 이는 패널의 역할이 아니므로 제5.6조 위반여부에 대한 판단에 나아가지 않았다.[63]

4. 미국이 GATT 제1.1조를 위반했는지 여부

> GATT 제1조 일반적 최혜국대우
>
> 1. 수입 또는 수출에 대하여 또는 수입 또는 수출과 관련하여 부과되거나 수입 또는 수출에 대한 지급의 국제적 이전에 대하여 부과되는 관세 및 모든 종류의 과징금에 관하여, 동 관세 및 과징금의 부과방법에 관하여, 수입 또는 수출과 관련된 모든 규칙 및 절차에 관하여, 그리고 제3조제2항 및 제4항에 언급된 모든 사항에 관하여 체약당사자가 타국을 원산지로 하거나 행선지로 하는 상품에 대하여 부여하는 제반 편의, 호의, 특권 또는 면제는 다른 모든 체약당사자의 영토를 원산지로 하거나 행선지로 하는 동종 상품에 대하여 즉시 그리고 무조건적으로 부여되어야 한다.

중국은 다른 모든 체약당사자에게는 제공하는 편의, 호의, 특권 또는 면제를 중국산 가금류에는 즉시, 무조건적으로 부여하지 않아 미국이 GATT 제1.1조를 위반하였다고 주장했다. 중국에 의하면, 중국을 제외한 모든 WTO 회원국들은 FSIS에 따른 절차를 충족 시, 미국으로 가금류를 수출할 기회를 갖는다는 것이다. 이에 대해, 미국은 동등성에 기반을 둔 식품 안전 규칙에 따르면, WTO 회원국들의 제품은 필요에 따라 다르게 취급된다고 하였다. 즉, 동등하다고 판단된 제품은 수입이 가능하나, 동등하지 않다고 판단되는 동종 상품은 수입될 수 없다는 것이다. 이러한 주장에 대해 패널은 다음과 같은 요소들을 검토했다. (1) 제727조가 GATT 제1.1조의 규정의 적용을 받는 대상인지 여부, (2) 제1조에 규정된 혜택을 부여하고 있는지 여부, (3) 그러한 혜택이 다른 모든 동종상품에 즉각적, 무조건적으로 부여되었는지 여부를 검토했다. 첫 번째 요건과 관련해서, 패널은 제727

63) 이상 패널보고서, paras. 7.336-337 참조.

조가 FSIS가 중국산 가금류 제품의 수입을 허용하는데 대한 기금사용을 금지하고 있는 것이 미국 내로 중국산 가금류의 수입여부의 전제조건이 된다고 보았다. 그리고 India-Autos 사건에서 GATT 제1.1조의 "수입과 관련하여 부과되거나(in connection with importation)"라는 문구는 수입과 관련된 직접적인 절차만을 지칭하는 것이 아니라고 한 점을 들며, 제727조와 같이 수입의 다른 측면과 관련이 있거나, 실제 수입에 영향을 미치는 것도 포함하는 것이라고 판시했다. 결국, 제727조도 GATT 제1.1조의 "수입과 관련하여 부과된 규칙"이라고 보았다.

두 번째 요건과 관련해서, 패널은 미국 내에서 가금류 제품을 판매할 수 있는 기회를 갖는 것은 호의적인 시장기회이고, 그러한 기회를 갖지 못하는 것은 심각한 경쟁적 불이익이라고 보았다.

마지막으로, 패널은 다른 회원국으로부터의 "동종상품(like products)"에 대한 혜택이 중국 가금류에도 부여되었는지를 검토했다. 이를 위해, 패널은 동종상품 판단에 있어서 전통적인 접근법(제품의 속성, 최종용도, 소비자 기호, 관세 분류를 검토)이 아닌 '가정적(hypothetical) 접근법'을 취했다. 동 방법은 원산지에 기반한 차별이 있거나, 수입금지와 같은 상황이 있어 제품간 비교가 불가능한 경우 동종상품인지를 판단하는 방법이다. 패널은 미국이 중국산 가금류와 다른 회원국의 가금류의 안전성 정도를 판단할 수 있는 근거를 제출하지 않았고 제727조가 유일하게 원산지를 기준으로 하여 제품간 차별을 하고 있으므로 '가정적 접근법'에 의해 동종상품을 판단하였다. 이에 따라 패널은 중국산 가금류와 다른 회원국산 가금류가 동종상품임을 전제하고 혜택이 다른 모든 동종상품에 즉각적, 무조건적으로 부여되었는지 여부를 검토하였다. 패널은 비록 중국산 가금류가 미국산과 동등한 식품 안전 기준을 충족했더라도 제727조의 기금 조항 때문에 미국내로의 수입이 금지된다고 보았다. 그리고 다른 어떤 회원국에도 제727조와 같은 기금에 관한 조건이 부과되지 않으므로, 이는 중국에 대해서만 동일한 혜택이 즉각적, 무조건적으로 부여되지 않은 것으로 GATT 제1.1조를 위반하는 것이라고 판시했다.[64]

5. 미국이 GATT 제11조를 위반했는지 여부

> GATT 제11조 수량제한의 일반적 철폐
> 1. 다른 체약당사자 영토의 상품의 수입에 대하여 또는 다른 체약당사자 영토로

64) 이상 패널보고서, paras. 7.401-441 참조.

> 향하는 상품의 수출 또는 수출을 위한 판매에 대하여, 쿼타, 수입 또는 수출 허가 또는 그밖의 조치 중 어느 것을 통하여 시행되는지를 불문하고, 관세, 조세 또는 그밖의 과징금 이외의 어떠한 금지 또는 제한도 체약당사자에 의하여 설정되거나 유지되어서는 아니된다.

중국은 제727조가 중국산 가금류의 경쟁적 기회에 부정적 영향을 미치는 수입 제한을 부과하고 있으므로 GATT 제11조 위반이라 주장했다. 중국에 따르면 동 조항은 중국산 가금류 수입에 대한 '사실상(de facto) 금지'를 하고 있다는 것이다. 그리하여 패널은 중국의 주장에 따라 다음의 두 사실을 검토했다.

우선 제727조가 제11.1조에 규정된 '그밖의 조치'에 해당하는지를 검토했는데, 패널은 제727조가 미국 의회에 의해 제정된 법이므로 동 조항의 '그밖의 조치'에 해당한다고 보았다. 그 다음 패널은, 제727조가 제11.1조의 '금지 또는 제한'을 구성하는지를 검토했다. 패널은 제727조가 FSIS가 중국산 가금류 수입에 사용되는 기금을 사용하는 것을 금하고 있는바, 이것은 가금류 수입을 '금지 또는 제한'하고 있는 것과 마찬가지라 판단했다. 결국 패널은, 미국이 GATT 제11조를 위반하였다고 판시했다.[65)]

6. 미국의 조치가 GATT 제20(b)조에 의해 정당화 될 수 있는지 여부

> GATT 제20(b)조
> 다음의 조치가 동일한 여건이 지배적인 국가간에 자의적이거나 정당화할 수 없는 차별의 수단을 구성하거나 국제무역에 대한 위장된 제한을 구성하는 방식으로 적용되지 아니한다는 요건을 조건으로, 이 협정의 어떠한 규정도 체약당사자가 이러한 조치를 채택하거나 시행하는 것을 방해하는 것으로 해석되지 아니한다.
> (b) 인간, 동물 또는 식물의 생명 또는 건강을 보호하기 위하여 필요한 조치

미국은 제727조가 GATT 제20(b)조에 따라 중국의 가금류 수입으로부터 초래되는 위험으로부터 인간, 동물 또는 식물의 생명 또는 건강을 보호하기 위하여 제정되었다고 주장했다. 이에 패널은 해당 조치가 SPS 협정 위반이라고 판시된 상황에서 GATT 제20(b)조 의해 정당화 될 수 있는지 여부를 판단할 필요가 있다고 보고 우선 GATT 제20(b)조와 SPS협정의 관계를 검토했다. 이를 위해 패널은,

65) 이상 패널보고서, paras. 7.445-457 참조.

GATT 제20조 두문과 SPS 협정 서문을 검토했다. 패널은 SPS협정 서문이 명시적으로 1994년도 GATT 규정, 특히 제20조 제(b)항(Re.1)의 규정의 적용을 위한 규칙을 발전시켜 나갈 것을 희망한다고 규정하고 있는 것을 보아, SPS 협정이 GATT 제20조를 구체화 하고 있다고 판시했다. 그리하여 이미 제727조가 SPS협정 위반임이 판시된 상황에서 이를 GATT 제20조로 정당화 할 수 없다고 판시하며 미국의 주장을 기각했다.[66)]

Ⅳ. 해설 및 평가

조류 인플루엔자의 확산과 같이 소비자의 안전을 도모하기 위해 급속한 조치를 취해야 하는 경우, 필요한 조치를 취하는 것은 모든 정부의 기본 의무일 것이다. 그런데 문제는 SPS조치가 끊임없는 예방적 조치를 취하기를 원하는 소비자의 심리를 이용해 불필요한 정도까지 보호조치를 취하면서, 국내산업 보호를 위한 수단으로 전락하는 경우에 발생한다. 의회의 경우, 국내산업으로부터 끊임없는 보호압력을 받기에, 의회의 입법권한을 활용해 사실상 특정 외국제품의 수입을 차단하는 효과가 발생하는 비관세 장벽을 위생주권의 이름으로 창출하려는 경향이 있다. 이러한 법률이 한번 자리잡게 되면, 그로 인해 이익을 보는 산업집단의 이해관계가 작용해, 철회하기가 쉽지 않게 된다. 본 분쟁의 경우에도 2004년 제정된 미국의 가금류생산법 상의 차별적인 허가제도가 2009년 근거법률을 바꾸면서까지 존속하고 있었는바, 중국이 WTO 제소하는 적극적 대응을 취함에 따라, 2009년 말 슬그머니 법률 적용을 만료시키는 식으로 사안이 종결되었다.

그럼에도 중국은 끝까지 패널절차를 진행해 판정을 받아냄으로써 또다시 머리를 들 수 있는 미국의 보호주의를 억제할 수 있는 판례를 형성시킨 것이다. 이 판례로부터 얻을 수 있는 교훈은 우선 외부 위험으로부터 국민 위생을 보호하기 위해 정당한 권한을 행사하려면, SPS협정 제5조에 따른 위험평가를 실시해야 한다는 점이다. 이러한 위험평가를 반드시 SPS조치를 취할 때 수행해야 하는 것은 아니지만, SPS조치를 과학적 기초 위에서 취하기 위해서는 사전에라도 그러한 경우에 대비하기 위한 위험평가 작업의 결과가 확보되어 있어야 한다. 위험평가 작업시 주의할 점은 과학적 증거가 해당 조치와 합리적인 연관성이 있고 해당 조치가

---

66) 이상 패널보고서, paras. 7.460-483 참조.

다루는 위험의 존재를 충분히 입증하고 있어야 한다는 점이다. 미국측이 근거로 제시한 바와 같은, 중국산 가금류에 대한 조사도 아닌 일반적인 중국의 식품안전 수준에 대한 자료는 구체성과 충분성을 결여하는 것이다. 따라서, 우리 정부가 앞으로 SPS조치를 취하는 경우는 해당 조치가 달성하려고 하는 목표에 초점을 맞춘 특정된 위험을 상정하고, 그에 대한 위험의 평가 작업을 진행해야 할 것이다.

이러한 평가에 기초해서 SPS조치를 취하는 경우라도, 특정한 국가의 상품을 표적으로 삼아 다른 나라 상품에 비해 자의적인 차별을 가하지 않도록 주의해야 한다. 동일한 위험을 주는 대상 상품인 경우 서로 다른 보호 수준을 설정하지 말아야 하며, 일관된 보호수준이 설정되었으면, 그러한 수준을 달성하기 위해 필요한 정도 이상의 무역제한 조치를 취하지 않도록 주의해야 한다. 특히 미국이 중국산 가금류에 대해 취한 바와 같은 사실상의 수입금지 조치는 교역제한 효과가 지대하므로, 가급적 덜 교역제한적 대안이 있는지를 면밀히 살펴보아야 한다. 즉, 수입금지 조치만이 해당 보호수준을 달성할 수 있는 경우에만 수입금지를 발동해야 한다. SPS협정을 위반하는 경우는 GATT 제20조 일반적 예외의 원용도 곤란하므로, 위생관련 조치는 SPS협정상의 의무를 모두 준수하는 방식으로 입안하고 집행해야 할 것이다.

〈WTO 분쟁해결 일지〉

2009.6.23. 중국, 패널 설치 요청
2009.6.31. 패널 설치
2009.9.23. 패널 구성
2010.6.14. 잠정보고서 발간
2010.6.26. 최종보고서 발간
2010.9.29. 최종보고서 회람
2010.10.25. 패널 보고서 채택

제 6 장 한국-캐나다산 쇠고기 수입 분쟁
(KOREA-MEASURES AFFECTING THE IMPORTATION OF BOVINE MEAT AND MEAT PRODUCTS FROM CANADA) (WT/DS391)

< 요 약 >

2003년 캐나다에서 광우병(BSE)에 걸린 소가 발생하자 한국 정부는 캐나다산 쇠고기 수입을 금지하는 조치를 취하였다. 2007년 세계동물보건기구(OIE)에서 캐나다가 BSE 위험통제국의 지위를 인정받자 한국은 쇠고기 수입 재개를 위한 수입위험분석절차에 착수하였지만, 2008년 이후 캐나다에서 BSE가 여러 차례 추가로 발생하자 수입재개 절차가 지연되었다. 그러던 중 2008년 4월 한국이 캐나다와 동시에 BSE 위험통제국의 지위를 인정받은 미국과만 협상을 통해 쇠고기 수입 위생조건에 합의하고, 미국산 쇠고기 수입을 재개하기로 하자, 캐나다는 2009년 4월 WTO에 한국을 제소하였다. 캐나다는 한국 정부의 캐나다산 쇠고기 수입 금지 조치, 2008년 개정된 가축전염병예방법 상의 조치 및 미국산 쇠고기와 캐나다산 쇠고기에 대한 차별이 SPS협정과 GATT를 위반한 것이라 주장했다. 캐나다의 제소로 WTO 패널 절차가 진행되는 중에도 한국정부는 캐나다 측과 별도의 양자 협상을 통해 WTO 패널 절차 외에서의 합의 가능성을 모색하였다. 한국 입장에서는 WTO 패널에서 한국에 유리한 판정이 나올 가능성이 낮고 만약 패소가 확정되는 경우 캐나다산 쇠고기에 대한 수입금지 조치를 중단하여야 할 뿐 아니라 국제법적인 판례가 형성되어 제소국인 캐나다 뿐 아니라 미국, EU, 브라질, 아르헨티나 등 쇠고기 수출국으로부터의 쇠고기 수입 전면자유화 요구에 직면하게 될 가능성도 배제할 수 없다는 판단에서였다. 결국은 패널의 최종판정 직전에 양국은 극적인 합의를 도출하여 30개월령 이하 쇠고기 교역을 허용하고 검역주권을 강화하는 것에 합의했다. 개방화된 국제통상 환경 속에서 식품안전 정책의 방향은 '교역자유화'와 '식품안전'이라는 두 가치간의 과학적 균형을 정밀하게 이루도록 추진돼야 한다. WTO 각 회원국은 식품안전 위험에 대한 보호수준을 설정할 수 있는 권리를 누리는 대신, 국제교역에 대한 제한효과를 최소화시킬 의무를 부담하고 있는 것이다. 우리와 상대국 모두 민감한 국내정치 환경을 헤쳐 나가기 위해서는 과학적 입증을 통해 교역 위험과 규제 필요성에 대한 근거를 제시하는 것이 필수적으로 요구된다. 결국 모든 나라가 과학적 기초와 필요성 원칙에 입각하여 식품위생 정책을 일관되게 추진해 나가는 것이 국제적으로 요구되는 것이다.

Ⅰ. 사건개요 및 사실관계

2003년 5월 20일 캐나다에서 소해면상뇌증(Bovine Spongiform Encephalopathy, 일명 광우병, 이하 BSE)에 걸린 소가 발생하자 한국 정부는 5월 21일 캐나다산 쇠고기 수입을 금지하는 조치를 취하였다. 2007년 5월 25일 세계동물보건기구(OIE: Office International des Epizooties, World Organization for Animal Health)에서 캐나다가 BSE 위험통제국의 지위를 인정받자 한국은 쇠고기 수입 재개를 위한 수입 위험분석절차에 착수하여 캐나다의 가축위생실태 현지조사를 실시하고, 2007년 11월과 2008년 11월에 한-캐나다 전문가 기술협의를 개최하였다. 그러나 2008년 이후 캐나다에서 BSE가 여러 차례 추가로 발생하자 수입재개 절차가 지연되었다. 한국 정부는 캐나다가 2007년 5월 OIE에서 BSE 위험통제국의 지위를 인정받은 이래 자국 쇠고기 수입을 재개할 것을 요구한 데 대해 미온적 반응을 보여왔고 캐나다는 이에 불만을 가졌다. 그러던 중 2008년 4월 18일 한국이 캐나다와 동시에 BSE 위험통제국의 지위를 인정받은 미국과 쇠고기 수입 위생조건에 합의하고, 30개월령 이상 쇠고기는 수출입업자간 자율규제 형태로 교역하지 않기로 합의하여, 30개월령 이하 미국산 쇠고기 수입을 재개하기로 한 반면, 동년 11월 캐나다에서의 BSE 추가 발생으로 캐나다와의 협상을 사실상 중단하자 양국 간 갈등이 증폭되었다. 이에 캐나다는 2009년 4월 WTO에 한국을 제소하며 협의를 요청하였고, 양국이 협의를 통한 합의 도출에 실패하자 7월 패널 설치를 요구하였다. 캐나다는 한국 정부의 캐나다산 쇠고기 수입 금지 조치, 2008년 개정된 가축전염병예방법 상의 조치 및 미국산 쇠고기와 캐나다산 쇠고기에 대한 차별이 WTO협정에 위반된다고 주장하였다. 즉, 캐나다는 한국의 이러한 일련의 조치가 SPS협정 제2.2, 2.3, 3.1, 3.3, 5.1, 5.5, 5.6, 5.7, 6.1, 8조와 부속서3을 위반하였고, GATT 제1.1, 3.4 및 11.1조를 위반한 것이라 주장했다.[67] 미국, EU, 일본, 대만, 중국, 브라질, 아르헨티나 등이 제3자로 참여하였다.

67) WT/DS391/1.

<캐나다 BSE 발생 일지>

번호	확진일자	발생지역	나이	품종	비고
1	'03.5.20	알버타주	도축당시 6-8살	암소	도축장, downer
2	'05.1.2	알버타주	1996.10.5일 출생	홀스타인 암소(젖소)	downer
3	'05.1.11	알버타주	1998.3.21일 출생	샤로레 육우 암소	사료금지조치이후 출생
4	'06.1.22	알버타주	2000.4.15일 출생	홀스타인-헤어포드 교잡(젖소)	사료금지조치이후 출생
5	'06.4.16	BS주	2000.4.29일 출생	홀스타인 암소(젖소)	사료금지조치이후 출생
6	'06.7.3	마니토바주	16-17세	샤로레 교잡 육우 암소	
7	'06.7.13	알버타주	2002.4.22일 출생	순종 젖소(젖소)	사료금지조치이후 출생
8	'06.8.23	알버타주	8-10살추정(수의사)	육우	
9	'07.2.7	알버타주	'00년생(축주기억)	육우(검은색 앵거스)	사료금지조치이후 출생
10	'07.5.2	BC주	66개월	(젖소)	사료금지조치이후 출생
11	'07.12.18	알버타주	13세	육우	
12	'08.2.25	알버타주	6세	(젖소)	사료금지조치이후 출생
13	'08.6.23	BC주	5세	(젖소)	사료금지조치이후 출생
14	'08.8.15	알버타주	6세	육우	사료금지조치이후 출생
15	'08.11.17	BC주	8세('01.1.1일 출생)	젖소	사료금지조치이후 출생

* 참고: 농식품부 축산정책단 동물방역팀, 캐나다산 쇠고기 관련 참고자료, 2009.3.

<우리나라의 쇠고기 수입현황>

(단위 : 톤, 천불)

구 분	2001년	2002년	2003년	2004년	2005년	2006년	2007년
	물량(톤) (금액, 천불)	물량(톤) (금액, 천불)	물량(톤) (금액, 천불)	물량(톤) (금액, 천불)	물량(톤) (금액, 천불)	물량(톤) (금액, 천불)	물량(톤) (금액, 천불)
뉴질랜드	10,069톤 (6.07%)	17,211 (5.9%)	25,311 (8.62%)	46,200 (34.8%)	38,993 (27.3%)	39,561 (22.0%)	38,370 (18.9%)
	(21,780천$)	(40,855)	(67,007)	(142,718)	(154,771)	(143,258)	(175,529)
멕시코	-	-	-	659 (0.5%)	2,225 (1.6%)	2,829 (1.6%)	2,550 (1.2%)
				(2,460)	(9,628)	(14,531)	(15,283)
미국	95,516 (57.5%)	186,475 (63.9%)	199,441 (67.9%)	-	-	-	14,645 (7.2%)
	(306,732)	(617,427)	(847,007)				(96,221)

우루과이	354 (0.2%)	-	-	-	-	-	-
	(661)						
일본	2 (0)	-	-	-	-	-	-
	(51)						
캐나다	5,664 (3.4%)	11,594 (3.97%)	4,775 (1.63%)	-	-	-	-
	(16,531)	(30,981)	(16,968)				
호주	54,372 (32.7%)	76,759 (26.3%)	64,125 (21.8%)	86,015 (64.7%)	101,382 (71.1%)	137,015 (76.4%)	147,631 (72.7%)
	(126,648)	(183,398)	(195,886)	(330,879)	(466,772)	(601,148)	(687,592)
계	165,977 (100%)	292,039 (100%)	293,652 (100%)	132,874 (100%)	142,600 (100%)	179,405 (100%)	203,196 (100%)
	(472,403)	(872,661)	(1,126,869)	(476,057)	(631,171)	(758,937)	(974,625)

* 참고: 농식품부 축산정책단 동물방역팀, 캐나다산 쇠고기 관련 참고자료, 2009.3.

Ⅱ. 주요쟁점 및 당사국 주장

1. 주요쟁점

한국이 캐나다산 쇠고기를 차별한 일련의 조치가 SPS협정 제2.2, 2.3, 3.1, 3.3, 5.1, 5.5, 5.6, 5.7, 6.1, 8조 및 부속서3과 GATT 제1.1, 3.4 및 11.1조를 위반했는지 여부가 쟁점이다.

2. 당사국 주장

가. 제소국 캐나다의 주장

캐나다는 한국이 쇠고기와 쇠고기 제품에 대한 수입 금지 조치를 취하였고, 수입재개를 위한 절차에 불공정한 제한을 가하는 조치를 채택한 위법이 있다고 주장했다. 또한 캐나다는 위와 같은 한국의 조치가 캐나다산 쇠고기와 다른 WTO 회원국의 쇠고기를 차별하고 있다고 주장했다.

즉, 한국 정부가 OIE에서 위험통제국의 지위를 인정받은 캐나다산 쇠고기의 수입을 금지하고 있을 뿐 아니라, BSE 발생이후 5년간 30개월령 이상의 쇠고기 수입을 금지하고 있고, 캐나다산 쇠고기 수입을 재개하기 위해서는 위생조건 합의 뿐 아니라 국회의 심의까지 거치도록 하며, 설사 캐나다로부터의 쇠고기 수입을 재개하더라도 향후 캐나다에서 BSE가 다시 발생하는 경우 영구적으로 수입을 금지할 수도 있는 조치를 취하고 있다는 것이다. 아울러 미국산 쇠고기를 이러한 조치의 대상에서 제외함으로써 캐나다산 쇠고기를 차별하였다고 주장했다.[68]

나. 피소국 한국의 주장

한국은 캐나다에서 사료조치가 효과적으로 시행되고 있지 않기에 광우병이 주기적으로 재발하고 있음을 지적하고, 이런 상황에서 쇠고기를 통해 BSE가 전파될 가능성을 전혀 배제할 수 없다는 입장을 취했다. 또한, 한국은 OIE와 Codex는 물론 WHO도 관련 국제기구이므로, 살코기의 BSE 감염가능성에 대해 언급하고 있는 WHO보고서도 참고해야 하는바, 한국의 조치는 국제기준에 합치하는 것이라 주장하였다. 또한 미국과 캐나다가 OIE 위험통제국 지위를 획득했더라도 OIE의 동일한 분류기준 내에도 내용상으로 많은 차이를 발견할 수 있으므로, 광우병 발병이 중단된 미국과 그렇지 않은 캐나다간 쇠고기 수입에서 차등을 두는 것은 자의적 차별이 아니고 광우병으로 오는 위험을 막기 위한 정당한 조치라고 주장했다.

Ⅲ. 패널 절차

1. 작업절차(Working Procedures)와 시간표(Timetables)의 채택

2009년 11월 19일, 패널은 당사국들을 불러 패널 작업절차서와 시간표(안)를 배포했다. 동 시간표중 하나에는 패널진행 과정에서 과학자들을 면담한다는 내용이 담겨 있는 반면, 다른 시간표에는 이러한 내용이 누락되어 있었다. 2009년 12월 1일, 당사국간의 의견 교환 및 제안에 따라 패널은 전문가들 면담을 고려하는 것으로 수정하고, 최종 작업 절차서를 채택한 후 4일, 당사국 및 제3국에 이를 송부했다.

---

68) Ibid.

2. 패널 절차 진행 과정

2010년 2월 1일, 캐나다는 첫 번째 서면을 제출했고, 한국은 2010년 5월 5일 이를 제출했다. 이에 패널은 2010년 4월 당사국들에 서면 질문을 제공하고 동년도 5월 이에 대한 답변서를 받았다. 그리고 SPS 제11.2조 및 DSU 제13조에 따라 패널은, 전문가 및 국제기구와 상담을 하였다. 이를 위해, 패널은 2010년 4월 국제식품규격위원회(Codex: Codex Alimentarius Commission), UN 식량농업기구(FAO: Food and Agriculture Organization), 세계동물보건기구(OIE: World Organization for Animal Health), 세계보건기구(WHO: World Health Organization)의 사무국에 분쟁과 관련된 전문가들을 선정해 줄 것을 요청하였다. 패널은 관련 전문가들의 이력서와 저서 등의 정보를 관련국에 송부하였고, 이 중 분쟁과 관련된 과학적 증거에 대한 조언을 해줄 7명의 전문가를 선정하였다. 또한 Codex, OIE, 그리고 WHO로부터 기술적 조언을 구했다. 패널은 2010년 6월 25일 DSB에 한국의 요청에 따른 예비적 판정과 전문가 상담을 해야 하는 관계로 패널의 구성으로부터 6개월 안에 판정을 끝내기 어렵다는 사실을 통보했다.

당사국들은 2010년 9월 20일 두 번째 서면을 제출하였고, 2010년 10월 26~29일 패널, 당사국, 전문가들 및 국제기구의 대표들은 두 번째 회의를 가졌다. 이에 따라 당사국은 2010년 11월 24일 패널의 서면 질문에 대한 답변서를 제출했고, 잠정보고서의 사실관계 및 주장 부분이 2010년 12월 10일 당사국에게 발행되었다.

3. 양자 협의 병행 및 그 결과

한국과 캐나다 측은 패널 절차와는 별도의 양자 협상을 진행하였고, 2011년 6월 27일 한국과 캐나다는 한국이 30개월령 미만의 뼈를 포함한 쇠고기의 수입만 허용하고 특정위험물질, 기계적 회수육(MRM: mechanically recovered meat), 기계적 분리육(MSM: mechanically separated meat), 선진회수육(AMR: advanced meat recovery product)·선진분쇄육, 쇠고기 가공품과 십이지장에서 직장까지 내장 전체 및 30개월령 미만 소의 뇌, 눈, 머리뼈, 척수, 척주의 수입은 허용하지 않으며, 동 수입위생조건(안)의 고시 이후, 한국 정부의 현지 점검 등을 통해 쇠고기 수출이 가능한 육류작업장을 승인하고, 향후 캐나다에서 BSE가 추가 발생할 경우 우선 검역중단 조치를 취하고, 가축전염병예방법에 따라 안전위해 여부를 판단하여 위해가 있다고 확인될 경우 즉시 수입을 중단하는 것을 골자로 하는 캐나다산 쇠고기 수입위생조건(안)에 합의하였다. 또한, 양국은 한국이 이러한 수입위생조건(안)을 입안 예고하는 즉시 캐나다가 DSU 제12.12조에 따라 WTO에 패널절차의 중지를 요청하고, 한국은 캐나다산 쇠고기의 조속한 수입 재개를 위해 필요한 모든 절차를 진행하도록 노력하며, 캐나다는 2011년 12월 31일까지 캐나다산 쇠고기 수입 재개를 위한 모든 절차가 완료되기를 기대한다는 합의도 이루어졌다. 아울러 이러한 양국간 합의에 따라 캐나다산 쇠고기의 수입이 실질적으로 재개되면 캐나다는 WTO에 DSU 제3.6조에 따라 양국간에 합의가 이루어졌다고 통보하기로 하였다.

한국이 6월 28일 수입위생조건(안)을 입안 예고하자 7월 4일 캐나다는 WTO 패널절차의 중지를 요청하였다. 2011년 7월 1일, 한국은 캐나다의 이와 같은 중지 요청에 동의하였고 패널은 이에 따라 절차를 중단하기로 결정했다.

당사국들은 DSU 제3.6조에 따라 상호 협의에 도달했음을 2012년 6월 19일자의 서신으로 DSB에 알렸다.[69)]

패널은 당사국간에 만족할 만한 상호 합의는 장려되는 것이라고 하며, 분쟁의 긍정적인 해결책을 도모함이 분쟁해결의 목적임을 강조했다. 또한 패널은 DSU 제12.7조를 들며, 분쟁이 협의로 끝난 경우, 패널 보고서는 사건에 대한 간단한 서술과 동 분쟁이 해결되었음을 보고하는 것에 국한된다고 판시했다.

Ⅳ. 해설 및 평가

우리경제는 미국, EU와의 FTA를 넘어 한-중 FTA, TPP(환태평양경제파트너쉽) 등 전방위 교역자유화 체제로 급속히 나아가고 있다. 전면 자유화를 추구하는 국제통상 환경 속에서 우리의 식품안전 정책의 올바른 방향은 무엇인가? 국제무역체제는 끊임없이 시장개방과 교역장벽의 철폐를 요구하는데, 국내 이해관계자들은 종종 교역자유화의 위험성을 지적하고 철저한 식품안전을 위한 교역제한 조치를 요구한다. 이처럼 '교역자유화'와 '식품안전'이라는 두 가지 양보할 수 없는 가치가 서로 충돌하게 되면, 단순히 무역 이해관계자 집단과 소비자 집단 간의 정책논쟁에 그치는 것이 아니라, 개방과 반개방, 나아가서는 가진자와 못가진자 간의 사회적 대결구도로 논리가 비화되기 쉽다. 개방을 통한 수입식품의 증가가

69) WT/DS391/9.

국내의 농업부문에 경제적 피해를 가하는 것은 피할 수 없고, 더구나 식품안전 문제는 인간의 정서에 호소할 수 있는 가장 강력한 무기이기에, 농민을 중심으로 한 조직적 반개방운동 세력이 이를 손쉽게 정치이슈화 하려든다. 이러한 반개방 운동은 식품 수출국내의 수출산업의 이해관계를 저해하므로 수출국내에서도 급속히 정치이슈화 되게 된다.

이러한 극도의 정치적 환경 하에서 자유무역과 식품안전 간의 균형된 가치판단에 입각하여 최선의 정책방향을 도출해내기는 쉽지 않다. 그 근본적 문제가 적나라하게 드러난 사례가 북미산 광우병 쇠고기 교역논란이었다. 엄청난 사회적 논란 끝에 미국산 쇠고기에 대한 수입재개가 합의되었고, 그것은 북미지역에서 미국과 동등한 쇠고기 생산자의 지위에 있다고 자부하는 캐나다에게는 더 큰 정치적 부담을 지우는 결과였다. 따라서 캐나다의 WTO제소는 필연적인 것이었고, 남은 것은 한국이 WTO 패소판정이라는 국제법적 근거를 핑계 삼아 캐나다산 쇠고기 수입을 허용하느냐, 아니면 패소판정이 나기 전에 조금이라도 유리한 조건으로 합의하여 수입을 재개하느냐의 선택이었다.

이런 의미에서 캐나다의 제소로 WTO 패널 절차가 진행되는 중에도 한국정부는 캐나다 측과 별도의 양자 협상을 통해 WTO 패널 절차 외에서의 합의 가능성을 모색하였다. 한국 입장에서는 WTO 패널에서 한국에 유리한 판정이 나올 가능성이 낮고 만약 패소가 확정되는 경우 캐나다산 쇠고기에 대한 수입금지 조치를 중단하여야 할 뿐 아니라 국제법적인 판례가 형성되어 제소국인 캐나다 뿐 아니라 미국, EU, 브라질, 아르헨티나 등 쇠고기 수출국으로부터의 쇠고기 수입 전면자유화 요구에 직면하게 될 가능성도 배제할 수 없다는 판단에서였다. 아울러 문제가 되는 가축전염병예방법 규정을 개정하여야 할 의무가 발생할 수 있어, 우리측이 이를 이행하는데 상당한 정치적 부담을 질 우려가 있었다.

캐나다 입장에서도 WTO 분쟁해결절차를 통한 승소 가능성이 높기는 하지만 패널, 상소기구 판정까지 소요되는 시간, 그리고 혹시라도 분쟁이 보복 및 이행패널까지 이어질 경우 소요될 시간을 감안하면 캐나다산 쇠고기 수출을 재개하는 시점이 너무 늦어져 한국 쇠고기 시장에서 미국이나 호주를 비롯한 다른 쇠고기 수출국과의 경쟁에서 밀리게 됨을 우려하지 않을 수 없었다. 또한 한국 소비자에게 캐나다 쇠고기에 대한 부정적인 인상을 줄 우려도 있어 WTO 분쟁에서의 승리라는 명분보다는 조속한 수출 재개라는 실리를 확보하는 것이 바람직하다는 판단에서 양자 협상을 진행한 것이다. 이러한 이해관계의 합치가 결국은 패널의 최종판정 직전에 극적인 합의를 도출하게 함으로써 광우병에 관한 국제적 판례를 형성시키지 않고 상호 만족할 만한 합의에 도달하는 결과를 낳은 것이다.

아무튼 우여곡절 끝에 한국은 북미지역에서 생산된 30개월령 이하 쇠고기의 교역을 허용하게 되었으나, 문제가 영구적으로 해결된 것도 아니다. 30개월령 이상 쇠고기 교역 문제가 잠복해 있으며, 북미 이외의 지역에서 생산된 쇠고기에 대한 수입허용 문제도 언제라도 제기될 수 있다. 일본 후쿠시마 원전사태로 인한 일본산 수산물에 대한 수입금지 조치도 잠정조치의 범위를 넘어 장기화하게 되면 한-일 양국간의 심각한 통상분쟁으로 발전할 수 있다. 유전자변형식품(GMO)에 대한 표시제도와 안전성 검사제도, 중국산 식품의 각종 유해물질 기준치 함유여부 논란 등도 잠재해 있는 이슈인바, 우리가 필요이상으로 과도한 규제를 취하는 경우 국제체제와의 갈등과 마찰이 표면화하게 된다. 특히 미국은 EU를 WTO에 제소하여 "GMO제품의 시장진입을 부당하게 지연(undue delay)시켜서는 안된다"는 판정을 받아낸바 있음[70]을 주목해야 한다.

개방화된 국제통상 환경 속에서 식품안전 정책의 방향은 '교역자유화'와 '식품안전'이라는 두 가치간의 과학적 균형을 정밀하게 이루도록 추진돼야 한다. 이러한 균형은 WTO협정상의 권리와 의무에도 이미 반영되어 있다. 즉, WTO 각 회원국이 식품안전 위험에 대한 보호수준을 설정할 수 있는 권리를 누리는 대신, 국제교역에 대한 제한효과를 최소화시킬 의무를 부담하고 있는 것이다. 우리와 상대국 모두 민감한 국내정치 환경을 헤쳐 나가기 위해서는 과학적 입증을 통해 교역 위험과 규제 필요성에 대한 근거를 제시하는 것이 필수적으로 요구된다. 결국 모든 나라가 과학적 기초와 필요성 원칙에 입각하여 식품위생정책을 일관되게 추진해 나가는 것이 국제적으로 요구되는 것이다. 다만, 현재의 과학이 해결하지 못하는 불확실성이 현실화되는 경우에는 적극적으로 사전예방적 정책을 발동한 후, 추가적인 입증을 통해 과학으로 복귀하는 정책을 추진해야 한다. 이때는 WTO협정상의 잠정조치의 한계에 대해 명확히 인식해야 한다.

이러한 모든 과정이 국민과의 의사소통과 홍보 속에서 이루어짐으로써 소비자 불안을 비롯한 국내정치적 반발요인을 최소화시켜야 한다. 이러한 과정이 선순환을 이루려면, 제도의 과학·선진화와 민주화의 달성이 요구된다. 국내의 식품검사·유통제도를 과학화·선진화시키고 각 분야의 과도한 규제를 완화하는 노력

70) EC-Measures Affecting the Approval and Marketing of Biotech Products, WT/DS291 (2006. 9. 패널 보고서 회람).

이 필요하다. 특히 한-미 쇠고기 파동을 계기로 우리는 선진국형 식품안전성관리 시스템을 확립하여야 하며, 그것은 단순히 규제, 감시, 처벌과 같은 통제시스템을 강화하는 것이 아니라 식품의 위험을 평가하는 주체와 절차, 그리고 소비자와 위험정보를 교환하고 "수용가능한 위험의 수준"에 대해 합의하는 민주적 절차가 확립되어야 함을 의미한다. 그래야 식품분야 시장개방으로 인해 손해를 입는 농업, 이익을 얻는 식품가공업, 그리고 경제적 이익에도 불구하고 불안은 증가하는 소비자 집단 간의 종합적 이익의 균형이 달성된 상태에서, 교역상대국과의 통상체제를 장기적으로 안정시킬 수 있게 된다. 그래야 불필요한 통상마찰을 사전에 차단하는 '예방 통상외교'도 우리 대외통상 정책의 기조로 자리잡게 된다.

〈WTO 분쟁해결 일지〉

2003.5.21. BSE 발생으로 캐나다산 소 및 쇠고기 등 관련제품 수입금지
2007.6.1. 캐나다는 OIE에서 'BSE 위험통제국'으로 판정('07.5.25)됨에 따라 캐나다산 소 및 쇠고기 등에 대한 수입금지조치 해제를 요청
2007.6.13. 쇠고기 수입재개 관련 한-캐 기술협의 개최
2007.6.15. 캐나다측에 추가 가축위생설문서 제시 및 캐나다측의 답변서 제출(7.6)
2007.7.12. 캐나다, 강화된 사료금지조치 이행
2007.7.29.~8.6 수입위험분석절차 제4단계인 가축위생실태 현지조사
2007.9.21. 전문가 회의에서 현지조사 등 그간 검토내용 논의
2007.10.26. 가축방역협의회에서 그간의 수입위험분석 결과 설명 및 논의
2007.11.22.~23 한·캐 전문가 기술협의를 개최하였으나, 합의를 보지 못함
2008.9.5. 캐나다, 쇠고기 협상 지연과 예방법 개정안에 강한 우려 표명
2008.9.10. 캐나다 농업장관이 장관앞 서한을 통해 기술협의 재개 촉구
2008.11.3.~4 2차 한·캐 기술협의 개최, 현지조사 후 다시 논의키로 함
2008.11.16.~27 캐나다 현지조사 실시
2009.1.15. 주한캐나다 대사의 요청으로 장관과 대사 면담
○ 캐나다측은 미국과 차별대우를 항의하고, WTO 제소가능성을 시사, 우리측은 국민들의 우려와 국회의 심의를 거쳐야 하는 만큼 신중한 추진 입장을 표명
2009.7.9. 캐나다, 패널 설치 요청
2009.8.31. 2009.11.13 패널 설치. 패널 구성
2012.6.19. 상호 합의 결정 통보
2012.7.3. 최종보고서 회람

제 7 장 미국-원산지 표기제도(COOL) 분쟁 (US-CERTAIN COUNTRY OF ORIGN LABELLING REQUIREMENTS) (WT/DS384, 386)

< 요 약 >

미국내에서 원산지 표기제도(Country of Origin Labeling, COOL)는 2005년 4월 처음 시행됐으며, 육류에 대한 강화된 표기제도는 2008년 시행되었다. 이에 따르면 육류의 근육부위(muscle cut)에 대해서는 생산과정이 어디에서 이루어지는지에 따라 4가지 원산지 라벨링 방법 중 하나를 의무적으로 표기해야 했다. 이에 따르면, 육류가 '미국산'으로 분류되기 위해서는 가축이 미국에서 태어나고 사육되고 도살돼야 하며, 만약 캐나다와 멕시코에서 태어나 사육되고 미국에서 도살되면 원산지 라벨 표기 내용이 달라질 뿐 아니라 사육지 및 도살지 등의 내용이 모두 원산지로 표기되어야 하는 것이었다. 미국의 원산지 표기법은 생산자가 아닌 가공업체를 규제하는 것으로 원산지 표기 의무화 시행 이후 멕시코 및 캐나다 목축업자들은 가축들의 원산지 증명서류를 첨부해야 하며 소의 경우 광우병 위험이 없다는 인식표가 있어야 국경통과가 가능해졌다. 이러한 미국 원산지법 강화에 대한 불만을 갖게 된 캐나다와 멕시코는 2009년 WTO에 제소하였다. 상소기구는, COOL 제도를 TBT협정 제2.1조 위반으로 판정하기 위해서는 동종의 국내상품에 비해 수입상품에 불리한 취급이 있어야 하는바, COOL 제도가 특정 방향으로 행동하도록 법적인 의무를 부과하지는 않지만, COOL 제도에 합치하는 가장 비용-효율적인 방법은 국산 가축을 사용하여 육류를 생산하는 것이므로 시장 관계자들이 실질적으로 특정한 방식으로 행동하도록 유도하여 수입품에 불리한 대우를 가한다는 점에 주목했다. 그리고 동 제도는 수입품에 부과되는 라벨링으로 인한 과도한 비용으로 인해 미국 생산자들이 국내산 가축만을 가공하게 함에 따라, 미국 육류시장에 원산지에 따른 분리화 현상을 초래하는 점도 고려했다. 상소기구는 이상의 측면을 고려해 볼 때, COOL이 추구하는 소비자 정보 제공의 이익에 비해 COOL이 초래하는 생산자/판매자에 대한 부담이 불비례적으로 과중하여(disproportionate) 육류 가공업자들에게 부당하게 불비례적인 부담을 초래하고 있고, 이러한 조치가 취해지는 양태가 자의적(arbitrary)이므로 TBT 제2.1조를 위반했음을 판시했다.

우리나라의 경우, 앞으로 농업분야의 기술규정이 많이 등장할 것이다. 특히 농산물의 원산지에 관한 강화된 라벨링 요건을 부과하는 시도는 언제라도 취해질 수 있다. 육류와 같은 민감한 품목의 경우 원산지 표기제도를 이용하여 사실상 국내산업을 보호하는 효과를 창출하려는 산업계의 압력이 행사될 가능성은 상존한다. 원산지 표기제도를 어떻게 도입하는지에 따라, 수입 육류를 취급하는 업자들이 한우 취급업자에 비해 원산지 정보 수집에 소요되는 비용을 불비례적으로 많이 지불해야 하는 경우가 발생할 수 있다. 이러한 영향이 전적으로 정당한 규제를 위한 제도적 구분에 해당하여 TBT 제2.1조 위반이 성립되지 않으려면, 소비자에 대한 올바른 정보 제공의 이익이 수입제품 취급업자에 대한 영업부담을 압도할만큼 비례적으로 크게 라벨링제도가 고안되어야 한다. 또한, 국산 한우 취급업자들도 상당한 부담을 지도록 형평성 있게(even-handed) 조치가 적용되도록 해야 하며, 동 조치의 적용이 면제되는 범위를 획정하는데 있어서도 자의성(arbitrary)이 배제되어야 한다.

Ⅰ. 사건개요 및 사실관계

미국에서 원산지 표기제도(Country of Origin Labeling, COOL)가 실시되기 전, NAFTA 협정으로 인해 미국, 캐나다, 멕시코 간의 소 이동과 쇠고기 무역은 자유롭게 이루어지고 캐나다는 생우와 쇠고기 부문 생산량의 약 60%를 미국, 멕시코에 수출하며 쇠고기 부문 무역 흑자를 기록하곤 했다. 미국 내 생우 수입의 대부분은 캐나다와 멕시코산으로, 특히 캐나다와 미국 양국간에는 사육과 도축 목적의 가축 이동이 빈번하게 이루어지고 있었다. 이런 상황에서 캐나다 업체는 수입허가증을 소지하지 않더라도 미국이 지정한 국경지역을 통해 가축을 직접 운송하고 미국연방정부가 지정한 일정 기준을 통과한다면 미국내로 수출이 가능하였다.[71)]

미국내에서 원산지 표기제도(Country of Origin Labeling, COOL)는 2005년 4월 처음 시행됐으며 초기단계에는 물고기와 조개류에만 적용되었다. 미국정부는 식품 원산지 정보에 대한 소비자의 알 권리 확대 차원에서 원산지 표기제도를 강화하였는바, 육류에 대한 표기제도는 근육부위(muscle cut)와 다진고기(ground form)에 대해 적용되었는데 2008년 9월 30일자로 발효·시행되게 되었다.[72)] 강화된 새로운

71) 대한무역진흥공사, 북미산 소고기 원산지 판별법, KOTRA해외비즈니스정보포털 2012.7.14. http://www.globalwindow.org.

72) The Interim Final Rule (AMS). 그 후 2009 Final Rule이 2009년 3월 16일자로 시행되어, AMS를 대체하게 되었음. 이러한 규정들은 2002년 Farm Bill이 미국 농무장관으로 하여금 Agricultural Marketing Service (AMS)를 통해 COOL의 시행규정을 제정토록 의무화한데 따른 것임. 2002년 Farm Bill은 소매상들이 소고기, 돼지고기, 양고기, 신선농산물, 땅콩, 어류, 조개류 등에 대해 원산지 정보를 제공할 것과, 미국 원산지로 라벨링하기 위한 조건을 도입할 것을 규정하고 있음. 이에 따라 동 법은 “이러한 제품들의 소매상이 최종 소비자들에게 해당 제품의 원산지정보를 제공해야 함(a retailer of a covered commodity shall inform consumers, at the final point of sale of the covered commodity to consumers, of the country of origin of the covered commodity)”과 “대상

원산지 표기제도에 의하면 특히 육류의 근육부위(muscle cut)에 대해서는 생산과정이 어디에서 이루어지는지에 따라 4가지 원산지 라벨링 방법 중 하나를 의무적으로 표기해야 했다. 이에 따르면, 육류가 '미국산'으로 분류되기 위해서는 가축이 미국에서 태어나고 사육되고 도살돼야 하며, 만약 캐나다와 멕시코에서 태어나 사육되고 미국에서 도살되면 원산지 라벨 표기 내용이 달라질 뿐 아니라 사육지 및 도살지 등의 내용이 모두 원산지로 표기되어야 하는 것이었다.[73)]

<육류의 근육부위(muscle cut)에 대한 원산지 표기 방법(COOL)>[74)]

라 벨	표 기	사 유
라벨 A	미국산 (Product of the U.S.)	미국에서 출생, 사육되고 도축된 경우
라벨 B	미국 및 기타 국가산 (Product of the U.S., and Country X)	태어나 성장, 도축되는 과정에서 미국 외 다른 나라를 경유한 적이 있는 경우
라벨 C	기타 국가산. 미국 가공 (Product of Country X and the U.S.)	다른 나라에서 길러진 가축을 미국이 들여와 도축한 경우로, 라벨에 해당 국가를 앞부분에 표기, 도축된 미국을 뒷부분에 표기
라벨 D	기타 국가산(Product of Country X)	식육 처리 후 수입된 경우

미국의 원산지 표기법은 생산자가 아닌 가공업체를 규제하는 것으로 원산지 표기 의무화 시행 이후 멕시코 및 캐나다 목축업자들은 가축들의 원산지 증명서류를 첨부해야 하며 소의 경우 광우병 위험이 없다는 인식표가 있어야 국경통과가 가능해졌다.

이러한 미국 원산지법 강화에 대한 불만을 갖게 된 캐나다와 멕시코는, 2008년 미국의 강화된 원산지 표기법(COOL)이 캐나다와 멕시코의 육류가공업자들의 미국 내 공정한 시장접근을 저해하고 있음을 주장하였다. 미국의 제도에 따르면, 캐나다에서 수입한 소를 미국에서 비육할 경우 '캐나다 및 미국산'으로 표시해야 하는데 이는 미국의 'Buy American' 조항 시행과 더불어 일종의 무역장벽이 될 수 있다는 것이었다.

제품을 공급하는 업종에 종사하는 자는 소매상에게 해당 제품의 원산지 정보를 제공해야 함(any person engaged in the business of supplying a covered commodity to a retailer shall provide information to the retailer indicating the country of origin of the covered commodity".)을 의무화하고 있음. (7 U.S.C. 1638(a)(1)/ 1638(e)).

73) 이 법안은 미국 내 수입, 유통되는 육류에 한해 적용되고, 가공식품(조리되거나, 훈제되거나, 다른 식품재료가 함께 첨가된 것)에 대해서는 표기의무 없음.

74) 이상 WT/DS384,386/R(패널보고서), para. 7.284 참조.

이에 캐나다와 멕시코는 COOL 제도가 북미자유무역협정(NAFTA)에 악영향을 주고 WTO 규정도 위반하는 것이라며 WTO를 통한 협의절차를 신청했으나, 미국 측이 개정안을 유연성 있게 검토 중이라며 유예를 요청, 협의가 연기된 바가 있다. 그 후 상황이 여의치 않자, 2009년 5월 멕시코와 캐나다는 WTO에 협의절차를 재신청했으며, 미국과 합의에 도달하는데 실패하자, 2009년 10월 WTO 패널 설치를 요청하기에 이르렀다.

Ⅱ. 주요쟁점 및 당사국 주장

1. 주요쟁점

캐나다와 멕시코는 미국의 원산지 표기제도에 강력하게 반발하였는바, 그 이유는 이들 국가들이 미국으로 수출하는 육류제품의 처리비용이 증가해 결국 미국시장에서 가격 경쟁력을 상실해 관련 산업에 큰 피해를 야기할 것을 우려했기 때문이다. 특히 캐나다는 미국이 가축에 대해 원산지 표기법을 확대 적용해 미국으로 가축을 수출하는 해외 축산업체가 불필요한 서류처리 업무와 부조리한 규제로 불이익을 당하고 있음을 통계적으로 발표한 바가 있다.[75)]

캐나다와 멕시코는 COOL 제도가 GATT 제3.4조, 제10.3(a)조, TBT협정 제2.1조 및 제2.2조 위반이며 GATT 제23.1(b)조 위반이라 주장했고, 이에 더해 멕시코는 TBT 협정 제2.4조, 제12.1조, 제12.3조 위반임을 추가적으로 주장했다. 이에 패널은 TBT협정에 초점을 맞추고 소송경제(judicial economy)상의 이유로 GATT 제3.4조 및 제23.1(b)조는 판단하지 않았다. 따라서 동 사건에서는 COOL 제도가 TBT 협정 제2.1조 및 제2.2조 위반했는지 여부가 심도 있게 다루어졌다.

2. 당사국 주장

캐나다와 멕시코 측은 COOL 제도가 캐나다와 멕시코산 육류 및 가축을 미국산에 비해 실질적으로 불리하게 취급하여 기술장벽에 있어서의 내국민대우 원칙

---

75) 미국-캐나다의 농산물 교역은 연간 350억 달러에 달했으나 캐나다 우육업체는 이 법안 발효 후 많은 미국 도축업자들이 캐나다산 소와 돼지 도축을 거부, 3개월간 對미국수출이 42%, 양돈업체는25%가 감소했다고 주장함. 출처: Agriculture and Agri-Food Canada, USDA, Canadian Cattlemen's Association, KOTRA 밴쿠버 무역관.

을 규정한 무역에 대한 기술장벽에 관한 협정(TBT) 제2.1조 위반이라 주장했다. 이에 대해 미국 측은, COOL 제도로 인한 라벨링은 TBT 제2.1조이 규정하는 '기술규정과 관련하여(in respect of technical regulations)'에 해당하지 않고 기술규정과 '관계가 있을 뿐(relate to)'이라며 TBT협정의 적용을 받지 않는다며 반박했다.

TBT 제2.2조와 관련하여 제소국들은, COOL 제도의 본래 목적은 그 제도 자체의 문언, 디자인, 구조에서 볼 수 있듯이, 미국의 국내 산업을 보호하기 위해 고안된 것으로 TBT 제2.2조의 '정당한 목적'을 구비하지 못하였다고 주장했다. 그리고 설령 그러한 목적을 구비하였더라도 COOL 제도보다 덜 무역 제한적인 제도가 있으므로 COOL 제도는 '정당한 목적수행에 필요한 이상으로 무역을 규제'하고 있다고 주장했다. 이에 대해 미국 측은, COOL 제도는 소비자들에게 제품에 대한 원산지라는 정보를 제공하기 위한 목적을 지니고 있고 실질적으로 소비자들이 과거보다 원산지에 대한 정보를 더 수월하게 얻을 수 있게 되었기 때문에 '정당한 목적수행에 필요한 이상으로 무역을 규제'하고 있는 것이 아니라고 반박했다.

Ⅲ. 패널 및 상소기구 보고서 요지

1. 미국의 COOL제도가 TBT협정 적용대상인지 여부

> TBT협정 부속서 제1.1조의 기술규정(technical regulation)의 정의
>
> Document which lays down product characteristics or their related processes and production methods, including the applicable administrative provisions, with which compliance is mandatory. It may also include or deal exclusively with terminology, symbols, packaging, marking or labelling requirements as they apply to a product, process or production method.

패널은 이러한 기술규정에 해당하기 위해서는 아래의 세 가지 조건을 갖추어야 하는데, (1) 당해 조치가 특정 제품이나 제품그룹에 적용되고, (2) 그 제품의 하나 또는 그 이상의 특성을 기술하며, (3) 그러한 제품특성을 준수하는 것이 의무적이어야 한다는 것이 그것이다.

이러한 조건을 COOL에 적용한 결과, 조치자체가 명시적으로 대상제품을 특정할 필요는 없고 사실상 대상이 식별가능한 경우(identifiable)라면 당해 조치가 특정제품이나 그룹에 적용된다고 볼 수 있다고 판시하며, COOL은 소고기와 돼지

고기와 같은 육류의 근육부위와 다진고기(ground form) 및 그 원료인 소와 돼지로 그 적용대상이 식별가능하다고 보았다.

둘째, COOL은 원산지라벨 요건을 기술하는 것이 요체인 제도인데, 제품의 "라벨링(labelling)은 제품특성(product characteristics)에 해당한다"는 EC-Asbestos사건의 판례를 원용하여 COOL은 제품의 특성을 기술한 조치라고 판시했다.

셋째, COOL이 의무적 조치로 취해졌음에 대해서는 당사국간에도 이견이 없었으므로, COOL의 제품특성을 준수하는 것은 의무적임도 판시했다.

이상의 판단내용에 입각하여, 패널은 COOL이 TBT협정상의 기술규정에 해당하므로 TBT협정의 적용을 받는다고 판시했다.76)

2. 미국의 COOL 제도가 무역에 대한 기술장벽에 관한 협정(TBT) 제2.1조를 위반하였는지 여부

> 무역에 대한 기술장벽에 관한 협정(TBT) 제2.1조
>
> 2.1 회원국은 기술규정과 관련하여 어떤 회원국의 영토로부터 수입되는 상품이 자기나라 원산의 동종 상품 및 그 밖의 국가를 원산지로 하는 동종 상품보다 불리한 취급을 받지 아니하도록 보장한다.

무역에 대한 기술장벽에 관한 협정(TBT) 제2.1조는 GATT 제3조와 WTO협정 전반에 규정되어 있는 비차별원칙을 기술규정에 적용한 것으로, WTO 회원국의 영토로부터 수입되는 상품이 동 회원국의 원산의 동종 상품 및 그 밖의 국가를 원산지로 하는 동종 상품보다 불리한 취급을 받지 아니하도록 보장할 것을 요구한다.

패널은 미국의 COOL 제도가 무역에 대한 기술장벽에 관한 협정(TBT) 제2.1조 위반이라고 판시했고, 상소기구는 패널의 판정은 전반적으로 지지하나 추가적인 이유를 들어 미국의 COOL 제도가 무역에 대한 기술장벽에 관한 협정(TBT) 제2.1조 위반이라고 판시하였다.

가. 패널 보고서 요지

패널은 우선, 육류의 근육부위(muscle cut) 라벨과 관련하여 COOL 제도는 수입산 보다는 국내산 가축을 가공하는데 인센티브를 부여하여 캐나다와 멕시코산 가축을 사실상(de facto) 차별함으로써 무역에 대한 기술장벽에 관한 협정(TBT) 제

76) 이상 패널보고서, paras. 7.200-217 참조.

2.1조 위반인지를 검토했다.

COOL 제도를 충족하기 위해서는, 가축 및 육류 가공업자들이 공급과 유통의 모든 단계에서 COOL 제도에서 요구하는 원산지 정보를 유지하고, 동 정보를 다음의 가공 단계로 보내야 한다. 따라서 패널은, 이러한 절차는 국내산 육류와 수입산 육류를 원산지에 따라 분리(segregate)할 뿐 아니라 수입산 제품에 결과적으로 더 많은 비용을 부과하게 된다고 보았다. 즉, 수입품은 대게 복수의 국가제품이 연관되기 마련인데, 육류의 가공 등에 더 많은 국가가 연관되어 있다면, 더 많은 원산지 및 이에 따른 라벨이 적용되므로 결과적으로 더 많은 준수비용(compliance cost)이 요구되어, 전적으로 국내산 축산만을 사용하는 것이 COOL 제도에 합치하는 가장 비용 효율적 방법이 된다는 것이다. 결과적으로 패널은 COOL 제도가 국내산 육류를 가급적 사용하여 소매활동 하도록 인센티브를 부여하는 효과가 있어, '수입산 가축에 대해 공정한 시장경쟁 기회를 감소'시키는 효과를 발생시킨다고 보았다. 특정 공장들과 기업들이 수입산 가축을 가공하기를 꺼린 점, 과거보다 더 적은 수의 미국 가공 업체들이 수입산 가축을 다루게 된 점, 수입산을 다루는 가공 업체의 감소로 인해 일부 수입산 가축 공급자들은 COOL 제도 시행 전 보다 더 장거리로 운송해야 했던 점, COOL 제도 시행 이후 수입산 가축 공급자들에 대한 계약 조건이 변했고 자금 상의 불이익을 야기하게 된 점 및 프리미엄 쇠고기 프로그램(premium beef programmes)에서 수입산 소는 제외된 점을 증거로 제시하며 미국의 제도가 '수입산 가축에 대해 공정한 시장경쟁 기회를 감소'시킨다고 판시했다. 그러므로 COOL은 수입산 가축 및 육류를 사실상(de facto) 차별하고 있다고 보았다.

그러나 패널은 다진고기(ground meat)의 경우는 TBT 협정 위반이 아니라고 하였다. 다진고기의 경우, 근육부위(muscle cut)와는 달리 한가지의 라벨만이 존재하고, 동 라벨은 국내산/수입산 다진고기에 모두 동일하게 적용되기 때문에 수입상품을 동종의 국내 상품보다 불리하게 취급하고 있지 않다고 본 것이다. 즉, 다진고기의 경우, 원산지를 표시하는데 있어 특별한 기재 순서가 없고, 합리적으로 파악가능한 원산지를 기재토록 되어 있으며, 60일의 라벨계속사용 허용(inventory allowance)[77] 기간이 있기에 근육부위의 경우와 달리 라벨의 적용으로 인한 분리(segregation)나 추가적인 비용이 상당히 완화된다는 것이다.[78]

77) 다진고기에 대해, 기존에 사용중인 원산지 라벨이 있는 경우, 그 해당국가가 리스트에서 빠지는 경우에도 60일 동안은 계속 기존 라벨을 사용할 수 있도록 허용한 제도.

나. 상소기구 보고서 요지

미국 측은 패널이 (1) COOL 제도가 수입품과 국내산을 다르게 취급한다는 점, (2) 동조치가 수입산 가축을 국내산 보다 불리하게 취급하고 있다고 판정한 점에 대해 상소를 제기하였다. 이에 대해 상소기구는 패널의 입장을 대체로 지지했지만 패널의 분석에 더해 추가적인 검토를 하여 미국의 조치가 TBT 제2.1조를 위반했다고 판시했다.

상소기구는, COOL 제도를 TBT협정 제2.1조 위반으로 판정하기 위해서는 (1) 해당 조치가 '기술 규정'이어야 하고, (2) 수입품과 국산품이 동종상품이고, (3) 동종의 국내상품에 비해 수입상품에 불리한 취급이 있어야 한다고 한바, 동 사건에서는 (3)번의 요건만 문제되므로, 미국의 기술규정이 국산품에 비해 수입품에 불리한 방식으로 시장 경쟁관계를 변화시키는지를 검토했다. 특히, 수입품에 불리한 방식으로 시장 경쟁관계를 변화시키는지를 파악하게 위해서는, '해당 조치'와 '수입품의 경쟁 기회에 대한 해로운 영향'(detrimental impact)간의 진정한 관련성(genuine relation)이 있는지 여부를 밝히는 것이 필요하다고 보았다.

이에 따라 상소기구는, TBT 제2.1조의 불리하지 않은 대우(treatment no less favorable)에 관한 패널의 해석을 기본적으로 지지하고, 추가적으로 '해로운 영향'과 '진정한 관련성' 요건에 대한 검토를 진행했다.

① 해로운 영향(Detrimental Impact)

상소기구는, '불리한 취급'을 야기하는 '해로운 영향(detrimental impact)'을 판단하기 위해 US-Tuna II 사건에서 판시된 해로운 영향의 의미－동종 국내 상품과 비교하여 경쟁 기회를 불리하게 변화시키는 어떠한 영향－를 동 사건에 적용했다. 상소기구는 COOL 제도에 합치하는 가장 비용-효율적인 방법은 국산 가축을 사용하여 육류를 생산하는 것이라는 결론을 낸 패널의 입장을 지지하며, 미국의 COOL 제도는 한국 쇠고기 사건(Korea-beef)과 유사하다고 보았다. 즉, COOL 제도가 특정 방향으로 행동하도록 법적인 의무를 부과하지는 않지만, 시장 관계자들이 실질적으로 특정한 방식으로 행동하도록 유도하여 수입품에 불리한 대우를 가한다는 것이다. 그리고 패널이 밝힌 바와 같이, 동 제도는 수입품에 부과되는 라벨링으로 인한 과도한 비용으로 인해 미국 생산자들이 국내산 가축만을 가공하게

---

78) 이상 패널보고서, paras. 7.218-548 참조.

함에 따라, 미국 육류시장에 원산지에 따른 분리화 현상을 초래한다는 점에 동의했다. 비록 시장 관계자들이 자유롭게 COOL 조치에 합치하기 위한 결정을 내리지만, 결과적으로 COOL 조치로 인해 형성된 인센티브에 따른 행동을 촉발하게 된다는 것이다. 이에 따라 상소기구는 COOL 제도가 '동종 국내 상품과 비교하여 경쟁 기회를 불리하게 변화시키는 영향'을 수입 상품에 대해 끼침을 인정했다.

② 수입품에 대한 해로운 영향(Detrimental Impact)으로 인해 TBT 제2.1조 위반이 되는지 여부

상소기구는 수입품에 대한 해로운 영향(detrimental impact)이 있다고 해서 이것이 모두 TBT 제2.1조 위반으로 연결되는 것은 아니라는 입장을 취했다. 즉, 사실상 해로운 영향이 있더라도 그것이 "전적으로 정당한 규제목적의 구분에서 결과하는 것이라면(when such impact stems exclusively from a legitimate regulatory distinction)" 제2.1조 위반이 성립하지 않는다는 것이다. 반면, 규제목적의 구분이 자의적이고 부당한 차별을 구성하는 양태(manner)로 적용된 경우와 같이 공평성(even-handed manner)을 상실한 경우에는 수입제품에 대한 해로운 영향의 발생이 제2.1조 위반을 결과한다는 것이다.

이러한 논리 하에서 상소기구는 COOL제도가 초래하는 수입산 가축 및 육류에 대한 해로운 영향을 분석하였다. 우선, COOL 제도의 목적(objective)이 소비자들에게 원산지에 대한 정보를 알려주기 위함이지만 라벨 A를 제외하고는 이와 같은 목적을 달성하지 못하고 오히려 소비자들에게 혼동을 주는 측면이 있다고 한 패널의 입장을 지지했다. 즉, COOL이 원산지 정보의 정확성까지 담보하지는 못하고, 구체적 제품제조 단계가 어느 나라에서 이루어졌는지에 대한 정보는 전혀 제공해주지 못하며, 식당 등에서 육류음식을 제공하는 서비스 업자에게는 적용되지 않는 측면이 있다는 것이다.

위와 같은 패널 입장에 더해 상소기구는, COOL 제도하의 추적 시스템의 일종인 기록유지(record keeping)와 검증(verification) 의무는 가축 및 육류 가공업자들이 후속 구매자(downstream buyers)들에게 각 육류의 가공 단계에 대한 원산지 정보를 제공하도록 하는데, 상류 가공업자에게 부과된 기록 유지 의무가 최종 소비자에게 제공되는 정보의 양에 비해 과도한 측면이 있는 점에도 주목했다. 즉, 소비자들에게 제공되는 정보보다 상류 생산자들이 부담해야 하는 정보 제공 의무가 더 많은 경우로서, 가공식품(조리되거나, 훈제되거나, 다른 식품재료가 함께 첨가된 것)에 대해서는 원산지 표기의무가 없음에도 불구하고 실제로 상류 가공업자로서는 원산지 표시가 부과되는 육류와 그렇지 않은 육류를 구분하기 어려워 실질적으로 모든 육류의 상류(upstream) 생산자들이 결국엔 소비자들에게 공시되지도 않을 원산지 정보를 관리해야하는 가중된 의무를 부담하고 있다는 것이다.

상소기구는 이상의 측면을 고려해 볼 때, COOL이 추구하는 소비자 정보 제공의 이익에 비해 COOL이 초래하는 생산자/판매자에 대한 부담이 불비례적으로 과중하여(disproportionate) 육류 가공업자들에게 부당하게 불비례적인 부담을 초래하고 있고, 이러한 조치가 취해지는 양태가 자의적(arbitrary)이라는 결론을 도출했다.

즉, 육류 가공업자가 미국산이 아닌 다른 나라 원산지가 기재되는 가축을 사용해 육류를 공급하는 것은 상당한 비용부담을 초해할 수밖에 없는데 비해 소비자에 대한 정보제공 효과는 적으므로 COOL 제도는 수입제품에 대해 수입품에 해로운 영향을 미쳐 자의적이고 불공정한 차별을 야기하여 TBT 제2.1조를 위반했음을 판시했다.79)

3. 미국의 COOL 제도가 무역에 대한 기술장벽에 관한 협정(TBT) 제2.2조를 위반하였는지 여부

> 무역에 대한 기술장벽에 관한 협정(TBT) 제2.2조
>
> 2.2 회원국은 국제무역에 불필요한 장애를 초래할 목적으로 또는 그러한 효과를 갖도록 기술규정을 준비, 채택 또는 적용하지 아니할 것을 보장한다. 이러한 목적을 위하여, 기술규정은 비준수에 의해 야기될 위험을 고려하여, 정당한 목적 수행에 필요한 이상으로 무역을 규제하지 아니하여야 한다. 이러한 정당한 목적은 특히 국가안보상 요건, 기만적 관행의 방지, 인간의 건강 또는 안전, 동물 또는 식물의 생명 또는 건강, 또는 환경의 보호이다. 이러한 위험평가시 고려할 관련 요소는 특히 이용가능한 과학적 및 기술적 정보, 관련처리기술 또는 상품의 의도된 최종 용도이다.

무역에 대한 기술장벽에 관한 협정(TBT) 제2.2조는, 기술규정이 국제무역에 불필요한 장애를 유발하는 방식으로 채택되거나 적용되어서는 안 된다는 필요성원칙을 설시한다. 한편 동 원칙은 무역을 최소한으로 제한하는 조치를 채택한다면 정당한 목적을 수행하기 위해서 기술규정을 둘 수 있는 여지를 두고 있다.

위 조항과 관련하여 패널은, 미국의 COOL 제도가 소비자들에게 의미 있는 정보를 제공하지 못하므로 동 조항의 '정당한 목적수행'의 요건을 충족하지 못해

79) 이상 WT/DS384,386/AB/R(상소기구보고서), paras. 267-294 참조.

동 조 위반이라 보았으나, 상소기구는 이러한 패널 입장을 기각하며 증거부족을 이유로 동 조항에 대한 법적인 판단을 내리지 않았다.

가. 패널 보고서 요지

패널은 우선 COOL제도가 '정당한 목적' 수행을 위한 것인지를 판단한바, '소비자들에게 원산지 정보를 제공하는 것'은 TBT 제2.2조의 '정당한 목적'에 해당한다고 보았다. 그러나 COOL 제도를 통해 소비자에게 전달되는 의미 있는 정보는 극히 미미하고 오히려 소비자를 혼동케 하는 정보를 제공하기에 TBT 제2.2조가 요구하는 정당한 목적수행에 필요한 이상으로 무역을 규제하는 것이므로 TBT 제2.2조 위반이라 판시했다.[80)]

나. 상소기구 보고서 요지

상소기구는 우선, COOL의 목적이 국내산업을 보호하려는 것이 아니고 '소비자들에게 원산지 정보를 제공하는 것'이므로 TBT 제2.2조의 '정당한 목적'에 해당한다는 패널의 판시를 지지했다.

그러나 상소기구는 COOL 제도가 TBT 제2.2조가 요구하는 정당한 목적수행에 필요한 이상으로 무역을 규제하는 것이므로 TBT 제2.2조 위반이라 판시한 패널의 입장을 기각했다. 패널은 TBT 제2.2조에 합치하기 위해서는 COOL 제도가 소비자들에게 원산지에 대한 정보를 제공하는 목적이 있어야 할 뿐 아니라 '이러한 목적과 수단 간의 진정한 관련성'이 있어야 하므로 '해당 라벨(label)이 원산지에 대한 명백하고도 정확한 정보'를 제공해야 한다고 하였다. 그런데 라벨 B와 C는 정확하지 않을 뿐 아니라 소비자들에게 혼동을 일으키기 때문에 위와 같은 목적을 충족하지 못한다고 보았다.

※ 참 고

- 라벨 B는 라벨 A 및 C가 부착된 육류와 혼합될 경우 원산지의 기재 순서에 상관없이 두 개 이상의 원산지를 표기하게 됨.
- 라벨 C는 원산지가 두 개 이상의 경우 적용되고 미국이 먼저 기재될 수 없는데, 만약 라벨 A와 B가 부착된 육류와 혼합될 경우 원산지 기재의 순서에 상관 없이 두 개 이상의 원산지를 표기하게 됨.

→ 결과적으로 서로 다른 라벨이 붙은 육류가 혼합될 경우 라벨 B와 C의 구분이

80) 이상 패널보고서, paras. 7.44-720 참조.

> 모호해 짐으로써 COOL 제도가 표방하는 정보가 정확히 전달되지 못하고 소비자들에게 혼동을 준다고 패널이 판시함.

그러나 상소기구는 COOL 제도가 전반적으로 과거에 비해 소비자들에게 많은 정보를 제공하고 있는 사실을 주목했다. 그럼에도 패널은 COOL 제도가 TBT 제2.2조의 '정당한 목적'을 충족하기 위해서는 모든 라벨이 정확해야 하고 명백한 정보를 제공하거나, 최소한의 한계(minimum threshold)를 충족해야 한다고 판시했는바, 이에 대해 상소기구는 해당 제도가 목적을 완전히 달성하는지가 아니라 당해 목적 달성에 기여하는 정도를(degree of contribution) 고려했어야 함을 지적했다. 결국 어느 정도는 소비자 정보제공 목적을 달성하는데 기여하고 있는 COOL의 측면을 무시하고 제2.2조 위반을 판시한 패널 판정에는 하자가 있다는 것이다.

상소기구는 정당한 목적 달성을 위한 조치가 아니기에 제2.2조 위반이라는 패널 판시내용을 기각한 후, 상소기구 스스로의 논리에 입각해 COOL이 제2.2조를 위반했는지 여부에 대한 심리를 계속했다. 이와 관련, 미국 측은 제2.2조 위반 판단시 미측이 도입가능한 여러 대안조치와 COOL을 비교하는 것이 필요한데, 이러한 대안조치 제시의 입증책임이 제소국측에 있다는 점을 패널이 무시한 우를 범했다고 주장했다. 상소기구는 패널이 이에 대한 입증책임이 제소국에 있음을 간과했음을 인정하고, 제소국이 제시한 가능한 대안조치(possible alternative measure)와 COOL 제도의 비교분석을 전개했다. 다만 상소심이 법률심인 점을 감안하여 패널에서 밝혀진 사실관계와 기록만에 의존해 판단하였다.

제소국인 캐나다와 멕시코는 4가지 가능한 대안조치－(1) 자율적 원산지 표시제도, (2) 실질적 변형(substantial transformation)을 기준으로 한 강제적 원산지 표시제도, (3) 실질적 변형(substantial transformation)을 기준으로 한 자율성과 강제성이 혼합된 원산지 표시제도, (4) 역추적(trace back) 제도－를 제시한바 있으나, 상소기구는 위 네 가지 제도를 COOL과 비교하여 교역에 덜 제한적인 제도가 어느 것인지를 판단할 만한 사실관계 파악이 제대로 되어 있지 않음을 지적했다. 즉, 대안조치와 COOL간의 비교를 통해 "정당한 목적수행에 필요한 이상으로 무역을 규제"하는지 여부에 대한 판단을 하기 위한, 패널의 사실관계 파악이 부족하므로, 이 점에 대해 상소기구는 판정을 내릴 수 없다고 판시했다.[81]

81) 이상 상소기구보고서, paras. 351-396 참조.

4. 미국의 COOL 제도가 무역에 대한 기술장벽에 관한 협정(TBT) 제12.2조 및 제12.3조를 위반하였는지 여부

> 제12조
> 개발도상회원국에 대한 특별 및 차등대우
> 12.2 회원국은 개발도상회원국의 권리와 의무에 관계되는 이 협정의 규정에 특별한 관심을 가져야 하며, 이 협정을 시행함에 있어서 국내적으로 그리고 이 협정의 제도적 장치의 운영에 있어 개발도상 회원국의 특별한 개발, 재정 및 무역상 필요를 고려한다.
> 12.3 회원국은 기술규정, 표준 및 적합판정절차를 준비하고 적용함에 있어서 그러한 기술규정, 표준 및 적합판정절차가 개발도상회원국으로부터의 수출에 대하여 불필요한 장애를 초래하지 아니하도록 보장하기 위하여 개발도상회원국의 특별한 개발, 재정 및 무역상의 필요를 고려한다.

멕시코는 미국이 COOL 제도를 정비할 때 '개도국인 멕시코의 특별한 필요'를 고려하지 않았으므로 TBT 제12.2조와 제12.3조를 위반하였다고 주장했다. 이에 대해 패널은 TBT 제12.3조는 WTO 회원국이 입법을 하는데 있어서 개도국의 특별한 이해관계를 적극적으로 고려(actively reach out)해야 함을 의미하는 것이 아니고 그러한 명시적인 의무(explicit obligation)가 동 조항으로부터 직접 도출되는 것도 아니라고 하였다. 즉, 회원국은 TBT 제12.3조 상의 개발도상회원국의 특별한 개발, 재정 및 무역상의 필요에 대한 '의미있는 고려(meaningful consideration)'를 하면 충분하다는 것이다. 이에 따라 패널은, 미국이 이와 같은 고려를 하지 않았음에 대한 멕시코의 입증이 부족하다고 보아 미국측이 TBT 제12.2조와 제12.3조을 위반한 것이 아니라고 판시했다.[82]

Ⅳ. 해설 및 평가

이 분쟁에서 피소국인 미국은 문제된 제도가 수입품과 국산품을 동등하게 취급하고 있는 점을 부각시켰다. 따라서 패널의 임무는 형식상 차별(de jure discrimination)이 아니라 사실상 차별(de facto discrimination)을 판정하는데 주어졌다. 사실상 차별과 관련한 분쟁은 GATT의 비차별대우 의무에 대해서는 많이 있으나, TBT협정

82) 이상 패널보고서, para. 7.737-809 참조.

맥락에서는 그렇지 못하다. 그러므로 이 분쟁은 드물게도 TBT협정에서의 사실상 차별(de facto discrimination)의 구체적 판단 기준을 제시하고 있다는 점에서 그 시사점이 크다. TBT협정 제2.1조에 위반하는 '차별'을 구성하는 요건인 '불리하지 않은 대우(treatment no less favorable)'가 성립하기 위해서는 (1) 수입제품에 해로운 영향(detrimental impact)이 미쳐야 하고, (2) 이러한 영향이 전적으로 정당한 규제를 위한 제도적 구분에서 결과하는 것(when such impact stems exclusively from a legitimate regulatory distinction)이 아니어야 한다는 것이 그 핵심이다.

수입제품에 해로운 영향이 미치는지 여부는 전통적으로 비차별대우 의무의 위반 기준인 "경쟁조건에 불리한 영향" 여부에 의해 손쉽게 분석될 수 있다. 이때, 본 분쟁에서 제소국들이 찾아낸 바와 같이, 수입산 제품에 불리하게 변화된 시장 상황에 대한 증거는 그 유력한 입증수단이다. 반면, 정당한 규제를 위한 제도적 구분인지 여부는 해당 조치가 자의적으로(arbitrary) 취해지지 않았는지, 비례성(proportionateness)과 형평성(even-handedness) 원칙을 충족했는지 여부에 의해 분석된다. 사실 이러한 분석기준은 GATT 제20조의 일반적 예외 조항 적용여부를 판정할 때 적용되는 기준과 매우 유사하다. GATT 제3조의 비차별의무 조항의 경우 GATT 제20조의 일반적 예외의 적용을 받으므로, 위와 같은 자의성, 비례성, 형평성에 관한 심사를 자연스럽게 거치게 된다. 반면, TBT협정의 경우 GATT 제20조와 같은 조항을 두고 있지 않아, 과연 GATT 제20조가 TBT협정 제2조 위반의 경우에도 적용될 수 있는 것인지가 논란이 될 수 있다. 그런데 TBT협정이 GATT에 우선하는 독립적이고 자기 완결적인 규범임을 강조하는 견해는 GATT 제20조가 TBT협정 제2조 위반에도 적용될 수 있는 가능성을 부정한다.

아무튼 본 분쟁에서 상소기구가 제시한 기준에 따르면, TBT협정 제2조 자체 내에서 자의성, 비례성, 형평성에 관한 심사를 거치게 되므로, GATT 제20조 예외의 적용여부를 논할 실익이 없는 셈이다.

우리나라의 경우, 앞으로 농업분야의 기술규정이 많이 등장할 것이다. 특히 농산물의 원산지에 관한 강화된 라벨링 요건을 부과하는 시도는 언제라도 취해질 수 있다. 육류와 같은 민감한 품목의 경우 원산지 표기제도를 이용하여 사실상 국내산업을 보호하는 효과를 창출하려는 산업계의 압력이 행사될 가능성은 상존한다. 원산지 표기제도를 어떻게 도입하는지에 따라, 수입 육류를 취급하는 업자들이 한우 취급업자에 비해 원산지 정보 수집에 소요되는 비용을 불비례적으로 많이 지불해야 하는 경우가 발생할 수 있다. 이러한 영향이 전적으로 정당한 규제를 위한 제도적 구분에 해당하여 TBT 제2.1조 위반이 성립되지 않으려면, 소비자에 대한 올바른 정보 제공의 이익이 수입제품 취급업자에 대한 영업부담을 압도할만큼 비례적으로 크게 라벨링제도가 고안되어야 한다. 또한, 국산 한우 취급업자들도 상당한 부담을 지도록 형평성 있게(even-handed) 조치가 적용되도록 해야 하며, 동 조치의 적용이 면제되는 범위를 획정하는데 있어서도 자의성(arbitrary)이 배제되어야 한다.

아울러 TBT협정 제2.2조의 필요성 요건(정당한 목적수행에 필요한 이상으로 무역을 규제하지 않을 것)을 위반하지 않으려면, 해당 라벨링 제도와 여러 대안조치 간의 교역 영향에 관한 비교분석을 통해 가급적 교역에 대한 영향이 적은 대안을 선택하려는 의식적 노력을 기울여야 한다.

결국 이번 사건은 원산지에 관한 라벨링 제도와 같이 소비자 정보제공을 주요 목적으로 중립적으로 적용되는 경우라도 그 제도 자체가 사실상의 (de facto) 차별 및 불필요한 규제를 구성하는 기술규정이 될 수 있다는 점을 일깨워주고 있다. 라벨링 제도를 도입할 경우, 비자의성, 비례성, 형평성 및 필요성 원칙에 입각하여 주의깊게 적용요건과 방식을 고안하고 운영해야할 것이다. 아울러 패널이 기술규정을 도입할 때 개발도상회원국의 특별한 개발, 재정 및 무역상의 필요에 대한 '의미있는 고려(meaningful consideration)'는 해야 한다고 설시한 바, 우리나라가 추후 농산물 관련 기술 규정을 채택할 때 개도국에 대한 최소한의 '의미있는 고려'는 필요하다는 점도 염두에 두어야 한다.

〈WTO 분쟁해결 일지〉

2009.10.7. 캐나다, 패널 설치 요청
2009.10.9. 멕시코, 패널 설치 요청
2009.11.19. 패널 설치
2010.5.10. 패널위원 구성 완료
2011.5.20. 잠정보고서 발간
2011.7.29. 최종보고서 분쟁당사국 회람
2011.11.18. 최종보고서 회람
2012.3.23. 미국, 상소 의사 통보
2012.3.28. 캐나다, 멕시코 상소의사 통보
2012.6.29. 상소기구 보고서 회람
2012.7.23. 상소기구 보고서 채택

제8장 미국-클로브 담배 분쟁
(US-MEASURES AFFECTING THE PRODUCTION AND SALE OF CLOVE CIGARETTES) (WT/DS406)

<요 약>

미국 식품의약국(FDA)은 2009년 9월 자국 청소년의 흡연율 증가를 막기 위해 과일향, 커피향, 클로브향 등이 첨가된 담배의 제조 및 미국 내 판매를 금지하였다. 판매 금지된 향 담배 중 미국에서 주로 생산되는 멘톨담배(menthol cigarettes)는 제외되었다. 이에 따라 클로브향 담배의 최대 생산국이며 미국에 많은 양을 수출하고 있던 인도네시아는 2010년 WTO에 제소하였다. 상소기구는 멘톨과 클로브향 담배가 동종상품(like products)이므로 TBT 제2.1조의 '불리한 대우'의 결정적 조건으로 경쟁기회의 변경과 피해가 있는지 여부를 검토해야 한다고 한 패널에 동의했다. 그러나 상소기구는 기술규정이 수입에 대한 법률상의 차별을 하는 것이 아닌 경우 동종의 국내 상품그룹에 비해 "수입 상품그룹의 경쟁기회에 대한 유해한 영향이 존재하는 것"만으로 TBT 협정 제2.1조의 위반이 될 수 없으며, 패널은 추가적으로 이러한 유해한 영향이 "전적으로 정당한 규제적 구분에 의해 초래된 것인지"를 분석했어야 한다고 하였다. 즉, 문제된 기술규정의 양태, 설계, 외형상 구조, 운영 및 적용을 신중하게 검토해야 하며, 특히 그 기술규정이 공평(even-handed)한지 여부를 검토해야 한다는 것이다. 이러한 새로운 기준에 입각하여 판단컨대, 클로브향 및 멘톨향 담배 모두가 동일한 특성(담배의 불쾌한 향을 감소시켜주는 향을 보유하여 젊은 층에 더 매력적임)을 지니고 있다는 사실은 클로브담배의 경쟁적 기회에 대한 유해한 영향이 정당한 규제적 구별에서 기인하고 있음을 부인하는 증거라고 하였다. 결과적으로 상소기구는 패널과는 다소 다른 이유로 미국의 조치가 TBT 제2.1조 위반이라 판시했다. TBT 협정 제2.2조와 관련, 패널은 수입 금지조치의 필요성에 대해서는 미국이 자국민 건강보호 이외의 목적으로 수입 금지조치를 취한다는 증거가 없으며, 미국 내 클로브향 담배 판매 금지조치가 미성년자의 담배 소비를 줄일 수 있다는 상당한 과학적인 근거가 있으므로 제2.2조 위반은 아니라는 판결을 내렸다.

우리가 앞으로 기술규정을 적용함에 있어 어쩔 수 없이 수입품과 국산품간의 구분을 전제로 해야 한다면, 수입품에 불리한 유해한 영향(detrimental impact)이 '전적으로 정당한 규제적 구분에 의해 초래(*stems exclusively from legitimate regulatory distinctions*)'된 경우라야 함을 주의해야 한다. 즉, 기술규정의 양태, 설계, 외형상 구조, 운영 및 적용에 있어 국산품과 동일한 조건이 지배하는 수입품에 대해 자의적이거나 부당한 차별을 초래하거나 국제교역에 위장된 장벽을 구성하는 방식으로 시행되어서는 안 된다. 미국 정부가 청소년의 건강을 보호하기 위해 담배 소비를 줄이려고 했다면, 그 규제목표인 청소년 입장에서 클로브향 담배와 동일한 특성을 지닌 멘톨향 담배 및 타바코에 대해서도 유사한 규제를 취했어야 했듯이, 우리나라의 경우에도 스스로 표방하는 규제목적을 달성하기 위해 규제대상을 선정하는데 있어 자의성을 철저하게 배제하고 공평(even-handedness)하게 대처해야 하는 것이다.

Ⅰ. 사건개요 및 사실관계

미국 식품의약국(FDA)은 2009년 9월 자국 청소년의 흡연율 증가를 막기 위해 과일향, 커피향, 클로브향 등이 첨가된 담배의 제조 및 미국 내 판매를 금지하였다. 판매 금지된 향 담배 중 미국에서 생산되는 멘톨담배(menthol cigarettes)는 제외되었는데, 이것은 2009년 6월 22일 제정, 동년도 9월 22일부터 시행된 미국의 '가족 흡연 방지 및 담배 제한법'(Family Smoking Prevention and Tobacco Control Act-FSPTCA) Section 907(a)(1)(A)에 따른 것이었다.

> FSPTCA Section 907(a)(1)(A)
> … 담배 또는 그 구성부분(타바코, 필터 또는 종이)은 그 구성요소 또는 첨가제로 인공 또는 천연 조미료 (타바코와 멘톨 제외) 또는 허브 또는 특정 향-딸기, 포도, 오렌지, 클로브, 시나몬, 파인애플, 바나나, 코코넛, 감초, 코코아, 초콜릿, 체리, 커피-을 포함할 수 없다.83)

이에 따라 클로브향 담배의 최대 생산국이며 미국에 많은 양을 수출하고 있던 인도네시아가 큰 타격을 입게 되었다. 인도네시아는 미국의 조치로 인해 2009년부터 2012년 1월까지 추정 손해액은 2천만 미불 상당이며 클로브향 담배 관련 산업에 종사하는 자국민 약 600만 명의 생계가 위협받고 있다고 주장했다. 이에 인도네시아 정부는 미국의 이러한 조치가 WTO협정을 위반하고 있다며 2010년 4월 WTO에 미국을 공식 제소하였다.

---

83) The FSPTCA provides as follows:
a cigarette or any of its components (including the tobacco, filter, or paper) shall not contain, as a constituent … or additive, an artificial or natural flavour (other than tobacco or menthol) or an herb or spice, including strawberry, grape, orange, clove, cinnamon, pineapple, vanilla, coconut, liquorice, cocoa, chocolate, cherry, or coffee, that is a characterizing flavour of the tobacco product or tobacco smoke.

Ⅱ. 주요쟁점 및 당사국 주장

1. 주요쟁점

인도네시아는 미국의 FSPTCA Section 907(a)(1)(A)가 GATT 제3.4조, 무역에 대한 기술장벽에 관한 협정(TBT) 제2.1조, 제2.2조, 제2.5조, 제2.8조, 제2.9조, 제2.10조, 제2.12조, 제12.3조에 위배됨을 주장하며 2010년 6월 WTO 패널 설치를 요청하였다. 이에 패널은 소송경제상의 이유로 GATT 제3.4조는 판단하지 않고, 미국이 TBT 협정 제2.1조, 제2.9.2조, 제2.12조를 위반하였다고 판정하였다. 패널 판정에 대한 미국의 상소로 상소기구는 미국의 제2.1조, 제2.12조 위반 여부를 검토했다.[84)]

2. 당사국 주장

가. 무역에 대한 기술장벽에 관한 협정(TBT) 제2.1조 및 제2.2조 관련

인도네시아는 미국의 클로브향 담배 판매 금지조치가 차별적 행위이며 미성년자의 흡연율 증가와 직접적인 관계가 없는 불필요한 조치임을 주장하였다. 특히 미국 내 멘톨향 담배가 엄연히 생산, 판매되고 있는 가운데 인도네시아산 클로브, 과일향 담배의 수입을 금지하는 목적이 미국이 내세우는 표면적인 이유(청소년의 흡연율감소)가 아닌 국산품 보호에 있다고 주장하였다. 즉, 미국 식품의약국(FDA)이 미국 내에서 생산되는 멘톨향 담배의 제조 및 판매는 허용하면서도 인도네시아에서 생산되는 캔디향과 과일향, 클로브향 담배 등의 제조와 수입, 판매, 배포 등은 금지하여 자국 상품에 대한 차별을 하였다는 것이다. 이에 미국은 동 규제가 인도네시아산 담배에만 해당되는 것이 아니라 클로브향, 과일향 담배를 생산, 미국 내 판매하는 모든 국가에 적용되기 때문에 차별적 조치가 될 수 없다고 주장하였다. 또한 미국은 클로브향, 과일향 담배 판매, 수입 금지 조치가 청소년 담배 흡연 감소에 도움을 줄 수 있다는 과학적 근거를 지닌 보고서를 제출하여 동 조치의 목적이 자국민 보호(암, 심장병 등 질병으로부터 미국 청소년들을 보호)에 있음을 강조했다.

---

84) 동 연구에서는 TBT 협정 제2.1조, 제2.2조, 제2.9조 및 제2.12조에 대한 패널 및 상소기구 보고서의 판시를 검토한다.

나. TBT 제2.9조에 관하여

인도네시아는 미국이 TBT 제2.9.2조가 요구하는 통보의무('제안된(proposed)' 기술규정이 시행되기 전, 수정이 가능한 단계에서 관련 국가들의 의견을 고려할 수 있는 기회를 부여)를 불이행 하였으므로 동 조 위반이라 주장했다. 이에 대해 미국은 새로운 법안에 대한 관련정보가 이미 공개적으로 공시되어 있으므로 자신들은 통보 의무가 없다고 반박했다. 또한 인도네시아는 미국이 TBT 제2.9.3조의 '질문에 대한 답변의무'를 해태하였기에 동 조 위반이라 주장했으나 미국은 이에 대한 명시적 반박은 하지 아니하였다.

다. TBT 제2.12조에 관하여

인도네시아는 미국이 FSPTCA Section 907(a)(1)(A)를 발효함에 있어 TBT 제2.12조에서 요구하는 기술규정의 공표와 그 발효 사이에 합리적인 시간 간격을 허용해야 할 의무를 위반했다고 주장했다. 인도네시아는 2001년 11월 14일자 도하 각료회의 결정(Doha Ministerial Decision on Implementation-related Issues and Concerns)을 언급하며, 합리적인 기간은 적어도 6개월이라고 주장했다. 이에 대해 미국은, 자국이 부여한 90일은 기술규정의 공표와 그 발효 사이에 합리적인 시간 간격이며, 도하 결정에서 판시된 6개월의 기간은 WTO 협약상의 해석이 아니므로 이를 적용할 여지가 없다며 반박했다.

Ⅲ. 패널 및 상소기구 보고서 요지

1. 미국의 제도가 TBT 제2.1조를 위반하였는지 여부

> 무역에 대한 기술장벽에 관한 협정(TBT) 제2.1조
> 2.1 회원국은 기술규정과 관련하여 어떤 회원국의 영토로부터 수입되는 상품이 자기나라 원산의 동종 상품 및 그 밖의 국가를 원산지로 하는 동종 상품보다 불리한 취급을 받지 아니하도록 보장한다.

우선 미국의 해당 규제가 TBT협정의 적용대상인 기술규정(technical regulation)에 해당하는지와 관련, 2011년 9월 패널은 기술규정에 해당하기 위해서는 (1) 당해 조치가 특정 제품이나 제품그룹에 적용되고, (2) 그 제품의 하나 또는 그 이상

의 특성을 기술하며, (3) 그러한 제품특성을 준수하는 것이 의무적이어야 한다는 요건의 충족이 필요하다고 설명했다.[85] 이에 패널은 미국의 규제는 (1) "담배 및 담배의 구성요소(cigarettes and any of their component parts)"를 명확히 대상으로 하고 있고, (2) 특정한 "특징적 향(characterizing flavour)"을 지닌 구성성분이나 첨가물을 담배에 포함하는 것을 금지시키는 규제는 이러한 특징적 향이 "담배제품 자체에 생래적인 특징(a feature that is 'intrinsic' to the product itself)"에 해당하는 것이므로 "제품 특성"을 부정적 형태(in the negative form)인 금지규범으로 기술한 조치이며, (3) 강제적인 금지규범 형태의 명령어구가 사용되고 미준수에 대한 제재조치가 수반되어 있으므로 의무규범에 해당하므로, 미국의 해당 규제는 TBT협정이 적용된다고 판시했다.

TBT협정 제2.1조 위반과 관련, 패널은 멘톨과 클로브향 담배가 동종상품(like products)이고 두 제품 모두 미성년자의 흡연을 증가시킬 수 있다는 점을 들어 미국이 TBT협정 제2.1조를 위반하였다는 판결을 내렸다. 상소기구는 이와 같은 입장을 지지하였지만 다소 다른 이유로 미국이 TBT협정 제2.1조를 위반하였다고 판시했다.

패널 및 상소기구는 TBT협정 제2.1조에 의한 내국민대우원칙의 위반은 관련 조치가 (1) 기술규정에 해당되며, (2) 수입품과 국내상품이 동종상품이어야 하고, (3) 동종의 국내상품에 비해 수입상품에 불리한 대우를 부여한 경우에 성립된다고 보았다. 당사국과 패널간에는 클로브향 담배에 대한 미국의 조치가 기술규정에 해당함에는 이론이 없었으나, (2)번과 (3)번의 요건에 관해서 패널 및 상소기구는 아래와 같이 판시했다.

가. 패널 보고서 요지

패널은 TBT 제2.1조의 내국민대우에 관한 문언이 GATT 제3.4조와 유사함을 밝히고 GATT 제3.4조의 해석법에 따라 TBT 제2.1조를 해석했다.

이 과정에서 패널은 클로브향 담배와 미국의 멘톨향 담배가 동종상품인지 여부 및 수입산 클로브향 담배에 불리한 대우(less favorable treatment)가 있었는지 여

---

85) TBT협정 부속서 제1.1조의 기술규정(technical regulation)의 정의

"Document which lays down product characteristics or their related processes and production methods, including the applicable administrative provisions, with which compliance is mandatory. It may also include or deal exclusively with terminology, symbols, packaging, marking or labelling requirements as they apply to a product, process or production method."

부를 판단하였다.

① 수입산 클로브향 담배와 미국의 멘톨(Menthol) 향 담배가 동종상품인지 여부

패널은 우선 분쟁에 있어서의 핵심 비교대상이 클로브향 담배와 멘톨향 담배임을 밝히고, '동종성' 판단에 있어 전통적인 GATT의 판례법에 따라 발전된 BTA 접근법[86]을 활용하여 네 가지 요소－(1) 제품의 물리적 특성(physical characteristics), (2) 최종 사용용도(end uses), (3) 소비자 기호(consumer tastes and habits), (4) HS Code (Harmonized Commodity Description and Coding System) 하에서의 관세 분류－를 고려했다.

<클로브 및 멘톨 담배가 동종상품인지 여부에 대한 패널의 분석>

고려요소	사 유
제품의 물리적 특성	- 두 담배 모두 담배의 특징을 결정짓는 특정 향(flavor)을 지닌 첨가제가 포함되어 담배향의 불쾌함을 감소시킴 - 미국의 FSPTCA 907(a)(1)(A)와 직접적으로 연관된 향(flavor)를 지니고 있음
최종 사용용도	두 종류의 담배 모두 최종 소비 용도는 '피우기' 위한 것으로 동일
소비자 기호	패널은, 미국의 담배 정책의 목적이 청소년 흡연을 감소시키기 위함임을 고려할 때 소비자는 청소년 또는 잠재적 청소년이라고 보았음
관세 분류	두 담배 모두 동일한 HS 세번 (Subheading 2402.20)을 사용

패널은 위와 같은 전통적인 BTA 접근법에 따라 '동종성' 여부를 판단 한 후, 동 사건의 대상이 '기술규정'인 점을 감안하여 해당 기술규정의 목적(청소년층의 흡연율 감소)을 반영하여 클로브향과 멘톨향 담배가 TBT협정 제2.1조의 '동종상품'이라 보았다.

② 수입산 클로브향 담배에 불리한 대우(less favorable treatment)가 있었는지 여부

패널은 본 사안이 '청소년의 흡연율을 낮추기 위한 목전의 정당한 목적

86) 상품성질설(BTA Approach) : 동종성 판단에 있어 전통적으로 GATT/WTO 패널이 취해온 방법으로, 1970년에 제시된 '국경과세조정에 관한 보고서(Report of the Working Party on Border Tax Adjustments)에서 기술된 요소들을 심사하는 것이다. 동 보고서는 제품의 물리적 특성이나 성질, 제품의 최종 소비자 용도 및 소비자 기호나 습관 등을 고려하여 동종상품 여부를 판단할 것을 제시한다.

(legitimate objective)을 갖춘 기술규정'을 TBT 제2.1조의 맥락에서 다루고 있기 때문에 GATT 제3.4조에서의 전통적인 BTA 접근법에서처럼 전적으로 경쟁법 원칙(competition-based approach)에 입각한 것이 아닌, 정책적 고려에 기반한(policy-based approach) 접근에 초점을 맞추어 분석을 시도했다.

우선, 패널은 과거의 패널 및 상소기구 보고서가 밝힌 '불리한 대우'의 결정적 조건으로 '수입상품에 대해 경쟁기회를 변경시켜 피해를 주었는지(whether a measure modifies the conditions of competition in the relevant market to the detriment of imported products)' 여부를 고려하였다. 패널은 우선 두 종류의 담배가 다르게 취급되었는지를 검토하였는데, 클로브 담배와는 달리 멘톨담배는 판매 금지 조치로부터 제외된 점으로부터 두 담배가 다르게 취급되고 있음을 밝혔다. 두 번째로, 이러한 다른 취급이 수입산 담배에 피해를 주는지를 검토하였는데, 수입산 클로브 담배가 미국 시장에 수입되지 못한 반면 미국산 멘톨 담배는 여전히 미국시장에 판매되고 있다는 점에서 수입산 제품에 경쟁기회의 변경과 피해를 주었음을 인정했다.

그리고 패널은, '불리한 대우'가 수입 상품의 원산지와 관련되었는지를 검토하였는데 이에 대해 미국은 멘톨담배를 판매 및 수입제한 대상에서 제외한 것은 원산지와는 관련 없는 것이라 주장했다. 그러나 패널은 미국측 주장을 기각하며, 멘톨향 담배가 판매 금지 대상에서 제외 된 이유는 청소년들에게 인기 있는 향을 포함하고 있지 않거나 담배의 불쾌한 향을 감소시키지 못해서가 아니라, 멘톨향 담배의 판매를 금지함으로써 발생하는 사회적 비용[87] 때문이라고 보았다.

이에 따라 패널은 미국의 조치가 인도네시아산 클로브향 담배 수입의 경쟁기회를 변경시켜 피해를 초래하였다는 이유를 근거로 TBT 협정 제2.1조 위반을 판정하였다.[88]

나. 상소기구 보고서 요지

상소기구는 패널의 검토방식이 피해만을 고려하고 차별성을 종합적으로 검토하지 않아 오류가 있다고 지적하였다. 상소기구는 패널의 사실심의를 바탕으로

---

87) 당초 미국측은 멘톨담배가 미국 시장의 지배적인 점유율을 차지하고 있는바, 이를 전격적으로 금지시키게 되면 미국의 건강보험제도에 영향을 미치고, 멘톨담배를 위한 밀수나 밀거래 시장이 형성될 수 있으므로, 이러한 문제점들에 대한 사전 영향평가가 필요하다는 것을 이유로 멘톨담배 제외조치를 정당화하려 했다.

88) 이상 WT/DS406/R(패널보고서), paras. 7.91-310 참조.

미국 조치의 규제 목적과 방식, 구조 및 운영을 종합적으로 검토한 결과 미국이 클로브향 담배와 멘톨향 담배가 동종 상품임에도 불구하고 멘톨향 담배를 규제 대상에서 제외한 이유가 정당하다는 사실을 입증하지 못하였다고 판단하였고 이를 근거로 제2.1조 위반을 최종 평결하였다.

① 수입산 클로브 담배와 미국의 멘톨향 담배가 동종상품인지 여부

동종상품(like products) 판정과 관련, 상소기구는 패널의 '목적-기반한(purpose-based approach)' 접근법을 비난하며 패널의 분석이 대상 품목들간의 경쟁적 관계에 더 초점이 맞추어 졌어야 한다고 언급했다. 기술 규정은 종종 여러 목적을 추구하고, 규정의 문언, 구조, 설계 등에 의해 그 규정이 추구하는 목적을 판단하는 것은 항상 쉽지만은 않기에 '동종성'은 제품들 간의 자연적 속성 및 경쟁관계의 범위와 관련하여 판단해야 한다는 것이다. 그럼에도 EC-Asbestos Case에서의 상소기구의 판시내용(동종성 판단 요소 중 물리적 특성 및 소비자 기호를 판단할 때 규제적인 고려를 할 수 있다고 한 점)을 언급하며, 제품의 경쟁적 관계에 규제적 요소가 반영되어 있다면 이를 고려할 수는 있다고 판시했다. 이러한 관점 하에 상소기구는 클로브향과 멘톨향 담배의 동종성 판단을 '최종 사용 용도'와 '소비자 기호' 위주로 검토했다.

최종 사용용도와 관련하여 상소기구는, 패널이 공통분모인 '피우기 위함'이라는 요소만을 고려하고 다른 관련 요소를 고려하지 않은 점을 비난했다. 상소기구는 다른 최종 사용용도인 니코틴 중독의 목적을 만족시키거나, 담배의 향이나 연기의 향과 연관된 기분 좋은 경험을 창출하는 용도 또한 고려했어야 함을 밝히며 두 종류의 담배 모두 이와 같은 용도를 지니고 있음을 밝혔다.

'소비자 기호'와 관련해서 상소기구는, 패널이 소비자를 청소년 및 잠재적 청소년층으로 한정한 점을 비판하고 클로브향과 멘톨향 담배의 대체성을 판단하기 위해서는 모든 담배 제품의 관련 소비자들의 기호와 습관을 고려해야 함을 설명했다. 그렇더라도 이것이 모든 소비자들을 위해 제품이 대체성이 있거나 전체 시장에서 실질적으로 경쟁하고 있음을 밝혀야 하는 것은 아님을 부가했다. 그리하여 상소기구는 청소년이나 잠재적 청소년층이 클로브향과 멘톨향 담배를 소비함에 있어 '담배를 피우기 시작하기 위한 목적'을 충족한다는 점에 있어 '충분히 대체적'이어서 결과적으로 '동종상품'이라고 판시했다. 결과적으로 상소기구는 동종상품인지 여부에 대한 판단은 해당 조치의 "규제적 목적(regulatory objectives)" 보다는 "시장에서의 제품간의 경쟁적 관계(competitive relationship in the marketplace)"에 초점을 맞추어야 함을 강조한 것이다.

아무튼 상소기구는 패널의 동종상품 판정 기준에는 동의하지 않았지만, 제품 간의 경쟁관계에 따라 클로브향과 멘톨향 담배가 동종상품이라는 결론에는 동의하는 판정을 내렸다.

② 수입산 클로브향 담배에 불리한 대우(less favorable treatment)가 있었는지 여부

상소기구는 TBT 제2.1조의 '불리한 대우'의 결정적 조건으로 경쟁기회의 변경과 피해가 있는지 여부를 검토해야 한다고 한 패널에 동의했다. 그러나 상소기구는 기술규정이 수입에 대한 법률상의 차별을 하는 것이 아닌 경우 동종의 국내상품그룹에 비해 "수입 상품그룹의 경쟁기회에 대한 유해한 영향이 존재하는 것(the technical regulation at issue modifies the conditions of competition in the relevant market to the detriment of the imported products)"만으로 TBT협정 제2.1조의 위반이 될 수 없으며, 패널은 추가적으로 이러한 유해한 영향이 "전적으로 정당한 규제적 구분에 의해 초래(stems exclusively from legitimate regulatory distinctions)된 것인지"를 분석해야 한다고 하였다. 그 문언적 근거로 상소기구는 TBT협정 전문의 제6항이 "기술규정은 동일한 조건이 지배하는 국가간 자의적이거나 부당한 차별이나 국제교역에 위장된 장벽을 구성하는 방식으로 적용되지 않는다"[89]고 명시하고 있음을 들었다.

따라서 수입 상품군에 대한 차별이 있는지 여부를 판단하는데 있어서 패널은 문제된 기술규정의 양태, 설계, 외형상 구조, 운영 및 적용을 신중하게 검토해야 하며, 특히 그 기술규정이 공평(even-handed)한지 여부를 검토해야 한다[90]고 하였다.

이에 따라 상소기구가 FSPTCA Section 907(a)(1)(A)의 양태, 설계, 외형상 구조, 운영 및 적용을 검토한 바에 의하면 수입이 금지된 담배는 주로 인도네시아

---

89) TBT협정 전문 ("Recognizing that no country should be prevented from taking measures necessary to ensure the quality of its exports, or for the protection of human, animal or plant life or health, of the environment, or for the prevention of deceptive practices, at the levels it considers appropriate, subject to the requirement that they are not applied in a manner which would constitute a means of arbitrary or unjustifiable discrimination between countries where the same conditions prevail or a disguised restriction on international trade, and are otherwise in accordance with the provisions of this Agreement").

90) WT/DS406/AB/R(상소기구 보고서), paras 181-182 ("a panel must carefully scrutinize the particular circumstances of the case, that is, the design, architecture, revealing structure, operation, and application of the technical regulation at issue, and, in particular, whether that technical regulation is even-handed, in order to determine whether it discriminates against the group of imported products.")

산 클로브향 담배였고 금지되지 않은 품목은 미국 국내산 멘톨향 담배로 판정되었다. 게다가, '정당한 규제적 구분(legitimate regulatory distinction)'과 관련하여, 클로브향 및 멘톨향 담배 모두가 동일한 특성(담배의 불쾌한 향을 감소시켜주는 향을 보유하여 젊은 층에 더 매력적임)을 지니고 있다는 사실은 클로브담배의 경쟁적 기회에 대한 유해한 영향이 정당한 규제적 구별에서 기인하고 있음을 부인하는 증거라고 하였다. 결과적으로 상소기구는 패널과는 다소 다른 이유로 미국의 FSPTCA Section 907(a)(1)(A)가 인도네시아산 클로브 담배에 불리한 대우를 하고 있어 TBT 제2.1조 위반이라 판시했다.[91)]

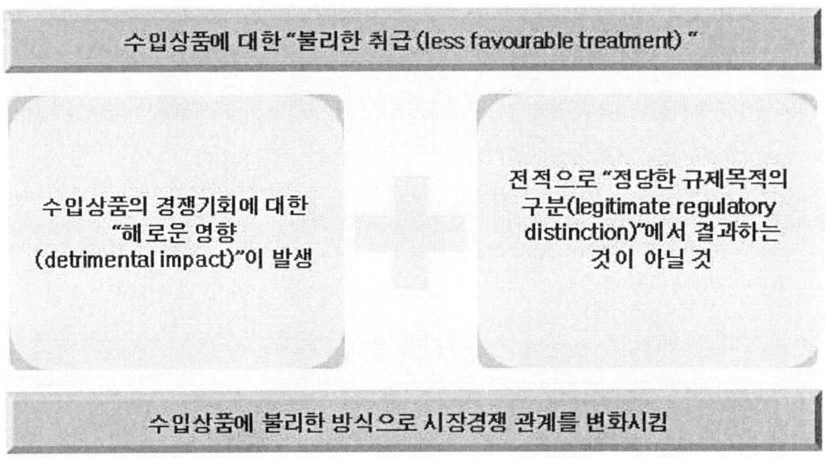

2. 미국의 제도가 무역에 대한 기술장벽에 관한 협정(TBT) 제2.2조를 위반하였는지 여부

> 무역에 대한 기술장벽에 관한 협정(TBT) 제2.2조
>
> 2.2 회원국은 국제무역에 불필요한 장애를 초래할 목적으로 또는 그러한 효과를 갖도록 기술규정을 준비, 채택 또는 적용하지 아니할 것을 보장한다. 이러한 목적을 위하여, 기술규정은 비준수에 의해 야기될 위험을 고려하여, 정당한 목적 수행에 필요한 이상으로 무역을 규제하지 아니하여야 한다. 이러한 정당한 목적은 특히 국가안보상 요건, 기만적 관행의 방지, 인간의 건강 또는 안전, 동물 또는 식물의 생명 또는 건강, 또는 환경의 보호이다. 이러한 위험평가시 고려할 관련 요소는 특히 이용가능한 과학적 및 기술적 정보, 관련처리기술 또는 상품의 의도된 최종 용도이다.

91) 이상 상소기구보고서, paras. 86-233 참조.

패널은 수입 금지조치의 필요성에 대해서는 미국이 자국민 건강보호 이외의 목적으로 수입 금지조치를 취한다는 증거가 없으며, 미국 내 클로브향 담배 판매 금지 조치가 미성년자의 담배 소비를 줄일 수 있다는 상당한 과학적인 근거가 있다는 판결을 내렸다. 결국 미국의 조치가 "필요성" 요건을 충족하여 TBT 제2.2조 위반이 아님을 판시한 것이다. 이러한 TBT 제2.2조 관련 패널 판정은 상소의 논점이 아니었으므로, 패널판정이 그대로 남게 되었다.

가. 패널 보고서 요지

① '정당한 목적'을 추구하기 위함인지 여부

인도네시아는 클로브 담배에 대한 판매 및 수입금지 조치가 '정당한 목적'을 지니지 않고, 심지어 멘톨 담배를 금지 대상에서 제외함으로써 국제 무역에의 위장된 장벽을 구성한다고 주장했다. 이에 대해 패널은 '청소년의 흡연율 감소와 인간의 건강 보호'가 TBT 제2.2조에서 이야기 하는 '정당한 목적' 중 하나임을 인정하고 인도네시아의 주장을 입증부족으로 기각했다.

② 정당한 목적 수행에 '필요 이상으로 무역 제한적'인지 여부

이 요건을 판단하기 위해 패널은 아래의 네 가지 요소를 고려했다.

(i) GATT 제20(b)조가 '필요이상으로 무역 제한적'인지 여부를 판단하는데 있어서 고려요소인지 여부

인도네시아는 TBT 제2.2조의 필요성을 해석함에 있어 GATT 제20(b)조의 해석론이 적극적으로 반영돼야 한다고 주장한 반면, 미국은 이에 대해 반박했다. 이에 패널은 비엔나협약 제31.1조와 과거 상소기구의 판시들을 언급하며 '조약의 해석자는 문언의 차이, 문맥, 목적을 고려하여 조문간의 차이점을 밝혀야 한다'는 전제하에 TBT협정 제2.2조와 GATT 제20조간의 문언 및 목적의 유사성에 주목하여, GATT 제20(b)조를 고려해야 한다는 인도네시아의 입장을 지지했다. 즉 패널은, TBT 제2.2조와 GATT 제20(b)조와의 유사성, EC-Asbestos 사건에서 패널이 TBT가 GATT의 발전된 산물이라고 한 점, TBT의 서문이 GATT 제20(b)조와 연관된다는 점을 들며 동 사건의 판단에 있어 GATT 제20(b)조 고려할 것임을 판시했다.

(ii) 미국의 수입금지 조치가 미국이 추구하고자하는 보호의 수준(Level of Protection)을 초과하는지 여부

인도네시아는 청소년이 피우는 담배의 대부분이 미국의 법안에 의해 금지되지 않았으므로 담배를 피우는 청소년의 흡연율을 급격히 감소시키지 못하고 일부 청소년의 흡연을 단념하게 했을 뿐이므로 미국의 조치는 FSPTCA로 달성하고자 한 '보호의 정도'를 초과한다고 주장했다. 이에 대해 패널은, FSPTCA에는 '보호의 정도'에 대한 어떠한 언급도 없으며, 인도네시아는 '보호의 정도'에 대한 어떤 직접적 증거도 제시하지 못한 점을 들어 인도네시아의 주장을 기각했다.

(iii) 미국의 수입금지 조치가 청소년 흡연율 감소라는 목적에 '중대한 기여(Material Contribution)'를 하는지 여부

인도네시아는 클로브 담배가 다른 담배보다 더 많은 건강상 위험을 내포하고 있지 않으며, 청소년이 클로브 담배를 피우는 양이 많지 않고, 청소년이 피우는 다른 향의 담배들은 판매 및 수입이 금지되지 않았으며, 클로브향 담배를 금지하는 것이 청소년 흡연을 줄이는데 큰 기여를 하지 않을 것이라고 주장했다. 이에 대해 패널은, i) 클로브 담배가 더 많은 건강상 위험을 내포하기 때문에 이를 금지하는 것은 아니며, ii) 인도네시아가 제출한 자료에 의해서도 청소년이 클로브 담배를 피우는 비율이 적지 않으며, iii) 청소년이 피우는 다른 향의 담배들은 수입 금지되지 않고 단지 매우 적은 비율의 담배만이 수입금지 된다면 그것은 '덜 무역 제한적'일 뿐이지 '필요이상으로 무역 제한적'이라고 볼 수 없고, iv) 클로브 담배를 금지하는 것이 청소년 흡연을 줄이는데 큰 기여를 하리라는 과학적인 증거가 충분하다고 판시했다. 따라서 미국의 수입금지 조치가 청소년 흡연율 감소라는 목적에 '중대한 기여(material contribution)'를 하지 못한다는 인도네시아의 주장을 기각했다.

(iv) 덜 무역 제한적인 대안책이 있는지 여부

인도네시아는, 설령 미국의 수입금지 조치가 청소년 흡연율 감소라는 목적에 '중대한 기여'를 하더라도, 미국이 취한 조치보다 '덜 무역 제한적인 대안책(예를 들어, WHO Framework Convention on Tobacco Control에서 권장한 조치, 호주 및 싱가폴과 같은 나라에서 시행하고 있는 다른 덜 무역제한적인 조치)이 있다고 주장했다. 그러나 패널은, 인도네시아는 여러 다른 종류의 대안책을 주장했으나 단지 나열만 했을 뿐 구체적인 입증이 부족할 뿐 아니라, 인도네시아가 주장한 여러 대안책들을 미국에서 이미 시행중이고, 특정 향을 지닌 담배의 판매를 금지하는 것은 WHO Partial Guidelines에서도 이미 제안된 조치라고 판시하며 인도네시아의 주장을 기각했다.92)

3. 미국의 제도가 무역에 대한 기술장벽에 관한 협정(TBT) 제2.9조를 위반하였는지 여부

> 무역에 대한 기술장벽에 관한 협정(TBT) 제2.9조
>
> 2.9 관련 국제표준이 존재하지 아니하거나 제안된 기술규정의 기술적인 내용이 관련 국제표준의 기술적인 내용과 일치하지 아니하고, 동 기술규정이 다른 회원국의 무역에 중대한 영향을 미칠 수가 있을 때에는 언제나 회원국은,
>
> 2.9.2 사무국을 통하여 다른 회원국에게 제안된 기술규정의 목적과 합리적 이유에 관한 간단한 설명과 함께 기술규정이 적용될 상품을 통보한다. 그러한 통보는 수정이 가능하고 의견이 고려될 수 있는 적절한 초기단계에 시행되며,
>
> 2.9.3 요청이 있을 경우, 제안된 기술규정의 상세한 내용 또는 사본을 다른 회원국에게 제공하고, 가능한 경우에는 언제나 관련 국제표준과 실질적으로 일탈하는 부분을 밝혀야 하며, …

패널은 클로브 담배 수입 및 판매금지 규정의 제안 단계에 WTO사무국을 통해 다른 회원국에게 해당 기술규정의 목적과 합리적 이유에 관한 설명을 제공한 바가 없고, 당해 기술규정이 적용될 대상 상품을 통보하지 않았으므로 TBT협정 제2.9.2조 위반이라 판시했다. 반면, 제2.9.3조에 관해서는 인도네시아의 입증 부족으로 인도네시아측의 위반 주장을 기각했다.

우선 패널은 담배 향과 관련한 어떠한 국제 표준도 존재하지 않고 6백만명의 인도네시아 사람들이 직·간접적으로 담배 생산에 관여하고 있으므로 인도네시아의 무역에 중대한 영향을 미치는 경우임을 인정하고, TBT협정 제2.9조가 요구하는 '관련 국제표준이 존재하지 아니'하고 '동 기술규정이 다른 회원국의 무역에 중대한 영향을 미칠 수가 있는' 상황이라 보았다.

패널은 TBT협정 제2.9.2조의 입법취지는 기술규정의 투명성(transparency)을 제고하기 위해 '제안된(proposed)' 기술규정이 시행되기 전, 수정이 가능한 단계에서 관련 국가들의 의견을 고려할 수 있는 기회를 주기 위함임을 밝혔다. 이에 대해

92) 이상 패널보고서, paras. 7.311-350 참조.

미국은 새로운 법안에 대한 관련정보가 이미 공개적으로 공시되어 있었으므로 미국이 TBT협정 제2.9.2조의 '통보' 의무를 부담하지 않는다고 주장했으나, 패널은 이러한 미국의 주장을 수용하지 않았다.

패널은, TBT협정 제2.9.3조와 관련해서는, 동 조는 제소국가의 '요청'이 있는 경우 피제소국의 응답의무를 부과하는 것으로, 인도네시아가 미국의 조치가 초안단계(draft form)에 있을 때 해당 조치의 의문사항에 대한 응답을 '요청'하지 않았으므로 미국이 동 조 위반이 아니라고 판시했다.[93]

4. 미국의 제도가 무역에 대한 기술장벽에 관한 협정(TBT) 제2.12조를 위반하였는지 여부

무역에 대한 기술장벽에 관한 협정(TBT) 제2.10&2.12조

2.10 제9항 도입부의 규정을 조건으로, 어떤 회원국에 대하여 안전, 건강, 환경보호 또는 국가안보의 긴급한 문제가 발생하거나 발생할 우려가 있는 경우, 이 회원국은 제9항에 열거된 단계 중 필요하다고 판단하는 단계를 생략할 수 있다.

2.12 제10항에 언급된 긴급한 상황의 경우를 제외하고, 회원국은 수출회원국 특히 개발도상회원국의 생산자가 자신의 상품 또는 생산방법을 수입회원국의 요건에 적응시키는 시간을 허용하기 위하여 기술규정의 공표와 그 발효 사이에 합리적인 시간 간격을 허용한다.

패널과 상소기구는 모두, 미국이 FSPTCA를 2009년 6월 22일 공표하고, 3개월 후인 9월 22일 동 법안을 발효한 것은 기술규정의 공표와 그 발효 사이에 '합리적인 시간 간격'을 둔 것이 아니라고 보아 TBT협정 제2.12조 위반이라 평결하였다.

가. 패널 보고서 요지

TBT협정 제2.12조는 수출국이 수입국의 요건에 적응하는 시간을 부여하기 위해 기술규정의 공표와 그 발효 사이에 합리적인 시간 간격을 허용하도록 규정하고 있으나, 구체적인 기간에 대해서 명시하지는 않는다. 미국은 FSPTCA를 발효함에 있어 공표와 그 발효 사이에 90일의 기간을 부여했는데 인도네시아는 미국의 이와 같은 조치는 합리적인 시간 간격이 아니므로 TBT 제2.12조 위반이라 주장했다. 이에 대해 패널은 TBT 제2.12조가 기술규정의 공표와 그 발효 사이에 합

93) 이상 패널보고서, paras 7.517-551 참조.

리적인 시간 간격을 적어도 6개월을 의미하는지 여부를 판단했다. 패널은 인도네시아가 제출한 2002년 3월 15일자 도하각료회의에서의 결정[94]을 검토하였는데, 동 결정은 이러한 합리적인 기간에 대한 해석에서 정당한 목적을 수행하는 데 비효율적인 경우를 제외하고 일반적으로(normally) 6개월 이상을 의미하는 것으로 이해되어야 한다고 권고하였다. 패널은 이러한 도하 각료회의 결정의 제5.2항이 "shall"이라는 문언을 사용하고 있으므로 이는 WTO 회원국들에게 구속력이 있는 권고라고 보았다. 또한 이러한 결정은 WTO설립협정 제9.2조에 의한 WTO각료회의의 WTO협정의 해석권한의 행사라 보았다.

아울러 패널은 이러한 결정이 조약법에 관한 비엔나협약 제31(3)(a)조에 의해 협정국간 후속합의에 해당함을 지적했다.[95]

나. 상소기구 보고서 요지

상소기구는 이러한 도하각료 결정의 제5.2항이 TBT협정 제2.12조의 합리적인 기간에 대한 공식적인 해석으로 간주될 수 있는지 여부에 대해, 패널의 판시내용 중 WTO각료회의의 WTO협정의 해석권한의 행사라 본 부분에 대해서는 기각했다. WTO협정의 해석권한의 행사를 위해서는 관련 이사회(WTO상품교역이사회)의 권고가 각료회의 결정에 선행되어야 하는데 도하각료 결정에는 이러한 절차가 없었다는 것이다. 그럼에도 불구하고 이러한 결정이 조약법에 관한 비엔나협약 제31(3)(a)조에 의한 협정국간 후속합의에 해당된다는 패널의 판시내용에는 동의했다. 그리고 TBT협정 제2.12조가 '합리적인 시간 간격'을 두게 하는 이유는 수출국, 특히 개발도상국인 수출국이 수입국의 기술규정에 그들의 제품 및 제품 공정을 합치할 수 있는 시간적 여유를 주기 위함임을 밝히며 입증책임의 문제에 대한 판단에 나아갔다. 이에 상소기구는 입증책임이 인도네시아측에 있다고 본 패널과는 달리, 제소국측이 최초 입증책임을 다한다면(prima facie case), 피소국에게 입증책임이 돌아간다고 판시했다. 즉, 동 사건에서 미국이 기술규정의 공표와 그 발효 사이에 합리적인 시간 간격을 6개월 이하로 설정한 것을 정당화하기 위해서는, (i) TBT 협정 제2.10조에 규정된 '긴급한 문제'가 있었는지 여부, (ii) 제소국측

94) Doha Ministerial Decision, para 5.2. "Subject to the conditions specified in paragraph 12 of Article 2 of the Agreement on Technical Barriers to Trade, the phrase 'reasonable interval' shall be understood to mean normally a period of not less than 6 months, except when this would be ineffective in fulfilling the legitimate objectives pursued."

95) 이상 패널보고서, paras. 7.561-594 참조.

의 생산자들이 6개월 보다 더 짧은 기간 동안에도 적응할 수 있는 시간적 여유가 있었는지 여부, (iii) 6개월보다 긴 기간을 합리적인 기간으로 설정하더라도 기술규정의 정당한 목적을 추구하는데 별로 효과적이지 않았을 것임을 증명해야 한다고 주장했다. 그리고 미국측이 위의 사실에 대한 증명을 하지 못했으므로 인도네시아의 입장을 받아들였다.

결국 상소기구는 패널과는 입증책임 문제에 있어 의견을 달리했으나 전반적으로 패널의 입장을 지지하며, 미국이 FSPTCA 공표 3개월 후에 동 법안을 발효한 것은 TBT 협정 제2.12조의 위반이라고 평결한 것이다.96)

Ⅳ. 해설 및 평가

우리나라도 앞으로 농업 부문에 기술규정을 도입하여 규제할 경우가 많을 것이다. 이러한 규제가 특정 제품이나 제품그룹에 적용되고, 그 제품의 하나 또는 그 이상의 특성(해당 제품의 생래적 특징)을 기술한 의무규정 형태로 도입될 경우 TBT협정이 적용되는 기술규정에 해당하게 된다.

이러한 기술규정을 도입할 경우, 미국 클로브 담배 사건이 주는 시사점은 우선 TBT협정 제2.9조의 절차적 요건을 준수해야 한다는 점이다.

관련 국제표준이 존재하지 않거나 존재하더라도 그 표준의 기술적 내용과 상이한 경우, 당해 기술규정으로 인해 다른 국가의 무역에 중대한 영향이 미치는 경우, 해당 기술규정의 제안 단계에 WTO사무국을 통해 다른 회원국에게 해당 기술규정의 목적과 합리적 이유에 관한 설명을 제공해야 하며, 당해 기술규정이 적용될 대상 상품을 통보해야 한다.

물론 상대국의 요청이 있으면, 기술규정관련 상세 설명자료를 제공하고, 관련 국제표준과의 상이한 부분을 설명해주어야 한다.

또한 기술규정을 도입하기 위해서는 시행 6개월 이전에 공표하여 이해관계국의 실질적인 의견제시 기회를 보장해야 한다. 만일 6개월 보다 단기간의 공표기간을 설정하려면 긴급한 상황임을 우리가 입증해야 하는 부담이 있음을 주의해야 한다.

아울러, 클로브 담배사건은 TBT협정상의 실체법적 규정관련 많은 시사점을

96) 이상 상소기구보고서, paras. 239-297 참조.

주고 있다. 이 분쟁에서 상소기구는 TBT협정 제2.1조에 의한 내국민대우의 위반 여부를 판단하는 데 있어 GATT 제3.4조의 "동종상품" 판정에 적용되는 것과 같은 접근방식을 취해야 함을 강조하고 있다. 다만, 수입품에 대한 불리한 대우(less favourable treatment) 여부를 판단함에 있어서는 TBT협정 서문에 언급되고 있는 목적들을 고려하여 단순히 수입품에 불리한 경쟁조건이 미치는지에 대한 판단에만 의존해서는 안 되며, GATT 제20조의 일반적 예외에서의 판단과 유사한 조치의 정당성에 대한 고려도 함께 진행해야 한다는 점을 판시하고 있다. 즉, '수입에 불리한 유해한 영향(detrimental impact)'이 '전적으로 정당한 규제적 구분에 의해 초래(stems exclusively from legitimate regulatory distinctions)'된 경우가 아니라야 TBT협정 제2.1조를 위반하는 수입품에 대한 불리한 대우를 부여한 경우에 해당한다는 것이다.

우리가 기술규정을 적용함에 있어 어쩔 수 없이 수입품과 국산품간의 구분을 전제로 해야 한다면, 수입품에 불리한 유해한 영향(detrimental impact)이 '전적으로 정당한 규제적 구분에 의해 초래(stems exclusively from legitimate regulatory distinctions)'된 경우라야 한다. 즉, 기술규정의 양태, 설계, 외형상 구조, 운영 및 적용에 있어 국산품과 동일한 조건이 지배하는 수입품에 대해 자의적이거나 부당한 차별을 초래하거나 국제교역에 위장된 장벽을 구성하는 방식으로 시행되어서는 안 된다. 미국 정부가 청소년의 건강을 보호하기 위해 담배 소비를 줄이려고 했다면, 그 규제목표인 청소년 입장에서 클로브향 담배와 동일한 특성을 지닌 멘톨향 담배 및 타바코에 대해서도 유사한 규제를 취했어야 했듯이, 우리나라의 경우에도 스스로 표방하는 규제목적을 달성하기 위해 규제대상을 선정하는데 있어 자의성을 철저하게 배제하고 공평(even-handedness)하게 대처해야 한다는 말이다.

또한, TBT협정 제2.2조의 "정당한 목적에 필요한 이상으로 무역을 규제하지 않을 의무"에 위반하지 않기 위해서는 목적을 달성하기 위한 수단을 선택함에 있어 반드시 최선의 수단을 선택하지 않더라도 표방하는 목적에 "중대한 기여(material contribution)"를 하는 정책수단을 선택해야 하고, 여러 수단 간의 국제교역 제한 효과를 비교형량해서 가급적 덜 교역제한적인 수단을 선택하도록 노력해야 한다.

이러한 최근의 주요 TBT 관련 분쟁들에서 패널 및 상소기구가 판시한 기술술규정의 내국민대우 원칙, 최소무역제한 원칙, 기술규정 도입의 절차적 투명성 원칙 등은 앞으로 관련분야의 중요한 판례법을 형성할 것으로 전망된다. 우리 정부도 이러한 원칙과 해석을 숙지하고 기술규정 도입 및 적용뿐만 아니라 TBT분야의 통상분쟁에 적극적으로 대응해나가야 할 것이다.

미국은 UC-Clove Cigarettes 패소판정을 합리적 이행기간 내에 이행하지 않았으며, 인도네시아와 보상에 대한 합의도 성립되지 않았다. 인도네시아는 보복조치를 취하기 위해 WTO 분쟁해결기구에 승인을 요청해 놓은 상태이다.[97] 이것은 일단 형식적으로는 중립적인 기술규정이 도입되어 버리면, 그것이 국제재판소에 의해 사실상 차별 판정을 받더라도, 국내 이해관계자는 물론 대중을 설득하여 철회하기가 어렵다는 점을 시사한다. 특히 인간의 보건 목적의 조치의 철회를 시도하게 되면, 항상 세속적인 무역가치의 추구를 위해 인간의 생명가치를 양보할 수 없다는 식의 국내적 반발이 제기될 수 있다. 이러한 식의 반대논리에 대중의 인식은 쉽게 고정되게 되어, 걷잡을 수 없게 반정부 인식이 확산되기도 한다. 물론 판정을 이행하지 못해 무역보복을 당하게 되면, 그에 따른 경제적 피해가 막대하고 보복을 당하는 산업부문의 이해관계자들이 조직적인 대응을 하게 되므로, 대중적 인식이 다시 판정 이행 쪽으로 쏠리게 되나, 그러한 단계까지 사회적인 시행착오 과정을 많이 겪어야 한다. 따라서 기술규정을 도입하기 이전에 충분한 검토와 대중적인 설명을 통해 차별적인 제도를 걸러내는 사전 검토작업이 무엇보다도 중요함을 보여주고 있다.

〈WTO 분쟁해결 일지〉

2010.6.9. 인도네시아, 패널 설치 요청
2010.6.20. 패널 설치
2010.9.9. 패널위원 구성 완료
2011.5.27. 잠정보고서 발간
2011.6.24. 최종보고서 분쟁당사국 회람
2011.9.2. 최종보고서 회람
2012.1.5. 인도네시아, 상소 의사 통보
2012.4.4. 상소기구 보고서 회람
2012.4.24. 상소기구 보고서 채택

97) Recourse to Article 22.2 of the DSU by Indonesia, *United States-Measures Affecting the Production and Sale of Clove Cigarettes*, WT/DS406/12 (Aug. 13, 2013) 참조.

제 9 장 미국-브라질산 오렌지 주스에 대한 AD 연례재심 분쟁
(UNITED STATES-ANTI DUMPING ADMINISTRATIVE REVIEWS AND OTHER MEASURES RELATED TO IMPORTS OF CERTAIN ORANGE JUICE FROM BRAZIL) (WT/DS382)

< 요 약 >

본 분쟁은 미국 상무부(DOC: Department of Commerce)가 연례재심에서 사용한 "단순 제로잉" 방법에 대해 브라질이 제소한 사건이다. 미국은 수출가격이 정상가격보다 높을 때 그 차액을 덤핑마진 산정시 0으로 처리하는데, 이를 제로잉이라 한다. 브라질은 미국이 잇따른 반덤핑 절차(원심조사 및 후속 연례재심을 포함한 일련의 AD 절차)에서 제로잉을 지속적으로 적용하여 브라질산 오렌지 주스 수입에 반덤핑 관세를 부과하는 것은 반덤핑협정 제2.4조, 2.4.2조 및 9.3조와 GATT 제6.2조를 위반하는 것이라고 주장했다. 이에 대해 2011년 WTO 패널이 미국의 위반판정을 내림으로써, 반덤핑 원심조사는 물론 연례재심에서의 진행중인 관행(ongoing conduct)으로의 계속적인 제로잉의 부과의 위법성도 확인되었다. 이것은 향후 우리 대미 수출기업들의 규제부담이 경감되게 됨을 의미하며, 우리 농산물의 경우도 앞으로 제로잉으로 인한 과도한 반덤핑 조치에 직면할 가능성을 차단할 수 있을 것이다.

Ⅰ. 사건개요 및 사실관계

동 분쟁은 미국 상무부(DOC: Department of Commerce)가 연례재심에서 사용한 "단순 제로잉" 방법에 대해 브라질이 제소한 사건이다. 미국은 수출가격이 정상가격보다 높을 때 그 차액을 덤핑마진 산정시 0으로 처리하는데, 이를 제로잉이라 한다.

동 사건에서 브라질은 두 종류의 제로잉 형태(모델 제로잉과 단순 제로잉)가 있음을 전제로 하였다. 모델 제로잉의 경우, 최초 덤핑마진을 산정 할 때, 덤핑 상품을 일정 모델별로 분류하고 각 모델 내 개별 상품의 정상 가격과 수출 가격의 가중 평균을 계산한 후 전자가 후자보다 높을 경우 그 차액을 덤핑 마진에 산입하는데 반해, 전자가 후자보다 낮다면 마이너스(-) 마진으로 계산하지 않고, '제로

(零)'로 처리하는 것이다. 그리고 덤핑상품의 최종 덤핑 마진은 이러한 모델별 덤핑 마진을 합산하여 산출하는데 이를 모델 제로잉이라고 한다. 이에 반해 단순 제로잉은, 덤핑 상품의 정상가격 가중평균을 실제 거래별 수출가격과 비교하여 전자가 후자보다 높을 경우는 그 차액을 덤핑 마진으로, 낮을 경우는 그 차액을 0으로 계산한 후, 이러한 거래별 덤핑 마진 계산 결과를 합산하여 최종마진을 산출하는 것이다.

◇ 모델 제로잉(Model Zeroing) : 조사대상제품을 세부품목(model)으로 나누어 각 세부품목별 거래의 수출가격 가중평균과 정상가격 가중평균을 산정, 양자를 비교하면서 마이너스 덤핑마진을 0으로 계산(W-W)한다.
◇ 단순 제로잉(Simple Zeroing) : 조사대상제품의 개별 거래별 수출거래가격을 정상가격의 가중평균(W-T) 또는 개별가격(T-T)과 비교하면서 마이너스 덤핑마진을 0으로 계산한다.

<덤핑 마진 산정방식의 두 유형>

방 식	특 성
제1 대칭적 방식 (First Symmetrical Method) 가중평균 정상가격과 가중평균 수출가격 비교 방법(W-W 방법)	덤핑률 조사대상기간의 내수판매 중에서 통상의 상거래(in the ordinary course of trade)에 해당되는 거래를 선별 한 후, 동 거래 중에서 모델별 평균 가격 정상가격을 산정한 후, 모델별 가중평균 수출가격과 비교하는 방법
제2 대칭적 방식 (Second Symmetrical Method) 거래별 정상가격과 거래별 수출가격 비교 방법(T-T 방법)	수출되는 거래와 가장 유사한 내수 판매거래를 선정하여 그 거래와 수출거래와 비교하여 덤핑률을 산정하는 방법으로서 주문생산제품, 기간별 가격변동이 크거나 수출된 거래량이 작은 경우에 적용되는 방법
비대칭적 방식 (asymmetrical method) 가중평균 정상가격과 개별 수출가격 비교 방법(W-T 방법)	조사당국이 수출한 거래처, 지역, 또는 기간별로 현저히 다른 수출가격의 양태를 발견하고, 가중평균의 비교 또는 거래별 비교 사용으로 이러한 차이점이 적절히 고려될 수 없는 이유에 대한 설명이 제시되는 경우에는 사용되는 방법

브라질은 2008년 미국의 브라질산 오렌지주스에 대한 덤핑마진 산정 방식이 WTO 규범에 위배되었음을 이유로 제소하였다. 브라질은 브라질산 오렌지주스

수입에 대한 미국의 첫 번째(2005-2007 Anti-Dumping Duty Administrative Review on Certain Orange Juice from Brazil)와 두 번째(2007-2008 Anti-Dumping Duty Administrative Review on Certain Orange Juice from Brazil) 연례재심이 단순 제로잉의 적용으로 인해 반덤핑협정(AD) 제2.4조 및 9.3조와 GATT 제6.2조를 위반한다고 주장했다. 또한 미국이 잇따른 반덤핑 절차(원심조사 및 후속 연례재심을 포함한 일련의 AD 절차)에서 제로잉을 지속적으로 적용하여 브라질산 오렌지 주스 수입에 반덤핑 관세를 부과하는 것은 반덤핑협정(AD) 제2.4조, 제2.4.2조 및 9.3조와 GATT 제6.2조를 위반하는 것이라고 주장했다.98)

Ⅱ. 주요쟁점 및 당사국 주장

1. 주요쟁점

미국이 단순 제로잉의 적용으로 인해 반덤핑협정 제2.4조 및 9.3조와 GATT 제6.2조를 위반하였는지와 원심조사 및 후속 연례재심을 포함한 일련의 반덤핑 절차에서 제로잉 절차의 지속적 적용은 AD협정 제2.4조를 위반하는지가 쟁점이다.

2. 당사국 주장

가. 제소국 브라질의 주장

덤핑마진을 계산하는데 있어 사용한 '단순 제로잉'과 연이은 반덤핑 절차(원조사에서 브라질산 오렌지 주스에 반덤핑 관세를 부과한 것 및 이와 관련된 세 개의 연례검토)에서 계속적인 제로잉의 활용을 문제 삼았다. 특히 브라질은 첫 번째와 두 번째 재심에서 USDOC가 '단순 제로잉'을 적용하여 Cutrale와 Fischer에 대한 WAMs와 CDRs, ISARs를 산출하는 것은 미국이 실제 얼마의 반덤핑 관세를 부과했는지와 관계없이 제2.4조를 위반하는 것이라고 주장했다.

나. 피소국 미국의 주장

미국은 브라질이 문언적 근거가 없이 해당 조항의 위반을 주장하고 있을 뿐 아니라 브라질의 주장이 잘못된 사실에 근거하고 있다고 반박했다. 또한 미국은

98) 이상 WT/DS382/R, paras. 2.1-3, 3.1-2 참조.

제2.4조가 브라질이 수출가격과 정상가격간의 비교의 결과들을 합산하는 특정한 방법을 요구하지 않고 있으므로 브라질의 주장이 이유 없다고 반박했다.

Ⅲ. 패널 보고서 요지

1. 미국이 반덤핑 협정 제2.4조를 위반했는지 여부 - 첫 번째와 두 번째 연례재심에서 단순 제로잉의 적용

미국이 2006년 3월 9일 부과한 반덤핑 조치와 관련된 연례재심들인 United States Federal Register on 11 August 2008 and 11 August 2009에 공표된 첫번째와 두 번째 연례재심(First and Second Administrative Reviews)의 최종 피항소인인 Cutrale and Fischer에 대한 결과를 문제 삼았다. 두 차례의 연례재심에 기록된 이들에 대한 가중평균 덤핑마진(WAM: weighted average dumping margins), 현금예치율(CDR: cash-deposit rates)과 수입자특정평가율(ISAR: importer-specific assessment rates)은 다음과 같다.

<Cutrale and Fischer에 대한 연례 재심의 결과>

	WAM	CDR	ISAR
첫 번째 연례 재심			
Cutrale	0.45%	0%	[[XX]]
Fischer	4.81%	4.81%	[[XX and XX]]
두 번째 연례 재심			
Cutrale	2.17%	2.17%	[[XX]]
Fischer	0%	0%	[[XX]]

위와 같은 요소를 계산할 때 USDOC의 컴퓨터 프로그램은 다음의 과정을 거친다.

◇ WAM, CDR 및 ISAR 산출방법 요약
- 개별 수출 거래의 가격을 해당 월의 정상가격 가중 평균과 비교
 ⇨ 이러한 비교 수치들이 합산
 ⇨ 합산 결과는 모든 수출거래의 총 가치로 나누어져 퍼센트로 표시

※ 합산 단계: 컴퓨터 프로그램은 마이너스 마진을 나타내는 결과(가중 평균 정상가격 〈 개별 수출 가격인 경우)를 0으로 간주하게 설정됨

첫 번째 연례재심에서 Cutrale의 WAM은 0.45%로 미국법에 따라 최소허용수준(de minimis)이어서 0%의 CDR이 부과되었다. 한편, 첫 번째, 두 번째 연례재심에서 Fisher에 대한 WAM과 CDR은 0%였으나, 미국 DOC가 적용한 컴퓨터 프로그램은 관련 WAM을 [[XX]]로 결정하였다. 이에 미국은 어떠한 다른 이유로도 WAM과 CDR을 0%로 부과하지는 않았다고 주장했다. 이는 ISAR을 계산하는 컴퓨터 프로그램이 계산에 있어 해당 수입자에 의한 수입된 거래만을 포함하여 계산했기에 이와 같은 결과를 낳은 것이다. 즉, 컴퓨터 프로그램이 단순제로잉을 적용하여 수입자-특정 기준(importer-specific basis)에서 수출가격이 정상가격보다 아래인 경우의 거래를 선별하고 합산한 결과이다.

브라질은, 미국이 Cutrale and Fischer에 대한 덤핑마진을 산정하는 과정에서 단순 제로잉을 적용하여 CDR과 ISAR을 산정하여 DOC가 반덤핑협정 제2.4조를 위반하였다고 주장하였다. 즉, 정상가격 가중 평균과 개별 수출가격의 비교(W-T방식)로 마이너스 마진을 0으로 간주하게끔 설정하여 CDR과 ISAR을 산정한 것이 위법이라고 주장한 것이다.

패널은 위 주장에 대해 판단하기 위해 미국법에 따른 연례재심(review)의 역할에 대해 검토했다. 미국은 반덤핑관세 납부의무가 수입시 적용되나, 그러한 의무의 최종액이 현 시점에서 결정되지 않는 소급적 방식의 반덤핑관세평가 제도(retrospective system of duty assessment)를 운영한다. 소급적 방식의 관세평가제도에서는, 덤핑조사에서 산정한 덤핑마진에 따라 확정된 반덤핑관세율에 따른 반덤핑관세를 현금예치 또는 담보제공의 형태로 부과하고, 매년 이해관계자의 요청에 따라 재심을 실시하여 검토대상기간 동안 수입된 조사대상상품의 덤핑마진을 산정하는데 이는 재심 결정 이후 미국 내로 수입할 경우에 적용되는 CDR이 된다. 그리고 이 수치를 바탕으로 최종적으로 부과할 반덤핑관세액(ISAR)을 확정한다. 이렇게 재산정한 반덤핑관세액을 예치된 현금이나 담보와 비교하여, 새로 확정된 반덤핑관세액이 예치액보다 높을 경우, 수입자가 차액을 납부하고, 낮을 경우 조사당국이 차액을 환급하여 정산한다. 아울러, 재산정된 덤핑 마진율은 향후 현금예치율로 적용된다. 최종적으로 지불되어야 하는 반덤핑관세에 대한 평가는 가능한 한 빠른 시일 내에 이뤄져야 하고 일반적으로 최종평가를 요청한 날부터 12개월 이내에 이루어지며, 어떠한 경우도 18개월을 초과해서는 안된다. 환불 역시 가능한 빠른 시일 내에 이루어져야 하며 일반적으로 최종평가 판정일로부터 90일 이내에 이루어져야 한다.

패널은 또한 덤핑의 정의에 대한 검토를 하였다. 이를 위해 GATT 제6.1조와 반덤핑협정 제2.1조를 분석했다. 패널은 덤핑이 개별 수출자의 가격 부과와 관련된 것이라는 입장을 취하며 덤핑마진은 조사 대상 상품 전체(product as a whole)에 대해 산정하는 것인지, 거래별로 특정(transaction-specific basis)기준에 따라 산정하는 것인지 여부를 판단했다. 패널은 이에 대해 반덤핑 협정이 덤핑에 대한 하나의 배타적인 정의를 내리고 있지는 않으나, 과거의 상소기구 판정례를 들며 덤핑은 개별 거래별이 아닌 상품 전체에 대해 판단해야 함을 지적했다. 과거 US-Zeroing (Japan) 사건에서 상소기구는, 덤핑 마진은 상품에 대해 구하는 것이지 각 거래별 비교 결과는 그 자체가 덤핑 마진이 될 수 없고 따라서 T-T/T-W 비교시 제로잉은 허용될 수 없다고 판정했다. 또한 미국이 덤핑 판정을 받은 수출자/생산자의 수입 전체를 토대로 국내 산업 피해 여부를 판정하는데 제로잉이 허용된다면 이는 특정거래(수출가격이 정상 가격보다 높은 정상거래)를 덤핑 마진 상정시에는 덤핑 거래가 아닌 것이라 하여 제외했다가 피해 판정시에는 다시 덤핑 마진으로 취급하는 결과가 된다고 지적했다. 그리하여 패널은, DSU 제11조와 WTO DSB의 통합과 효율성을 고려하여 과거 상소기구 판시의 입장을 따르는 것이 합당하다고 보고 반덤핑 협정 2.1조에 포함된 덤핑의 정의는 개별 거래단위가 아닌 상품 전체를 기준으로 한 것이라고 판시했다.

◇ 반덤핑 협정 제2.4조

수출가격과 정상가격간에 공정한 비교를 한다. 이러한 비교는 동일한 거래단계, 일반적으로는 공장도단계에서 그리고 가능한 한 같은 시기에 이루어진 판매에 대하여 행하여진다. 제반판매조건, 과세, 거래단계, 수량, 물리적 특성의 차이와 가격비교에 영향을 미친다고 증명된 그 밖의 차이점들을 포함하여 가격비교에 영향을 미치는 차이점들에 대해서 각각의 경우에 그 내용에 따라 적절히 고려한다(Re.7). 제3항에 언급된 경우에 있어서, 수입과 재판매 사이에 발생하는 관세 및 조세를 포함한 비용 및 발생한 이윤이 또한 고려되어야 한다. 이러한 경우에 가격비교가 영향을 받을 때에는 당국은 구성수출가격의 거래단계와 동일한 거래단계에서 정상가격을 설정하거나 또는 이 항에 따라 정당화된 적절한 고려를 한다. 당국은 공정한 가격비교를 위해 어떠한 정보가 필요한지를 당해 당사자에게 알리며, 이러한 당사자에게 불합리한 입증책임을 지워서는 아니된다.

(Remark 7) 위의 요소들 중 일부는 중첩될 수 있는 것으로 양해하고 당국은 이 규정에 따라 이미 이루어진 조정이 중복되지 않도록 보장한다.

위와 같은 덤핑에 대한 정의 하에, 패널은 브라질의 주장을 검토했다. 패널은 브라질이 두 가지 주된 질문을 제기했다고 판단했다. (1) 반덤핑 협정 제2.4조의 첫 문장의 "정상가격과 수출가격간의 '공정한 비교'를 할 의무"가 거래단계와 가격비교에 영향을 미친다고 증명된 그 밖의 차이를 조정하는 것 이외에도 적용되어야 하는지 여부, 만약 그렇다면 반덤핑 관세평가 절차에서의 덤핑마진에도 이와 같은 비교가 이루어져야 하는지 여부, (2) 덤핑마진 산정을 위해 단순 제로잉을 활용한 것이 불공정한지 여부이다.

◇ 덤핑의 판단 요소

- 정상가격: 수출가격과 정상가격을 비교하여 덤핑의 존재를 판단할 때 원칙적으로 동종상품의 수출국에서의 시장가격이 정상가격이 되고 이 가격과 수출가격을 비교하여 수출가격이 낮을 때 덤핑이 존재한다고 본다.
- 수출가격: 정상가격과 비교하는 수출가격은 수입자가 지불한 또는 지불해야 하는 가격으로 일반적으로는 수출자가 보고한 실제 수출가격에 기초하여 결정한다. 그러나 실제 수출가격이 존재하지 않거나, 존재하는 경우에도 수출자와 수입자 또는 제3자 사이에 제휴나 보상 약정이 있어 수출가격을 신뢰할 수 없는 경우가 있다. 이러한 경우 조사당국은 수입품이 독립구매자에 처음으로 재판매되는 가격을 기초로 수출가격을 구성할 수 있고, 이때 수입과 재판매 사이에 발생하는 관세와 조세를 포함한 비용과 이윤을 공제할 수 있다.
- 공정한 비교: 조사당국은 정상가격과 수출가격을 공정하게 비교하여 덤핑의 존재 여부를 판단하고 덤핑마진을 산정해야 한다. 공정한 비교를 위해서는 동일한 거래단계, 일반적으로는 공장도 단계에서 가능한 한 같은 시기에 이루어진 판매를 비교해야 하며, 판매조건, 과세, 거래단계, 수량, 물리적 특성의 차이를 비롯하여 가격비교에 영향을 미치는 차이점을 적절히 고려해야 한다.

패널은 단순 제로잉이 개별 수출가격과 정상가격 가중평균의 비교의 결과를 합산할 경우 발생함을 상기하였다. 그리고 패널은 대다수의 과거 패널판정례가 "반덤핑협정 제2.4조의 첫 문장을 포함하여 해당조항 전체가 관세평가를 포함한 모든 반덤핑 절차에서 적용되어야 한다"고 판시한 점을 들었다. 이에 따라 패널은 "합산(aggregation)의 과정은 수출가격과 정상가격 가중평균간의 비교에 있어서 분리할 수 없는 부분이고, 제2.4조 첫 문장에 의해 규정된 '비교'의 대상이 된다"고 보았다. 따라서 반덤핑협정 제2.4조와 합치하기 위해서는 단순 제로잉도 '공정'해야 한다고 판시했다. 만약 반덤핑 관세가 수출업자에 의한 덤핑마진의 양을 초과하여 수입자들에게 부과되는 방식으로 적용되는 결과를 야기하는 수출가격과 정상가격 비교 방법에 의해 산정된다면 이는 공정한 비교라고 할 수 없다고 하였다.

이러한 판단 하에, 패널은 수출가격과 정상가격의 비교를 조사 대상 상품 전체에 대해 하지 않을 수 없다고 하였다. 따라서 패널은, T-T/T-W 방식의 단순 제로잉과 같은 비교법은 덤핑마진을 낮게 측정하게 하여 '불공정'한 비교방법으로 제4.2조 위반이라고 판시했다.

패널은 위와 같은 결론을 문제된 두 재심에 적용하여 판단하였다. 첫 번째 재심의 경우, 패널은 Cutrale과 Fischer에 대한 WAMs와 ISARs를 계산함에 있어 단순 제로잉을 적용한 것은 미국이 수출가격과 정상가격간의 공정한 비교를 하지 않아 제4.2조를 위반하였다고 판단했다.

두 번째 재심과 관련해서도 위와 같은 판시를 내렸다. 그리고 패널은 덤핑 마진이 최소허용수준(de minimis) 이었기에 실제 부과된 관세율이 0%여서 '불공정한 비교'가 없었다는 미국의 주장을 기각했다. 결국 패널은 최종 WAMs와 ISARs가 실제 0%였는지 여부와는 관계없이 '단순 제로잉' 자체만으로 제4.2조의 '불공정한 비교'가 된다고 본 것이다.[99]

2. 미국이 반덤핑 협정 제2.4조를 위반했는지 여부 – 진행중인 관행(ongoing conduct)으로의 계속적인 제로잉의 부과

브라질은 오렌지주스와 관련된 원심조사 및 후속 연례재심을 포함한 일련의 반덤핑 절차에서 미국이 제로잉 절차를 지속적으로 적용함은 반덤핑 협정 제2.4조, 2.4.2, 9.3조 및 GATT 제6.2조를 위반한 것이라고 주장하였고, 패널은 소송경제상 제2.4조에 대해서만 판단했다.

패널은 위와 같은 브라질의 주장을 검토함에 있어 세 가지 쟁점을 고려하였다. (1) WTO 분쟁 해결에 있어 회원국의 '진행중인 관행(ongoing conduct)'을 '조치(measure)'로 보아 분쟁의 대상으로 삼을 수 있는지 여부, (2) 만약 가능하다면, 브라질이 그와 같은 사실에 대한 입증을 했는지 여부, (3) 이러한 회원국의 행동이 반덤핑 협정 제2.4조를 위반하는지 여부를 고려했다.

가. 회원국의 '진행중인 관행(Ongoing Conduct)'으로서 제로잉의 계속적 사용이 WTO 분쟁 해결의 영향을 받는 '조치(Measure)'인지 여부

패널은 개념적으로 브라질이 주장하는 '조치'가 US–Continued Zeroing 분쟁에

---

99) 이상 패널보고서, paras. 7.88-161 참조.

서 EC가 주장한 대상과 유사하다고 보았다. 동 사건에서 상소기구는 진행중인 관행이 분쟁의 대상이 될 수 있다고 보았다. 패널은 '진행중인 관행'이란 현재도 진행 중일 뿐 아니라 미래에도 계속될 가능성이 있는 것이라고 보았다. 그리고 어떠한 회원국의 행동도 WTO 회원국에 의해 다툼의 대상이 될 수 있으므로 '진행중인 관행'도 그 대상이 되지 않을 이유가 없다고 판시했다.[100]

나. 브라질이 계속적 제로잉이 '지속되는 관행'이란 사실에 대한 입증을 했는지 여부

패널은 브라질이 제출한 증거를 통해 DOC가 원 조사와 후속 연례 재심 시, 가중평균덤핑마진(WAMs)과 수입자특정평가비율(ISAR)을 계산하는 컴퓨터 프로그램에 '0'에 대한 지시를 입력해 놓았음을 확인했다. 그리고 패널은, Issue and Decision Memoranda에 포함된 진술을 통해, USDOC가 후속 절차들에서 '덤핑'의 개념을 어떻게 해석하려 했는지를 판단할 수 있다고 보았고, 결과적으로 패널은 DOC의 오렌지 주스에 대한 제로잉 조치를 '지속되는 관행'적 조치라는 점에 대한 브라질의 입증이 존재한다고 판단했다.

또한 브라질은 동 분쟁에서 실제로 조사과정에서 제로잉을 적용했는지 여부는 관련이 없다고 주장했다. 즉 브라질은 자신의 주장은 DOC가 제로잉 방법을 계속적으로 사용하는 관행을 수립하고 있다는데 있을 뿐, 실제로 원 조사에서 정상가격 이상으로 판매된 수출 거래가 '0'으로 입력되지 않은 점은 논의의 대상이 아니라고 하였다. 패널은 이러한 브라질의 주장에 동의하며, 브라질이 문제삼는 것은 컴퓨터 프로그램에 제로잉에 대한 지시를 설정한 것에 대한 것일 뿐 그것의 적용과는 무관하다고 판시했다.[101]

다. 해당 조치가 반덤핑 협정 제2.4조를 위반하는지 여부

패널은 이미 미국의 단순 제로잉의 사용이 제2.4조를 위반함을 판시했으므로 이러한 제로잉 절차의 계속적 사용 또한 동 조를 위반한 것이라고 판시했다. 결국 패널은 해당 조치가 반덤핑 협정 제2.4조를 위반하였다고 판시했다.[102]

---

100) 이상 패널보고서, paras. 7.163-176 참조.

101) 이상 패널보고서, paras. 7.183-185 참조.

102) 이상 패널보고서, paras. 7.193 참조.

Ⅳ. 해설 및 평가

2011년 3월 25일 WTO는 미국이 브라질산 오렌지 주스에 부과한 반덤핑 조치가 국제무역규범을 위반한 것으로 판결하고 WTO는 미국에 대해 반덤핑 협정상 의무에 합치하는 정책을 실시할 것을 명령하였다. 이 판정이 있기까지 우리나라를 비롯한 많은 제3자 참여국들이 브라질산 오렌지주스에 대한 미국의 원심 및 재심 제로잉 조치는 WTO협정에 위반되며 이는 지금까지 수차례 상소심 판정을 통해 확인된 바 있다고 주장하였다. 또한, 이러한 판례에도 불구하고 미국이 지속적으로 재심 제로잉의 합치성을 주장하는 것은 상소기구의 판례를 무시하는 것이라고 지적하고, 패널은 선례에 따라 위반 판정을 내려야 한다고 강조하였다. 이러한 일련의 노력이 결실을 거둬, 패널은 미국의 원심 및 재심 제로잉 조치와 그 조치를 계속적으로 사용하는 것은 반덤핑협정 제2.4조에 위반된다고 판정한 것이다.

또한 이 분쟁에서 진행 중인 관행(ongoing conduct)으로의 계속적인 제로잉의 부과가 분쟁의 대상이 되었다는 점에 의의가 있다. 즉, DSU 제6.2조는 패널이 '특정 조치'에 대해 판단할 것을 규정하고 있는데 동 사안과 같이 구체적인 특정 대상이 아니라도, 분쟁의 대상이 '조치의 성격과 문제의 요지'를 정확히 규정하고 있다면 지속되는 관행 또한 분쟁대상이 된다는 점을 확인한 것이다.

미국이 '07.2월 반덤핑 원심조사(original investigation) 단계에서 제로잉을 철폐한데 이어, 사안의 분쟁을 비롯하여 계속되어온 여러 차례의 제로잉 관련 분쟁의 결과를 바탕으로, 2012년 4월부터는 연례재심(annual reviews) 단계에서도 제로잉 계산방식을 철폐하기로 최종결정한 바 있다. 이에 따라 국제사회로부터 지속적으로 비판받아 온 미국의 제로잉 관행이 사실상 철폐될 것으로 기대되며, 향후 우리 대미 수출기업들의 규제부담이 경감되게 되었다. 우리 농산물의 경우도 앞으로 제로잉으로 인한 과도한 반덤핑 조치에 직면할 가능성을 차단할 수 있을 것이다. 그러나 금번 개정에도 불구하고 미국이 제로잉 관행을 제도적으로 완전히 철폐한 것은 아니고, 예외적인 경우(표적덤핑 조사시 등)에는 제로잉을 사용할 수 있는 여지를 남겨두고 있는 점이 우려되는 대목이다.

〈 WTO 분쟁해결 일지 〉

2009.8.20. 브라질, 패널 설치 요청
2009.9.25. 패널 설치
2010.5.10. 패널 구성
2010.12.20. 잠정보고서 발간
2011.2.21. 최종보고서 발간
2011.5.25. 최종보고서 회람
2011.6.17. 패널 보고서 채택

제 10 장 중국-닭고기 분쟁
(CHINA-ANTIDUMPING AND COUNTERVAILING DUTY MEASURES ON BROILER PRODUCTS FROM THE UNITED STATES) (WT/DS427)

<요 약>

중국이 미국으로부터 수입된 닭고기제품에 상계관세(CVD)와 반덤핑관세(AD)를 부과하였는바, 2011년 미국이 이러한 조치가 WTO 위반이라고 제소한 사건이다. 우선, 최대 쟁점이었던, 구성가격 도출시의 비용할당에 관해, 조사대상 수출자 또는 생산자가 유지하고 있는 기록에 기초하지 않고 조사당국이 비용을 할당하는 경우, 조사 당국에게 조사대상 기업의 장부 및 기록을 사용하지 않는 근거에 대한 설명의무가 있음을 주목해야 한다. 여러 할당 방법들이 있는 경우, 이러한 다양한 방법들의 장점들을 비교하여 최적의 할당 방법을 결정해야할 의무가 조사당국에 있으므로, 그렇지 못한 경우 그 위법성을 지적해야 한다. 미국도 이러한 문제점을 중국측에 적극적으로 제시하여, 중국 상무부가 비용 할당방법을 정함에 있어 비중기준을 선택한 충분한 이유를 제시하지 못했을 뿐 아니라, 이에 따라 모든 생산비용을 모든 제품에 부적절하게 할당한 위법이 있다는 판결을 받아냈다. 둘째, 공청회 기회 부여와 관련, 이해관계자들의 상반된 이해와 관련한 조사시 당사국 정부인 미국이 참여를 요청했음에도 불구하고, 중국 조사당국이 이러한 참여를 보장하지 않은 것은 위법임이 판시되었다. 셋째, 무역구제 조사시 비밀정보에 대한 처리와 관련, 조사당국은 청원자에게 반덤핑 및 상계관세 조사에 있어 공개가능한 요약문을 제공하도록 요청해야 할 의무가 있다. 이를 요청하지 않고 중국의 조사 당국이 임의로 작성한 것은 위법임이 판시되었다. 넷째 피해조사를 위해 가격에 대한 영향을 판단하기 위해 비교대상 상품군을 선택할 때, 단순히 동종상품간의 비교가 정당화되는 것은 아니고, 동질적인 제품들을 비교해야 하는데 비교 대상 제품군의 이질성에 주목하지 않은 것도 위법임이 판시되었다. 우리나라는 무역구제 제도에 있어 중국 다음으로 조사를 많이 받는 나라이다. 따라서 이상과 같은 요소들을 조사당국이 모두 지키는지를 예의주시하여 그렇지 않은 경우 적극적으로 우리기업의 국제법적 권리를 보호해나가야 할 것이다. 반대로 우리 조사당국도 무역구제 조치 조사를 정당한 절차에 의거 투명하게 진행함으로써 불필요한 통상분쟁의 빌미를 제공하지 않도록 유의해야 할 것이다.

Ⅰ. 사건개요 및 사실관계

동 사건은 중국이 자국법인 Ministry of Commerce of the People's Republic of China(MOFCOM) Notice Nos. 8 [2010], 26 [2010], 51 [2010] and 52 [2010]에 따라 미국으로부터 수입된 닭고기제품에 상계관세(CVD)와 반덤핑관세(AD)를 부과하였는바, 미국이 이러한 조치가 WTO 위반이라고 제소한 사건이다. 중국의 미국산 닭고기에 대한 반덤핑·상계관세 조치는 2009년 9월 미국의 대중 타이어 특별세이프가드 조치 발동에 대해 맞대응한 성격을 지니는 것이었다.

2009년 9월 27일 중국 Animal Agriculture Association(CAAA)의 청원으로 미국산 닭고기에 대한 조사가 시작되었고, 중국 상무부(MOFCOM)는 2010년 2월 5일 미국산 닭고기에 대해 반덤핑 관세를, 2010년 4월 28일 상계관세를 부과할 것을 발표했다. MOFCOM은 미국으로부터 수입된 닭고기는 미국의 보조금을 받은 것일 뿐 아니라, 중국 시장에서 덤핑을 하고 있어, 중국 닭고기 시장에 산업피해를 주고 있다고 판단했다. 이에 따라 MOFCOM은 다음과 같은 미국 기업들에 상계관세와 반덤핑 관세를 부과하였다.

<중국이 미국 기업들에 부과한 반덤핑/상계관세율>

기 업	반덤핑 관세	상계관세
Pilgram's Pride	53.4%	5.1%
Tyson	50.3%	12.5%
Keystone	50.3%	4.0%
등록되어있으나, 조사 대상에서 제외된 기업들	51.8%	7.4%
기타 기업	105.4%	30.3%

위 표에 따라 중국은 미국산 닭고기에 최고 105.4%의 관세를 부과했으며 USTR은 관세 부과 이후 대중국 닭고기 수출이 80% 감소했다고 주장했다.

또한 미국정부는 중국의 관세 부과로 Tyson, Pilgram's Pride, Keystone 등을 포함한 미국의 닭고기 수출업계가 입은 손실액은 약 10억 달러에 달한다고 주장하며, 2011년 9월 이 문제를 WTO에 제소하기에 이르렀다. 이에 따라 미국은 중국이 반덤핑협정 제1, 2.2.1.1, 2.4, 3.1, 3.2, 3.4, 3.5, 4.1, 6.2, 6.5.1, 6.8, 6.9, 12.2,

12.2.1, 12.2.2조, 보조금 협정 제10, 12.4.1, 12.7, 12.8, 15.1, 15.2, 15.4, 15.5, 19.4, 22.3, 22.4, 22.5조, 그리고 GATT 제6.3조를 위반했다고 주장했다.

동 사건은 양국간 무역구제조치를 둘러싼 분쟁 가운데 농산품 분야에서 발생한 최초 사례이며, 양국 통상분쟁의 심화·확대를 초래한 결정적인 계기로 작용하게 되었다.[103)]

<중-미 '닭고기 분쟁' 주요 일지>

일 시	주 요 내 용
2009. 9.11	미국, 중국산 타이어에 대해 특별세이프가드 조치 발동
2009. 9.27	중국 상무부(MOFCOM), 미국산 닭고기 AD·CVD 조사 개시
2010. 2. 5	MOFCOM, 미국산 닭고기 AD 예비판정, CVD 예비판정(4.28)
2010. 8.30	MOFCOM, 미국산 닭고기 CVD 최종판정, AD 최종판정(9.26)
2011. 9.20	미국, WTO 분쟁해결기구에 제소
2012. 5.24	WTO 패널 구성

Ⅱ. 주요쟁점 및 당사국 주장

1. 주요쟁점

이 사건의 핵심 쟁점은 중국의 MOFCOM이 AD·CVD 조사에 있어 투명성을 결여했는지와 반덤핑 및 상계관세율 결정시 해당제품의 정상가격 산출에 필요한 생산비용 계산 방법이 적절했는지 여부이다. 이하에서는 반덤핑협정 제2.2.1.1, 3.1, 3.2, 6.2, 6.5.1, 6.9, 12.2, 12.2.2조, 보조금 협정 제12.4.1, 12.7, 15.1, 15.2, 22.3, 22.5조, 그리고 GATT 제6.3조 위반여부를 검토한다.

2. 당사국 주장

미국은 중국의 부적절한 덤핑 피해규모 추산방법, 사실관계 부족, 관련 정보 제공 실패, 결정에 대한 기본근거 설명 부족, 닭고기 수입효과에 대한 적절한 분석자료 부재 등을 근거로 중국의 관세부과 조치가 WTO의 반덤핑 협정의 여러조

103) 이상 WT/DS427/R(패널보고서), paras. 1.1-2.5 참조.

항을 위배했다고 주장했다. 또한 미국이 닭고기 생산에 보조한 금액보다 중국이 더 높은 상계관세를 부과한 것 등을 이유로 중국의 관세 부과조치가 WTO 보조금협정을 위반했다고 주장했다. 중국은 미국산 닭고기가 보조금을 받아 수출된 것으로 미국이 낮은 가격으로 수출하여 중국에 덤핑하였기에 자국의 관세부과는 정당한 조치였다고 변론하였다.

<미국 및 중국측 주장 요지>

협정		미국측 주장	중국측 주장
AD·CVD 조사상의 오류	AD 제6.2조	반덤핑 조사과정에서 이해당사자간 반대의견·반론 제시 기회를 제공하지 않은 위법이 있다.	MOFCOM이 청원자와 이해관계자들에게 전화로 참석을 통보하였다.
	AD 제6.5.1조 및 SCM 제12.4.1조	비밀정보를 제공한 이해당사자에 대해 공개가능한 요약본 제출 요청을 하지 않은 위법이 있다.	공개가능한 요약문은 나중에 MOFCOM에 의해 작성된 공개가능한 분석으로 보충하였다.
	AD 제6.9조	조치 결정과 관련된 핵심적 고려사항을 비공개한 위법이 있다.	MOFCOM이 각각 예비와 최종 반덤핑 결정에서 피소국에게 고려사항에 대한 자료를 제공하였으므로 미국측 주장은 이유 없다.
	AD제12.2조, 제12.2.2조 및 SCM 제22.3조, 제22.5	조사 및 조치 결정에 중요한 모든 사실과 법적 관련 문제에 대한 조사 결과를 공지하지 않은 위법이 있다.	미국측 주장은 이유 없다.
AD·CVD 결정상의 오류	AD 제2.2.1.1조	조치대상 제품 생산비용 산출시, 미국측 조사대상 업체의 회계장부와 기록의 반영을 거부한 위법이 있다.	관련 자료들이 조치대상 제품의 생산비용을 정확히 반영하고 있지 않아 이를 참조하지 않았다.
	SCM 제19.4조 및 GATT 제6.3조	MOFCOM이 Tyson과 Pilgram's Pride사의 보조금을 지급받고 수출된 상품의 단위당 보조금의 액수를 잘못 계산한 위법이 있다.	MOFCOM의 계산은 정확했으므로 미국이 주장한 위법은 없다.
	AD 제6.8조, 부속서 2 및 SCM 제12.7조	AD·CVD 부과 결정시 조사대상으로 등록되지 않은 업체에 대해 '입수가능한 사실'을 적용하여 과도한 세율을 부과한 위법이 있다.	입수가능한 사실을 적용할 수 밖에 없는 상황이었고, 그 과정에서 적법 절차에 따랐다.
	AD 제3.1조, 3.2조 및 SCM 제15.1조, 15.2조	해당 제품의 수입으로 인한 국내시장 가격에 미치는 피해여부 판정시, 수입국이 동종상품과의 가격비교를 하지 않은 위법이 있다.	해당 협정에 따른 적법한 가격비교를 하였다.

Ⅲ. 패널 보고서 요지

1. 중국이 반덤핑 협정 제6.2조를 위반했는지 여부

> ◇ 제6조 증 거
>
> 6.2 반덤핑조사의 전 과정을 통하여 모든 이해당사자는 자신의 이익을 방어하기 위한 충분한 기회를 가진다. 이를 위하여 당국은 요청에 따라 모든 이해당사자가 상반된 이해를 갖는 당사자와 회합하는 기회를 제공하여 반대의견이 제시되고 반박주장이 개진될 수 있도록 한다. 이러한 기회의 제공시 비밀보호의 필요 및 당사자의 편의를 고려하여야 한다. 어떤 당사자도 이러한 회합에 참석할 의무는 없으며, 회합 불참이 그 당사자를 불리하게 하지 아니한다. 이해당사자는 또한 정당한 경우 구두로 다른 정보를 제시하는 권리를 갖는다.

미국은 중국 MOFCOM이, 이해관계자들의 상반된 이해와 관련한 조사시 미국 정부의 공청회 요청을 거부하였으므로 반덤핑 협정 제6.2조를 위반하였다고 주장했다. 패널은 반덤핑 협정 제6.2조의 문언을 검토하여 동 문언이 당사국이 이해관계자간의 회합에 참여할 수 있는 기회의 제공도 포함된다고 보았다. 그리하여 동 요건을 충족했는지 여부를 보기 위해서는 실제 화합이 일어났는지가 아니라 그러한 기회가 제공되었는지를 검토해야 한다고 판시했다. 패널은 미국이 2010년 7월 12일 서신을 통해 MOFCOM에 이해당사자들과의 회합을 요청했으나, 실제 MOFCOM과의 양자회합만 진행되고, 이해관계자 앞에서 '반대의견을 개진할 수 있는 회합'이 열리지 않았음을 확인했다. 중국은 이에 대해 MOFCOM이 청원자와 다른 상반된 이해관계자들에게 전화로 참석을 통보했지만 관련자들이 참석의사를 타진하지 않았다고 주장했다. 그러나 패널은 중국이 이와 관련한 어떠한 근거자료(예를 들어, 이메일, 전화에 대한 메모, 서신)도 제공한 바 없으므로 중국의 주장을 기각했다. 결국 패널은 중국이 반덤핑 협정 제6.2조를 위반했다고 판시했다.[104]

104) 이상 WT/DS427/R(패널보고서), paras. 7.7-25 참조.

2. 중국이 반덤핑 협정 제6.5.1조와 보조금협정 제12.4.1조를 위반했는지 여부

◇ 반덤핑 협정 제6.5.1조

6.5.1 당국은 비밀정보를 제공한 이해당사자에 대해서 이러한 정보의 공개가능한 요약문을 제공토록 요청한다. 이러한 요약문은 비밀로서 제출된 정보의 내용에 대한 합리적인 이해가 가능할 수 있을 정도로 충분히 상세하여야 한다. 예외적인 경우 당사자는 이러한 정보가 요약이 가능하지 않다는 것을 표명할 수 있다. 이러한 예외적인 상황에서는 요약이 가능하지 않은 이유에 대한 진술이 제공되어야 한다.

◇ 보조금 및 상계조치에 관한 협정 제12.4.1조

12.4.1 당국은 비밀정보를 제공하는 이해당사회원국 또는 이해당사자에게 이러한 정보의 공개가능한 요약문을 제공토록 요청한다. 이러한 요약문은 비밀로서 제출된 정보의 내용을 합리적으로 이해할 수 있을 정도로 충분히 상세하여야 한다. 예외적인 경우 이러한 회원국 또는 당사자는 이러한 정보가 요약이 가능하지 않다고 표명할 수 있다. 이러한 예외적인 상황에서는 요약이 가능하지 않다는 이유에 대한 진술이 제공되어야 한다.

미국은 MOFCOM이 청원자에게 반덤핑 및 상계관세 조사에 있어 공개가능한(non-confidential) 요약문을 제공하도록 요청하지 않아 협정 제6.5.1조와 보조금협정 제12.4.1조를 위반하였다고 주장했다. 그리고 이러한 요약문은 제공되지 않은 정보의 본질에 대한 이해와 조사의 대상국에 그들의 이익을 방어할 수 있는 의미있는 기회를 제공하는 것이어야 한다는 과거의 패널 판정례를 들었다. 이에 대해 중국은 공개가능 요약문은 나중에 MOFCOM에 의해 제공된 공개가능한 분석으로 보충되었다고 주장했으나, 패널은 이러한 중국측 주장을 기각하였다. 즉, 공개가능 요약문은 비밀 정보를 제공하는 당사자에 의해 제공되어야 하는 것이지, 조사 당국에 의해 제공되는 것이 아니라고 하였다. 결국 중국은 비밀정보를 제공한 이해당사자인 미국에 공개가능 요약문의 제출요청을 하지 않아 반덤핑 협정 제6.5.1조와 보조금협정 제12.4.1조를 위반하였다고 판시했다.[105)]

105) 이상 패널보고서, paras. 7.26-65 참조.

3. 중국이 반덤핑 협정 제6.9조를 위반했는지 여부

◇ 반덤핑 협정 제6.9조

6.9 당국은 최종판정 이전에 확정조치를 적용할 것인지 여부에 대한 결정의 근거가 되는 핵심적 고려사항을 모든 이해당사자에게 통보한다. 이러한 공개는 당사자가 자신의 이익을 방어할 수 있을 만큼의 충분한 시간을 두고 이루어져야 한다.

미국은 중국이 "덤핑의 존재를 결정하기 위해 참조한 관련 정보와 계산(정상가격과 수출가격에 대한 계산 포함) 과정을 피소국에게 제공하지 않아" 반덤핑협정 제6.9조에 따라 MOFCOM 조치 결정과 관련된 핵심적 고려사항을 공개하지 않은 위법이 있다고 주장했다. 특히 미국은 MOFCOM이 (i) 정상 가격의 도출, (ii) 수출 가격 도출, (iii) 생산 비용 도출에 사용된 계산 과정을 공개했어야 한다고 주장했다. 즉, 이러한 도출과정에 사용한 컴퓨터 프로그램의 실제 파일과 스프레드시트 뿐 아니라 정상가격과 수출가격 계산에 사용한 공식 등을 공개했어야 한다는 것이다. 따라서 패널은 무엇이 제6.9조에서 말하는 '핵심적 고려사항'을 구성하는 것인지를 검토했다. 이에 대해 패널은, 과거 패널의 판정례를 들며, '핵심적 고려사항'이란, (i) 덤핑과 보조금 지급, (ii) 피해(injury), (iii) 인과관계와 관련된 결론에 내재하는 것을 찾는 것이라고 판시했다. 그리하여 '핵심적 고려사항'이란, 각 케이스의 사실 관계 뿐 아니라, 반덤핑이나 보조금 협정에 따른 최종적 조치를 적용할 때 따르는 실제적인 의무를 만족시킬 결론의 내용의 관점에서 이해되어야 한다고 보았다. 따라서 그러한 결론을 이끌어 내는 자료에 대한 제공을 동반함이 없이, 가중평균 덤핑마진(weighted average dumping margin)의 적용을 선언한 것은 제6.9조를 충족시키지 못한다고 판시했다. 패널은, 참조한 관련 정보와 계산(정상 가격과 수출가격에 대한 계산 포함)이 '핵심적 고려사항'이 될 수 있지만, 자세한 설명이 있거나, 이러한 자료로 인해 상대방이 자신의 이익을 방어할 수 있어야지만 진정한 '핵심적 고려사항'이 될 수 있다고 판시했다.

그리하여 패널은, 덤핑 마진의 존재와 관련하여, (i) 정상가격의 결정(구성가격 포함), (ii) 수출 가격의 결정, (iii) 정상가격과 수출가격간의 비교에 사용된 판매량, (iv) 가격 비교에 영향을 미칠 수 있는 차이의 조정, (v) 관련 자료에 사용된 공식에 대한 자료를 조사 당국이 공개해야 한다고 판단했다. 패널은 중국이 이러한 자료를 공개했는지 여부를 판단했는데, MOFCOM이 각각 예비와 최종 반덤핑 결정에서 피소국에게 고려사항에 대한 자료를 제공했음을 보았다. 그러나 이러한 자료가 계산 도출 과정에서 사용된 자료가 제6.9조에 따른 의무를 충족시킬 만큼 구체적인 정보를 제공하는지와 관련하여 중국이 핵심적 고려사항을 제공하지 못하였다고 보았다. 즉, 정상가격 계산에 있어 어떠한 판매가격이 사용되었는지에 대한 정보가 없어 피소국이 자신의 이익을 방어할 수 있을 정도가 되지 못한다고 본 것이다. 결국 패널은 중국이 반덤핑협정 제6.9조를 위반했다고 판시했다.[106)]

4. 중국이 반덤핑협정 제2.2.1.1조를 위반했는지 여부

◇ 반덤핑협정 제2.2.1.1조

2.2.1.1 제2항의 목적상, 조사대상 수출자 또는 생산자가 유지하고 있는 기록이 수출국에서 일반적으로 인정된 회계원칙에 따르고 있고 고려중에 있는 상품의 생산 및 판매와 관련되는 비용을 합리적으로 반영하고 있는 경우, 비용은 보통 조사 대상 수출자 또는 생산자가 유지하고 있는 기록에 기초하여 산출된다. 당국은 조사기간중 수출자 또는 생산자가 제시한 증거를 포함, 비용의 적절한 할당에 관한 모든 입수가능한 증거를 고려한다. 단, 이러한 비용의 할당은 특히 적절한 분할상환 및 감가상각기간의 설정, 자본지출 및 다른 개발비용에 대한 공제와 관련하여 수출자 또는 생산자에 의하여 전례적으로 활용되어 온 것이어야 한다. 이 호에 따른 비용할당에 아직 반영되지 못했을 경우, 현재 및/또는 미래의 생산에 혜택을 주는 일회성비용항목 또는 생산개시 가동으로 인하여 조사기간중 비용이 영향을 받는 경우는 비용이 적절히 조정된다. (Re.6)

(Remark 6) 생산개시 가동에 따른 조정은 생산개시 기간의 마지막 시점에서의 비용을 반영하거나. 그러한 기간이 조사기간을 넘었을 경우 조사기간 동안 당국이 합리적으로 고려할 수 있는 가장 최근의 비용을 반영한다.

미국은 MOFCOM이 조치대상 제품 정상가격 산출시 미국측 조사대상 업체의 회계장부와 기록의 반영을 거부하여 반덤핑 협정 제2.2.1.1조를 위반하였다고 주장했다. 미국은, 특히 Tyson사에 대하여 MOFCOM이 조사의 대상이 아닌 제품의 비용을 포함하여 계산한 오류를 범했다고 주장했다. 중국은 이들 장부와 기록은 문제된 제품의 생산과 판매에 관한 비용을 정확히 반영하지 못하고 있었다고 반박했다.

106) 이상 패널보고서, paras. 7.66-107 참조.

가. 제2.2.1.1조 제1문의 회계장부와 기록

패널은 제2.2.1.1조 조사대상 수출자 또는 생산자가 유지하고 있는 기록이 판매와 관련되는 비용을 합리적으로 반영하고 있는 경우, 비용은 보통 조사대상 수출자 또는 생산자가 유지하고 있는 기록에 기초하여 산출할 것을 의무로 하고 있음을 밝혔다.

이에 따라, 패널은 조사 당국에게 조사대상 기업의 장부 및 기록을 사용하지 않는 경우 이에 대한 통보를 해야 할 의무가 있는지 여부를 검토했는데, 제2.2.1.1조의 '보통(normally)'의 단어는 조사당국이 동 조의 규칙을 따르지 않을 경우(즉, 조사대상 기업의 장부와 기록 사용을 거절할 경우) 그 이유를 설명할 것을 의미하는 것이라고 하였다. 특히 패널은 반덤핑 협정 제17.6(i)이 패널의 역할이 공평하고 객관적인 당국의 평가가 있었는지를 판단하는 것인데, 만약 그러한 평가가 조사대상 기업의 장부와 기록에 근거하지 않는다면 패널이 동 조의 임무를 완성할 수 없다고 주장했다. 이러한 입장은 US-Tyres 사건의 상소기구가 판시한바 있는데, 동 사건에서 상소기구는, 기록에 나온 증거가 발견된 사실을, 그리고 발견된 사실이 전반적 결론을 어떻게 뒷받침하는지에 대한 합리적이고 적절한 설명을 제공했는지를 패널이 검토해야 한다고 판시한바 있다.

패널은 반덤핑협정 제2.2.1.1조가 생산 비용을 계산하는데 있어 조사대상 기업의 장부와 기록이 일반적으로 검토되나, (i) 해당 자료가 GAAP과 불일치 할 경우와 (ii) 생산과 제품의 판매에 관련된 비용을 적절히 반영하고 있지 않을 경우에는 해당 기록과 장부를 사용하지 않는 이유를 설명하고 이를 사용하지 않을 수 있다고 판단했다. 따라서 패널은 사안이 위 두 가지 예외의 경우에 해당하는지 여부를 검토했다.

중국은 MOFCOM이 Tyson과 Keyston사의 가격이 관련 제품의 생산비용을 정확히 반영하고 있지 않아 이를 참조하지 않았다고 주장했으나, 패널은 이 과정에서 MOFCOM이 이에 대한 근거를 제시하지 않은 위법이 있다고 보았다. 그러나 Pilgram's Pride사의 기록을 사용하지 않은 점에 대해서는, MOFCOM이 해당 사의 자료가 미완성이었고, 이를 정정하기에는 시기적으로 부적절하여서 이를 사용하지 않는다고 밝힌바 있어 제2.2.1.1조를 위반하지 않았다고 판시했다.

나. 제2.2.1.1조 제2문의 자체 할당 방법의 적용

미국은 조사당국이 보고된 비용을 적용하지 않고 대체 할당을 사용할 경우 대체 할당이 적법함을 증명해야 한다고 주장하며, MOFCOM이 사용한 할당은, 생산비용 등을 정확히 반영하지 못해 부적절한 할당이라 주장했다. 이에 대해 패널은, US-Softwood Lumber 사건의 상소기구 판시를 들며, 피소국에 의해 MOFCOM에 제시된 대체 할당방법을 살펴보았을 때 적합해 보이는 할당 방법이 여럿 있었고, 이에 따라 MOFCOM은 이러한 다양한 방법들의 장점들을 비교하여 최적의 할당 방법을 결정했어야 한다고 주장했다. 그러나 중국은 사안의 할당방법을 정함에 있어 이를 선택한 충분한 이유를 제시하지 못했을 뿐 아니라, 이에 따라 모든 생산비용을 모든 제품에 부적절하게 할당한 위법이 있다고 패널은 판시했다.[107]

5. 중국이 보조금 협정 제19.4조 및 GATT 제6.3조를 위반했는지 여부

◇ 보조금 협정 제19.4조

19.4 상계관세는 존재하는 것으로 판정된, 보조금을 지급받고 수출된 상품의 단위당 보조금 지급 기준으로 계산된 보조금 액수를 초과하여 수입품에 부과(Re.51) 되지 아니한다.

(Remark 51) 이 협정에서 사용된 "부과"는 관세 또는 조세의 확정적 또는 최종적인 법적 사정 또는 징수를 의미한다.

◇ GATT 제6.3조

3. 다른 체약당사자의 영토내로 수입되는 체약당사자 영토의 상품에 대하여는, 특정상품의 운송에 대한 특별보조금을 포함하여 원산국 또는 수출국에서 동 상품의 제조, 생산 또는 수출에 대하여 직접적 또는 간접적으로 지급된 것으로 결정된 장려금 또는 보조금의 추산액과 동일한 금액을 초과하여 어떠한 상계관세도 부과되지 아니한다. "상계관세"라는 용어는 상품의 제조, 생산 또는 수출에 대하여 직접적 또는 간접적으로 부여된 장려금 또는 보조금을 상쇄할 목적으로 부과되는 특별관세를 의미하는 것으로 양해한다.

미국은 MOFCOM이 Tyson과 Pilgram's Pride사의 보조금을 지급받고 수출된 상품의 단위당 보조금의 액수를 잘못 계산하여 보조금 협정 제19.4조와 GATT 제

107) 이상 패널보고서, paras. 7.109-198 참조.

6.3조를 위반한 위법이 있다고 주장했다. 특히 미국은, Tyson과 Pilgram's Pride사의 보조금 공식에서 분자에는 非조사대상 제품(non-subject merchandise) 생산의 혜택을 받은 보조금이 포함된 반면, 분모에는 조사대상인 관련 제품의 생산만을 반영하고 있고, 이러한 불균형으로 인해 표면적으로 드러나는 상계관세율이 제공된 보조금보다 높게 나타난다고 주장했다. 이에 따라, 패널은 MOFCOM이 보조금 협정 제19.4조와 GATT 제6.3조에 위반하여 보조금을 지급받고 수출된 상품의 단위당 보조금 지급 기준으로 계산된 보조금 액수를 초과하여 수입품에 상계관세를 적용하였는지를 검토하였다.

패널은 MOFCOM이 생닭의 사료로 쓰이는 옥수수와 콩(미국정부는 닭사료로 쓰이는 옥수수, 콩 등에 보조금을 지급하고 있음)의 구매와 관련된 자료(data set)를 사용하였는지 여부와 문제된 닭고기에 보조금으로 인한 모든 혜택을 할당하였는지를 검토했다. 패널은, MOFCOM이 조사 대상의 범위－생닭, 소시지, 미리 조리된 요리와 같은 특정 닭고기군이 제외됨－를 정확히 알고 있었고, 두 회사가 조사의 대상에 포함되지 않는 닭고기를 사용한 다른 가공 제품을 생산하고 있다는 사실도 알고 있었다고 보았다. 또한 보충 질의응답(Supplemental Questionnaire Responses)을 통해 모든 제품의 생산에 옥수수와 콩이 포함되어 있음을 밝혔기에 MOFCOM은 분쟁의 대상이된 제품에 할당된 보조금 속에 조사의 대상이 아닌 제품에 제공된 보조금 또한 포함하고 있을 가능성에 대해 인지하고 있었다고 판단했다. 그러나 MOFCOM은 자신의 계산이 정확했음을 증명하려면 충돌하는 증거들을 고려하고 증거에 대한 그럴듯한 설명을 했어야 하는데 어떠한 합리적인 설명을 제공하지 않았으므로 MOFCOM이 상계관세가 상품의 단위당 보조금 지급 기준으로 계산된 보조금 액수를 초과하지 않았음을 입증하지 못했고, 결과적으로 보조금 협정 제19.4조 및 GATT 제6.3조를 위반하였다고 판시했다.[108)]

6. 중국이 반덤핑협정 제6.8조 및 부속서 2, 보조금협정 제12.7조를 위반했는지 여부

◇ 반덤핑 협정 제6.8조

6.8 이해당사자가 합리적인 기간 내에 필요한 정보에의 접근을 거부하거나 달리 동 정보를 제공하지 아니하는 경우 또는 조사를 중대하게 방해하는 경우, 입수 가능한 사실에 기초하여 긍정적 또는 부정적인 예비 및 최종판정이 내려질 수

108) 이상 패널보고서, paras. 7.234-266 참조.

있다. 이 항의 적용에 있어서 부속서 2의 규정이 준수된다.

◇ 보조금협정 제12.7조

이해당사회원국 또는 이해당사자가 합리적인 기간 내에 필요한 정보에의 접근을 거부하거나 달리 동 정보를 제공하지 아니하는 경우 또는 조사를 중대하게 방해하는 경우, 입수가능한 사실에 기초하여 긍정적 또는 부정적인 예비 및 최종 판정이 내려질 수 있다.

이해당사자가 정보 제공을 거부 또는 정보에의 접근을 허락하지 않거나 조사를 방해할 경우 조사당국은 입수 가능한 사실(facts available)에 기초하여 최종판정을 내릴 수 있다. 미국은 MOFCOM이 입수 가능한 사실에 기초하여 '기타 기업'에 105.4%의 반덤핑 관세와 30.3%의 상계관세를 부과한 것은 위법이라고 주장했다. 즉, MOFCOM이 관련 기업들에 (i) 조사의 착수를 알리지 않았고, (ii) 정보 제공을 요청한 바 없고, (iii) 정보에의 접근을 허락하지 않을 경우 입수가능한 사실에 기초하여 판정을 할 수 있다는 사실을 알린바 없어 반덤핑협정 제6.8조 및 관련 부속서와 보조금협정 제12.7조를 위반했다고 주장했다. 그리고 MOFCOM의 '기타' 비율은 관련 생산자/수출자에게 '명백히 적대적'이라고 주장했다.

이에 대해 패널은, MOFCOM이 당국 홈페이지에 조사의 착수에 대한 공지를 하였고, 분쟁대상이 될 특정 기업을 식별할 수 없을 경우 공고(public notice)를 이용하여 정보를 요청할 수밖에 없다고 판단했다. 패널은, 만약 미국의 주장처럼 해야 한다면, 미등록 생산자에 대한 적정 반덤핑 관세율을 결정하기 어려워 질 것이고, 생산자/수출업자가 조사에 협조하지 않을 인센티브를 부여하게 되어 결국 반덤핑 관세를 부과할 수 없게 만들 것이라고 판단했다. 그러나 패널은, 부속서 2의 제7호를 언급하며, 조사당국이 2차적 출처로부터의 정보를 기초로 판정을 내릴 경우 '특별히 신중을 기해야 함'을 규정하고 있다는 사실과, 반덤핑 관세율은 기록상 나타난 사실과 논리적 관계가 있어야 한다는 과거의 패널의 판시를 들며 MOFCOM이 '기타' 관세율을 결정하는데 있어 기록상 어떠한 자료를 사용했는지에 대한 설명을 하지 못했다고 판시했다. 또한 30.3%의 상계관세율이 개별 관세율 중 가장 높은 수치인 12.5%와도 어떠한 논리적 연관성이 없으므로 개별 관세율과 기타 관세율을 정하는데 있어 다른 방법에 의존했다고 판단했다. 결국 패널은, MOFCOM이 제6.8조 및 부속서 2와 보조금협정 제12.7조를 위반했다고 판시했다.[109)]

7. 중국이 반덤핑 협정 제3.1조, 3.2조 및 보조금 협정 제15.1조, 15.2조를 위반했는지 여부

미국은 MOFCOM이 (i) 교역의 다른 단계에 있는, 비동질적인 제품군의 평균 단위 가격의 비교를 통해 잘못된 가격에 기초하여 가격 인하를 검토하였고, (ii) 가격억제라는 결론을 잘못된 가격인하 결정에 근거하여 도출했으므로 반덤핑 협정 제3.1조, 3.2조 및 보조금 협정 제15.1조, 15.2조를 위반하였다고 주장했다.

가. 가격인하(Price Undercutting) 관련

미국은 반덤핑 협정 제3.1조 및 제15.1조에 따른 가격의 영향에 대한 객관적인 검토를 하기 위해서는, 조사당국이 정확한 가격 비교를 가능케 하는 국내의 대상 수입가격 자료에 근거해야 한다고 주장했다. 이에 패널은, MOFCOM이 수입회원국의 동종 상품의 가격과 비교하여, 보조금을 받은 수입품으로 인해 상당한 가격인하가 초래되었는지를 판단했는지를 검토하였다. 패널은, 제3.2조와 제15.2조가 비교대상인 가격이 비교할 만한 제품 및 거래와 상응해야 함을 암시하고 있으므로, 비교할 만한 가격이 아니라면, 제3.1조와 15.1조가 규정하는 객관적인 검토가 될 수 없다고 판단했다. 패널은 China-GOES와 China-XRay Equipment의 판정례를 들며, 가격 비교를 위해서는 생산 및 판매비용 등과 같이 비교대상인 제품과 거래의 다양한 요소들을 검토해야 한다고 주장했다. 특히 유통단계에서 각 참가자들에 의한 추가적 비용 및 이익이 포함되는 등 추가적 가격 요소가 포함될 수 있으므로, 가격비교는 교역의 동등한 단계(the same level of trade)에서 이뤄져야 한다고 판시했다. 이에 더해 패널은, 가격을 결정하는 또 다른 근본적 요소는 제품의 물리적 특성으로, 단지 제품들이 '동종상품'이라는 점만으로 가격 비교가 항상 정당화되지는 않는다고 하였다. 즉, 조사 대상 제품이 동질적이지 않다면, 조사당국은 해당 제품들이 충분히 유사하여 가격의 차이가 '가격 인하'를 나타내는 것임에 대한 충분한 설명을 제공해야 한다는 것이다.

MOFCOM이 동등한 단계에서 가격비교를 했는지 여부에 대해서 패널은, MOFCOM이 사용한 두 가지 형태의 가격비교－수입가격의 경우 c.i.f. 기준을, 국내가격의 경우 ex works 기준을 사용한 것－는 동등한 단계의 비교가 아니지만, MOFCOM이 수입가격에 상응하도록 국내가격에 가격할증(mark-up)을 더했어야 한

109) 이상 패널보고서, paras. 7.267-323 참조.

다고 보지 않았다. 즉, 두 가격기준 모두 수입국의 '첫'구매자가 구입결정(직접 수입하거나 국내 생산자로부터 구매할지 여부)을 내리기 위해 기초하는 가격을 반영하고 있으므로 교역의 동등한 단계라고 할 수 있어 MOFCOM이 동 요건을 위반하지 않았다고 판시했다.

제품군과 관련해서는, 두 당사국은 미국산 수입품은 주로 닭발, 날개, 다리로 한정된 반면, 중국내 생산자들이 생산한 닭의 경우 모든 부위의 닭이 포함되어 있음에 동의했다. 이에 대해, MOFCOM은 중국시장에서 닭발의 경우는 고가이고 닭가슴의 경우는 저렴하기에 당국이 사용한 계산 방법은 가격 인하의 범위를 축소하고 있다고 주장했다. 즉, 수입측 가격은 대부분 고가 상품들로 구성된 반면 국내상품의 경우 저가 상품들로 구성되어 있으므로 이는 '가격 인하'의 폭을 줄여주므로 제3.2조 및 제15.2조 위반이 아니라고 주장했다. 그러나 패널은, 이러한 중국의 주장을 기각하며, MOFCOM이 제품군이 다른 사실을 알고 있었고 이로 인해 가격 비교가 영향을 받을 것임을 예견할 수 있었으므로 이러한 제품의 물리적 특성의 차이에 대한 아무런 조치를 취하지 않고 가격비교를 한 것은 반덤핑 협정 제3.1조, 3.2조 및 보조금 협정 제15.1조, 15.2조를 위반하였다고 판시했다.

나. 가격억제(Price Suppression) 관련

패널은 가격억제와 관련된 결정이 물량 및 시장점유 효과에 기반한 가격인하 결정과 독립적으로 주장될 수 있는지를 검토했다. 이에 패널은, China-GOES 사건의 패널의 판시를 들며, 동 판시에서처럼 MOFCOM의 가격인하 결정과, 가격억제를 유발하는 물량 및 시장 점유 효과를 분리할 수 없다고 판시했다. 즉, 가격인하에 대한 결정이 위법이라고 판정된 상황에서 가격억제 관련 주장도 반덤핑 협정 제3.1조, 3.2조 및 보조금 협정 제15.1조, 15.2조를 위반하였다는 것이다.[110)]

8. 중국이 반덤핑 협정 제12.2조, 제12.2.2조 및 보조금 협정 제22.3조, 제22.5조를 위반했는지 여부

◇ 반덤핑 협정 제12.2조, 제12.2.2조

12.2 모든 긍정적 또는 부정적인 예비 혹은 최종판정, 제8조에 따른 가격약속을 수락하는 모든 결정, 이러한 가격약속의 종결 및 확정적 반덤핑관세의 종료를

110) 이상 패널보고서, paras. 7.370-513 참조.

공고한다. 이러한 개별 공고는 조사당국이 중요하다고 간주하는 모든 사실 및 법과 관련된 문제에 관하여 도달한 조사결과 및 결론을 충분히 상세하게 명시하거나, 달리 별도의 보고서를 통해 이를 입수 가능하도록 한다. 이러한 모든 공고 및 보고서는 이러한 판정 또는 가격약속의 대상이 되는 상품을 생산하는 회원국 및 이에 대해 이해관계를 갖고 있는 것으로 알려진 다른 이해당사자에게 전달된다.

12.2.2 확정관세의 부과를 규정하는 긍정적 판정 또는 가격약속의 수락의 경우 조사의 종결 또는 중지의 공고는 최종적인 조치의 부과 또는 가격약속의 수락에 이르게 한 사실과 법에 관계된 사항 및 이유에 대한 모든 관련 정보를 포함하거나 별도의 보고서를 통해 입수가 가능하도록 한다. 또 이 경우 비밀정보 보호요건에 대해 적절한 고려를 한다. 특히 이러한 공고 또는 보고서는 수출자나 수입자의 관련 논거 또는 주장이 받아들여졌거나 거부된 이유뿐 아니라 제2항제1호에 기술된 정보들과 제6조제10항제2호에 따른 모든 결정의 근거를 포함한다.

◇ 보조금 협정 제22.3조, 제22.5조

22.3 긍정적 또는 부정적인 모든 예비 또는 최종판정, 제18조에 따른 약속을 수락하는 모든 결정, 이러한 약속의 종료 및 확정 상계관세의 종료는 공고된다. 이러한 개별 공고는 조사당국이 중요하다고 간주하는 모든 사실 및 법률과 관련된 문제에 관하여 도달한 조사결과 및 결론을 충분히 자세하게 명시하거나, 달리 별도의 보고서를 통하여 이를 입수가능하도록 한다. 이러한 모든 공고 및 보고서는 이러한 판정 또는 약속의 대상이 되는 상품의 생산회원국 및 이에 대해 이해관계가 있다고 알려진 이해당사자에게 송부된다.

22.5 확정관세의 부과를 규정하는 긍정적 판정이나 약속의 수락의 경우 조사의 종결 또는 정지의 공고는 비밀정보 보호요건을 적절히 고려하여, 최종조치의 부과 또는 약속의 수락으로 이르게 한 사실과 법률사항 및 이유에 따라 모든 적절한 정보를 포함하거나 달리 별도의 보고서를 통하여 입수가능하도록 한다. 특히 이러한 공고 또는 보고서는 제4항에 기술된 정보와, 이해당사회원국 및 수출자와 수입자에 의하여 제기된 관련 논거 또는 주장의 수용 또는 거부의 이유를 포함한다.

미국은 MOFCOM이 최종 결정에서 USAPEEC가 제시한 주장－(i) 비조사대상 수입의 희생 하에 조사대상 수입이 증가하였기 때문에, 조사대상 수입과 국내산업에의 부정적 영향간의 인과관계가 없고, (ii) 수입의 40% 이상이 닭발을 포함하고 있는데, 이는 중국 생산자들이 적합한 양으로 제공하는 것이 불가능하기 때문에 관련 수입이 국내 산업에 부정적 영향을 미칠 수 없다－에 대해 답하지 않았으므로 제12.2조, 제12.2.2조 및 보조금 협정 제22.3조, 제22.5조를 위반했다고 주장했다. 그러나 패널은, (i)에 대해서는 미국측 주장을 검토하지 않은 이유를 MOFCOM 제시하였으나, (ii)와 관련해서는 중국 생산자들이 닭발을 적합한 양으로 제공하는게 불가능하다는 미국의 주장을 받아들이지 않은 이유를 제시하지 않아 중국이 반덤핑 협정 제12.2조, 제12.2.2조 및 보조금 협정 제22.3조, 제22.5조를 위반했다고 판시했다.[111)]

Ⅳ. 해설 및 평가

중-미 WTO 닭고기 분쟁은 무역구제 조사 절차의 투명성 문제가 핵심사안인 대표적인 사례라는 점에서 중요한 시사점을 제시하고 있다. 즉, 반덤핑·상계관세 부과 결정에 관련된 불투명한 조사 절차 자체가 분쟁 사안이 되어 패소로 연결될 수 있음을 보여주고 있는 것이다.

우선, 최대 쟁점이었던, 구성가격 도출시의 비용할당에 관해 살펴본다. 닭고기와 같이 대상제품이 여러 개의 구성품(절단육, 닭날개, 내장, 닭발 등)으로 나뉘어서 수입되고 판매될 수 있는 제품에 대해 구성가격에 의해 정상가를 도출하는 경우, 각종 비용(costs)을 어떻게 각 구성품에 합리적으로 할당해야 하는지를 보여주는 사례이다. 특히 닭발의 경우, 미국 내에서는 거의 판매되지 않는 무가치한 제품이나 중국에서는 다른 부위에 비해 고가로 판매되는 상품이다. 미국 내에서의 닭발 생산비용을 추론해낼 때, 미국의 수출자들은 해당제품의 미국 내에서의 가치를 기준으로 비용을 할당해야 한다고 주장했다. 즉 닭발의 가치는 적으므로 닭고기가 초래하는 총비용에서 닭발에 할당되는 부분도 적어야 하므로, 닭발의 정상가도 그만큼 낮아져야 한다는 논리였다. 이에 대해, MOFCOM은 닭의 부분품들의 비중(weight)을 기준으로 비용도 할당해야 한다는 입장을 취했다. 즉, 닭발도 일정한 무게가 나가므로 그만큼 정상가도 부여되게 되므로, 결국 닭발의 덤핑 마진도 상대적으로 높게 도출되게 되는 것이다. MOFCOM은 이러한 논리를 관철하기 위해 닭고기 수출업자들이 실제로 지니고 있던 회계장부상의 기록들을 무시하고, 스스로의 계산방식을 적용해서 닭발에 대한 덤핑판정을 내리는데 성공했던 것이다.

이렇게 구성가격을 사용해 비용을 할당하는 경우는 조사당국이 상당한 자의성을 발휘해 덤핑마진을 부풀릴 수 있으므로, 우리제품이 중국을 비롯한 해외에서 이런 식으로 규제에 직면하는 경우, 그 부당성을 적극적으로 지적해야 한다.

---

111) 이상 패널보고서, paras. 7.440-607 참조.

즉, 조사대상 수출자 또는 생산자가 유지하고 있는 기록에 기초하지 않고 조사당국이 비용을 할당하는 경우, 조사 당국에게 조사대상 기업의 장부 및 기록을 사용하지 않는 근거에 대한 설명의무가 있으므로, 이러한 근거를 제시하도록 요구해야 한다. 또한, 여러 할당 방법들이 있는 경우, 이러한 다양한 방법들의 장점들을 비교하여 최적의 할당 방법을 결정해야할 의무가 조사당국에 있으므로, 그렇지 못한 경우 그 위법성을 지적해야 한다. 미국도 이러한 문제점을 중국측에 적극적으로 제시하여, 중국 MOFCOM이 비용 할당방법을 정함에 있어 비중 기준을 선택한 충분한 이유를 제시하지 못했을 뿐 아니라, 이에 따라 모든 생산비용을 모든 제품에 부적절하게 할당한 위법이 있다는 판결을 받아낸 것이다.

둘째, 공청회 기회 부여와 관련, 이해관계자들의 상반된 이해와 관련한 조사시 당사국 정부가 참여를 요청하는 경우, 이러한 참여를 보장해 주어야 한다. 단순히 당사국의 의견을 별도로 청취하는 것이 아니고, 이해관계자간의 회합에서 발언할 수 있도록 조치해야 함을 주의해야 한다.

셋째, 무역구제 조사시 비밀정보에 대한 처리와 관련, 조사당국은 청원자에게 반덤핑 및 상계관세 조사에 있어 공개가능한(non-confidential) 요약문을 제공하도록 요청해야 함을 주의해야 한다. 즉, 공개가능 요약문은 비밀 정보를 제공하는 당사자에 의해 제공되어야 하는 것이지, 조사 당국이 임의로 작성하는 것이 아니다.

넷째, 조사당국은 조치 결정과 관련된 핵심적 고려사항을 공개해야 한다. 덤핑 마진의 존재와 관련하여, (i) 정상가격의 결정(구성가격 포함), (ii) 수출 가격의 결정, (iii) 정상가격과 수출가격간의 비교에 사용된 판매량, (iv) 가격 비교에 영향을 미칠 수 있는 차이의 조정, (v) 관련 자료에 사용된 공식에 대한 자료를 반드시 공개해야 함을 잊지 말아야 한다.

다섯째, 산업피해 조사시 가격에 대한 영향을 평가할 때, 수입회원국의 동종상품의 가격과 비교하여, 덤핑되거나 보조금을 받은 수입품으로 인해 상당한 가격인하가 초래되었는지를 판단해야 한다. 이때, 단지 제품들이 '동종상품'이라는 점만으로 가격 비교가 항상 정당화되지는 않음을 주의해야 한다. 즉, 조사 대상 제품이 동종상품이라도 동질적이지 않다면, 조사당국은 해당 제품들이 충분히 유사하여 가격의 차이가 '가격 인하'를 나타내는 것임에 대한 충분한 설명을 제공해야 하는 것이다. 아울러, 가격비교는 교역의 동등한 단계에서 이뤄져야 하고, 당국이 제품군이 다른 사실을 알고 있었고 이로 인해 가격 비교가 영향을 받을 것임을 예견할 수 있는 경우, 이를 감안해서 가격비교를 해야 한다.

우리나라는 2012년 말(1995년부터 누적) 반덤핑 조사 기준으로 113건의 제소(세계 10위)와 303건의 피제소(세계 2위)를 기록하는 등 무역구제 제도에 중국 다음으로 조사를 많이 받은 나라이다. 따라서 이상과 같은 요소들을 조사당국이 모두 지키는 지를 예의주시하여 그렇지 않은 경우 적극적으로 우리기업의 국제법적 권리를 보호해나가야 할 것이다.

반대로 우리 조사당국도 무역구제 조치 조사를 정당한 절차에 의거 투명하게 진행함으로써 불필요한 통상분쟁의 빌미를 제공하지 않도록 유의해야 할 것이다. 이런 의미에서 중국 닭고기 분쟁은 타산지석의 교훈을 제공해준다.

〈 WTO 분쟁해결 일지 〉

2011.12.8. 미국, 패널 설치 요청
2012.1.20. 패널 설치
2012.5.24. 패널 구성
2013.5.8. 잠정보고서 발간
2013.6.25. 최종보고서 발간
2013.8.2. 최종보고서 회람
2013.9.25. 패널 보고서 채택

제11장 미국-면화 보조금 이행 분쟁

(US-SUBSIDIES ON UPLAND COTTON, RECOURSE TO ARTICLE 21.5 OF THE DSU BY BRAZIL) (WT/DS267/RW, WT/DS267/AB/RW)

< 요 약 >

미국 면화 보조금 원분쟁의 2005년 WTO판정에서 브라질은 미국의 면화에 대한 각종 보조가 농업협정상 용인되지 않는 국내보조이며, 보조금협정을 위반하는 수출보조금·수입 대체 보조금임을 판정하였다. 이에 따라 미국은 수출신용 보증 프로그램은 개정하고 소비자 마케팅 직불금 프로그램을 폐지하는 대신, 제소가능 보조금으로 판정받은 마케팅 융자금 지불과 경기변화 대응 지불금 프로그램은 그대로 유지하는 정치적 선택을 감행했다. 이에 브라질은 DSU 제21.5조에 의거하여 미국의 WTO패널 판정 이행행위의 적법성 심사를 요청하였는바, 미국이 개정한 프로그램과 일부 이슈에 대해 아무런 개정조치를 취하지 않는 부작위 조치가 패널판정과 DSB의 권고를 이행하지 않은 위법이 있다고 주장했다. 미국측의 대응 논리는 가장 문제시된 수출보조금을 중지한데 따른 긍정적 효과가 발생했고, 마케팅론과 경기변화 대응 지불금 제도도 면화 가격 억제효과가 더 이상 없으므로 부정적 효과는 제거된 것이므로 이 두 프로그램을 그대로 유지하더라도 원 WTO패널 판정을 이행하는데 문제가 없다는 것이었다. 이에 대해, 원 판정의 승소국인 브라질은 미국의 마케팅 융자금 지불과 경기변화 대응 지불금 프로그램으로 인해 세계시장에서의 면화가격이 억제(price suppression)되고 있음을 입증함으로써 부정적 효과가 지속되고 있으므로, 미국이 제소가능 보조금의 부정적 효과를 제거할 의무를 준수하지 않았음을 반박했다. 아울러 수정된 수출신용 프로그램도 수출보조금 감축 및 금지의무를 우회한 것임을 주장했다. 이러한 브라질의 논리는 대부분 패널과 상소기구에 의해 수용되어 미국이 최종적으로 이행부적합 판정을 받기에 이르렀다.

제소가능 보조금 사건에서 패소한 경우에는 보조금이 야기하는 부정적 효과를 제거해야 하는 의무가 발생하는데, 가장 확실한 방법은 해당 보조금을 폐지하는 것이나, 그것이 정치적으로 어려운 상황에서는 부정적 효과 제거를 위한 조치를 취해야 한다. 이 때, 그러한 보조금이 없었더라면 해당제품의 가격이 어느 수준에서 형성되는지를 시뮬레이션해 보고, 최소한 그러한 가격이 유지되도록 보조금 프로그램을 조정해주어야 한다. 즉, 보조금 지급 시기를 조정하던지, 아니면 규모를 축소조정하거나, 간접적 연구개발비 지원형태로 전환하는 등의 다양한 방식을 동원할 수 있을 것이다. 그렇지 않고 패소판정을 받은 보조금 제도를 그대로 유지하는 경우에는, 미국 면화분쟁이 보듯이 가격에 대한 억제효과가 없다는 입증을 이행책임이 있는 측이 명확하게 제시하지 못하는 한, 이행부적합 판정이 내려지는 것을 피할 수 없게 된다.

Ⅰ. 사건개요 및 사실관계

2005년 3월 21일, WTO 분쟁해결기구(DSB: Dispute Settlement Body)는 원 US-Cotton Subsidies 분쟁의 패널 및 상소기구 보고서를 채택했다. 원 분쟁에서 브라질은 미국의 농업(특히 면화부문)에 대한 각종 보조가 농업협정상 용인되지 않는 국내보조이며, 보조금협정을 위반하는 수출보조금·수입 대체 보조금이라며 WTO에 제소하였고, 패널 및 상소기구는 브라질의 손을 들어 주었다.

이에 따라 미국은 농업협정에 위반된다고 판시된 자국의 조치를 WTO에 합치하도록 수정할 의무를 부여받았다. 보조금 협정 제3.1(a)조와 제3.2조 위반이라고 판시된 조치와 관련해서는 2005년 7월 1일까지 문제된 조치를 이행해야 하고, SCM 협정 제6.3(c)조에 따라 '가격 억제'를 야기하는 조치와 동협정 제5(c)조에 따라 '심각한 손상'(serious prejudice)을 야기한다고 판정된 조치에 대해서는 2005년 9월 21일까지 WTO에 합치하는 방식으로 이행할 것을 요구 받았다.

미국은 2006년 8월 1일 'upland cotton'에 대한 소비자 마케팅 직불금(Step 2) 프로그램을 폐지하는 법안을 통과시켰고, 수출신용 보증 프로그램은 개정하거나 더 이상 적용하지 않도록 했다. 그러나 마케팅 융자금 지불(marketing loan payment)과 경기변화 대응 지불금(counter-cyclical payment)에 대해서는 아무런 수정조치를 취하지 않았다.

이에 브라질은 DSU 제21.5조에 의거하여 미국의 WTO패널 판정 이행행위의 적법성 심사를 요청하였는바, 미국이 개정한 프로그램과 일부 이슈에 대해 아무런 개정조치를 취하지 않은 부작위 조치가 패널판정과 DSB의 권고를 이행하지 않은 위법이 있다고 주장하며 2006년 8월 19일 중재 패널의 설치를 요청하기에 이르렀다.[112)]

112) 이상 WT/DS267/RW(패널보고서), paras. 2.1-316 참조.

Ⅱ. 주요쟁점 및 당사국 주장

1. 주요쟁점

브라질은 미국이 SCM협정 제3.1(a)조, 제3.2조, 제5(c)조, 제6.3(c)와 (d)조 및 농업협정 제10.1조 및 8조를 위반하였다고 주장했다. 이하에서는 패널과 상소기구 모두에서 문제되었던 SCM 제5(c)조, 제6.3(c) 및 농업협정 제10.1조 및 8조와 관련된 쟁점들을 검토한다.

2. 당사국 주장

가. 제소국 브라질의 주장

① SCM 제5(c)조, 제6.3(c)조 관련

브라질은 미국이 Step 2 지불제도를 폐지했음에도 불구하고 '현재의' 심각한 손상이 제거되지 않고 있는데, 이것은 가격연계(price contingent) 보조금이 계속 시행되어 SCM 제5조 및 제6조를 위반하고 있기 때문이라고 하였다. 즉, 마케팅론(marketing loan)과 경기변화 대응(counter-cyclical) 직불제도가 상당한 가격 억제효과를 발생시키고 upland cotton의 세계시장 점유율을 증가시키고 있다는 것이다.

② 농업협정 제10.1조, 제8조 및 SCM 협정 제3.1(a)조, 제3.2조 관련

브라질은 미국이 수출 신용 보증("GSM 102" 프로그램)의 형태로 금지 보조금을 제공하고 있고 이는 농업협정 상의 미국의 수출 보조금 약속을 우회하는 것이라고 주장했다. 그리고 미국의 GSM 102 수출 신용 보증이 농업협정을 위반하고 있으므로 SCM협정 제3.1(a)조, 제3.2조도 동시에 위반하는 것이라 주장했다. 특히 브라질은 미국의 수출보조금 비양허 품목과 수출 보조금 감축 대상인 세 가지 양허 품목이 적용되는 범위에서, 위와 같은 위반이 있다고 주장했다.

나. 피소국 미국의 주장

미국은 조치의 구조와 설계를 고려할 때 해당 조치 하의 지불이 사실상 생산에 영향을 미치는지와 그러한 영향이 현재 가격 억제에 어느 정도의 영향을 미치는지가 중요하고, 브라질이 제시한 증거와 분석에는 모순(중국의 면화 교역량을 분석에 고려하지 않은 점 및 브라질이 제시한 시뮬레이션 모델의 오류 등)이 있고, 미국이 제공하는 보조금은 가격 억제 효과를 초래하지 않는다고 주장했다.

Ⅲ. 패널 및 상소기구 보고서 요지

1. 미국이 SCM 협정 제5(c)조, 제6.3(c)조를 위반했는지 여부

가. 패널 보고서 요지

브라질은 마케팅론(marketing loan)과 경기변화 대응(counter-cyclical) 직불제도가 SCM 제6.3(c)조의 '현저한 가격인하'를 가져오고 미국의 이행조치가 이를 제거하지 못했다고 주장했다. 이에 대해 패널은 동 조항의 분석을 위해 다음과 같은 여러 쟁점들을 검토했다.

> ◇ 보조금 및 상계조치에 관한 협정(SCM 협정)
> 제5조 부정적 효과
> 어떤 회원국도 제1조 제1항 및 제2항에 언급된 보조금의 사용을 통하여 다른 회원국의 이익에 아래와 같은 부정적 효과를 초래해서는 아니된다. 즉,
> (c). 다른 회원국의 이익에 대한 심각한 손상(FN 13)
> (FN 13) "다른 회원국의 이익에 대한 심각한 손상"이라는 용어는 1994년도 GATT 제16조제1항에서 사용된 의미와 동일하게 사용되며, 심각한 손상의 우려를 포함한다. 이 조는 농업에관한협정 제13조에 규정된 바에 따라 농산물에 대하여 유지되는 보조금에는 적용되지 아니한다.
> 제6조 심각한 손상
> 6.3 아래 사항중 하나 또는 그 이상이 적용되는 경우, 제5조다항의 의미의 심각한 손상이 발생할 수 있다.
> (c). 보조금으로 인하여 동일시장에서 다른 회원국의 동종 상품의 가격에 비해 보조금 혜택을 받은 상품의 현저한 가격인하, 또는 동일시장에서의 현저한 가격인상 억제, 가격하락 또는 판매감소를 초래하는 효과가 발생하는 경우

① 미국의 면화 생산과 수출의 '상당한 비례적인 영향(Substantial Proportionate Influence)'

브라질은 미국의 'upland cotton' 생산과 수출은 세계 면화 시장에서 면화의 가격에 계속해서 '상당한 비례적인 영향'을 미치고 있다고 주장했다. 패널은 원 분

쟁에서 패널이 미국의 면화 생산의 '상당한 비례적인 영향력'이 보조금과 현저한 가격억제간의 관계를 보여준다고 판시했고 상소기구가 이를 지지했음을 언급했다. 그리하여 패널은 현재의 상황도 원 분쟁의 상황과 다르지 않으므로 미국의 면화 생산자들에 대한 위와 같은 보조금이 세계 시장에서 면화가격의 현저한 가격인상 억제를 불러일으킨다고 판시했다.

② 마케팅론과 경기변화 대응 직불제도의 설계, 구조 및 운영

브라질은 마케팅론과 경기변화 대응 직불제도의 설계, 구조 및 운영이 미국 면화 생산과 수출을 자극하고 미국 생산자들을 국제시장으로부터 보호하고 있다고 주장했다. 브라질은 2004년과 2005년의 마케팅론의 규모, 문제된 관련 법 규정이 개정되지 않은 점, 원 판결에서의 경제적 연구들의 결론, 2002~2005년 동안 조정가격(adjusted price)이 마케팅론 지불가격 이하였던 점을 증거로 들었다. 패널은 이에 대해 "마케팅론 지불금과 경기대응 지불의 설계, 구조, 운영이 '현재' 면화시장 가격인상의 현저한 억제를 불러일으키는데 영향을 미치는지를 검토할 필요가 있다"고 하였다. 그리고 패널은 문제시된 마케팅 론과 경기변화 대응 지불이 원 판결에서의 것과 동일하다고 보았다.

브라질은 또한 최근의 보조금 규모를 문제 삼았는데, 미국은 이에 대해 조치의 구조와 설계를 고려할 때 이러한 조치 하의 지불이 사실상 생산에 영향을 미치는지와 그러한 영향이 현재 가격 억제에 어느 정도의 영향을 미치는지가 중요한 점이라고 하였는데, 패널은 이러한 미국의 반박은 원 분쟁에서 기각되었음을 상기시켰다.

마케팅론과 관련하여, 면화생산자들의 의사결정 단계에서의 기대 시장 가격이 정부의 마케팅론 지불가격보다 높다면, 생산자들의 면화 재배(planting) 계획에 단지 '미미한 영향'만을 미친다는 미국의 주장에 대해 판단했다. 이에 대해 패널은 미국 면화 생산자들이 세계 시장가격이 마케팅론 가격보다 낮다면 마케팅론 지불을 받는 효과가 발생할 것임을 아는 것 자체만으로 면화 생산에 계속적인 영향을 미친다고 판단했다.

경기변화 대응 직불제도의 설계, 구조, 운영과 관련하여, 패널은 양 당사자가 (1) 미국이 주장한 최근의 연구가 경기대응 지불이 무역왜곡 효과를 지니고 있다는 브라질의 주장과 모순되는지 여부와 (2) 미국 면화 재배자와 생산자간의 강한 긍정적(positive) 관계의 존재로 인해 경기대응 지불이 생산에 상당한 영향을 미치는지 여부에 대해 의견을 달리하고 있음을 밝혔다.

이에 대해, 패널은 관련 연구들을 참조한 후, 경기대응 지불이 가격 변동성의 위험을 줄임으로써 생산에 영향을 미칠 수 있다는 브라질의 주장에 동의했다. 즉, 보조금을 지불받는 'upland cotton' 생산지 소유자와 면화 생산자간의 유의미한 상관관계의 존재는 명백한데, 이는 경기대응 지불이 그것이 없었을 경우보다 생산지의 에이커(acreage)와 생산량을 높은 수준으로 유지하는 경향을 보이는데서 알 수 있기 때문이라 하였다.

결국 패널은 마케팅론과 경기대응 지불이 그것 자체의 시장가격 연동적 특성과 농가수입 안정화 효과 때문에 미국의 면화 생산지와 생산에 영향을 미치고 있음을 확인하고, 원패널이 시장가격이 낮을 경우 미국 면화 생산자들의 수입을 보호해주는 역할을 하고 있다고 판시한 점에 동의했다.

③ 마케팅론과 경기대응 지불의 "거대 규모"

브라질은 비록 미국의 Step 2 지불이 철폐되었지만, 마케팅론과 경기대응 지불의 많은 부분이 여전히 존재하고 있고, 이로 인해 두 보조금과 세계 면화 시장의 가격 억제간의 연관성이 계속 존속한다고 주장했다. 패널은 관련 자료를 분석한 후, 2005년 마케팅론과 경기대응 지불이 2002년도의 수치보다 높았고, 심지어 2005년도의 수치는 원 분쟁에서 문제가 된 모든 보조금을 합한 수치보다 높았음을 밝혔다. 그리고 수입에서 이러한 보조금이 차지하는 비중이 2004년 35%에서 2005년 27%였고, 2006년 동 비중이 감소했음에도 불구하고, 이러한 보조금과 다른 요소들을 결합하여 본다면 마케팅론과 경기대응 지불은 상당한 가격 상승 억제효과를 야기하고 있다고 판시했다.

④ 높은 보조금 수준과 많은 양의 재배면적(Planted Acreage), 생산 및 수출간의 상관관계

브라질은, MY 2002~2005년 동안, 큰 규모의 면화 재배면적, 생산 및 수출이

미국 보조금과 밀접한 연관관계를 보이고 있고, 이는 마케팅론과 경기대응 지불이 미국 면화 생산자들을 시장 가격으로부터 보호하고 있기 때문이라 하였다. 이에 대해, 미국은 미국 면화의 세계의 생산량에서 차지하는 비율이 대체로 일정한 바, 이것은 미국의 생산이 다른 나라들에서의 생산과 유사하게 증감하기 때문이라고 설명했다. 패널은 이러한 미국의 주장에는 동의하나, 미국의 생산량과 수출량이 안정적이라 하여 미국 생산자들에게 보조가 없다는 것을 의미하지는 않는다고 판시했다.

⑤ **장기 생산비용과 시장 수입 간의 차이(Gap)**

브라질은 총 장기 생산비용과 미국 면화 생산자의 시장 수입간의 차이가 증가하는 이유는, 대부분의 미국 면화 생산이 마케팅론과 경기대응 지불 없이는 경제적으로 실행가능하지 않기 때문이라고 주장했다. 이에 대해 미국은, 브라질의 생산비용관련 분석은 모순이 있고 미국이 제시한 증거는 위와 같은 보조금에 가격 억제 효과가 없음을 보여주고 있다고 주장했다.

이에 대해, 패널은 가변비용 또는 총비용이 사용되어야 하는지 여부, 농장에서 드는 전체(whole-farm) 비용 또는 수입 대비 면화-특정(cotton specific) 비용이 사용되어야 하는지 여부, 대지, 무급 노동, 자본 회수 비용 및 기회비용이 고려되어야 하는지 여부를 검토했다. 패널은 총 장기 생산비용과 미국 면화 생산자의 시장 수입간의 차이가 존재하고 있음을 확인하고, 이를 마케팅론과 경기대응 지불의 규모 및 미국 면화 생산자들에 대한 중요성과 관련하여 볼 때 이러한 보조금들은 미국 면화 생산의 경제적 자립성에 영향을 미치는 중요한 요소가 된다고 판단했다. 즉, 이러한 보조금이 없다면 미국 면화 생산량이 훨씬 적었을 것이라 본 것이다.

⑥ **브라질에 의해 제출된 경제 시뮬레이션 모델**

브라질은 미국의 보조금이 세계 면화 시장에 미치는 영향을 예측하기 위한 경제 시뮬레이션을 제출하였는데, 이는 로그 차이(log difference)로 표시되는 수요와 공급 모델로, 미국의 보조금이 제공될 경우 최초 균형점으로부터의 변화율을 측정하는 것이다. 그리고 보조금 존재 하에 국제가격의 변화량, 미국과 나머지 국가들에서의 각각의 면화 생산량, 수출/수입량을 예측한다. 이에 대해, 패널은 미국의 보조금 제공이 중단되면 어느 정도의 규모로 세계 가격이 상승할지를 예측할 입장에 있지는 않으나, 양 당사자에 의해 제공된 시뮬레이션 모두는 미국의 보조금이 미국 면화 생산과 수출을 늘렸고 이에 따라 세계 가격 상승을 억제했음을 보여주고 있다고 판시했다.

⑦ **Step 2 지불 폐지의 효과**

브라질은 미국이 비록 Step 2 프로그램을 2006년 8월 1일 폐지했지만, 이러한 폐지는 마케팅론/경기대응 지불과 가격 억제간의 인과관계를 제거하지 못했다고 주장했다. 그리고 이에 대한 근거로 미국 면화 생산자들이 2006년에 Step 2 지불이 폐지될 것임을 알고 있었음에도, MY 2006년의 식부면적이 MY 2005년도보다 7%나 더 높았다는 점을 들었다. 브라질은 이러한 Step 2지불의 철폐가 경기변화 대응 지불을 오히려 높여 미국 국내 가격을 낮추는 등 부정적인 영향을 증가시킨다고 주장했다. 이에 대해, 패널은 미국이 제출한 2007년도 증거가 미국의 생산과 수출의 상당한 감소를 시사하고 있음을 인정했다. 그러나 표본이 매우 짧은 기간인 점, 보조금의 매우 낮은 비율만 폐지된 점을 들어 Step 2 지불의 폐지로 인한 수출 감소율이 얼마나 되는지에 대해 확신할 수 없다고 판단했다. 이후 패널은 Step 2 지불의 제거가 마케팅론과 경기변동 대응 지불에 미치는 '간접적 효과'를 검토했는데, 마케팅론의 증가와 경기대응 지불의 감소는 동시에 일어남을 확인했다. 그리하여 패널은 이러한 변화는 서로 역행하고 있는데, 마케팅론과 경기대응 지불의 상대적으로 적은 변화를 고려할 때, 미국 생산과 수출에의 간접적 영향이 매우 미미하다고 판시했다.

⑧ 국제 시장 가격에 영향을 주는 다른 요소들

미국은 중국의 면화 교역량을 고려하지 않은 브라질의 주장은 이유가 없다며 반박했다. 이에 대해, 패널은 원인결과를 분석할 때 '문제된 보조금 가격에 다른 요소의 영향이 부적절하게 미치는지'를 검토할 필요가 있으나, 동 사건에서는 'but for' 접근법을 취하고 있으므로 면화의 세계 시장 가격에 영향을 미치는 다른 요소들을 종합적으로 고려할 필요는 없다고 판시했다. 즉 동 사안에서는 미국의 마케팅론과 경기대응 보조금이 '없었다면' 세계 시장 가격이 상당히 증가했는지를 검토하는 것이 필요하다고 하였다. 그리하여 중국이 비록 면화 생산에서 큰 역할을 차지하고 있으나, 이러한 사실은 면화에 대한 세계시장에서 미국 보조금의 상당한 영향력을 감소시키지 않는다고 판시했다.

〈패널의 결론 요지〉

- 총 면화 생산량과 수출량에서 미국이 차지하는 비율을 고려해 볼 때, 미국은 세계 면화 시장에서 상당한 영향력을 미치고 있다.
- 마케팅론과 경기대응 지불은 가격 연동적 성격과 수입 안정화 효과로 인해 미국의 재배면적, 생산 및 수출을 증가시키고, 미국 면화 생산자들의 수입을 보조해준다.
- 미국 면화 생산의 총생산비용과 시장수입 간의 중대한 차이가 존재한다.
- 면화 교역에 있어 중국의 역할은 보조금과 이로 인한 상당한 가격억제의 관계를 약화시키지 않는다.

- 미국의 Step 2 보조금 폐지는 동 사건 보조금의 가격 억제적 효과에 영향을 주지 않는다.

위와 같은 결론 하에 패널은, 2002 FSRI에 따라 미국이 면화 생산자에게 마케팅론과 경기대응 지불을 제공한 것은 SCM 제6.3(c)의 '현저한 가격인상 억제'를 구성하여 다른 회원국에 심각한 손상을 주어 SCM 제5(c)조 및 제6.3(c)조의 제소가능 보조금의 요건을 충족한다고 판시했다.113)

나. 상소기구 보고서 요지

미국은 패널의 위와 같은 판시가 DSU 제11조에 따른 '객관적인 평가'에 기반하지 않은 오류가 있다고 주장했다. 이에 대해, 상소기구는 우선 '가격 인하'와 '가격억제'의 차이점을 검토했는데, 전자의 경우 가격이 하락하는 것을 '관찰할 수 있는' 경우인 반면, 후자의 경우는, '조건법적 서술(counterfactual)'이 실제가격과 가격이 '달랐을 경우(would have been)'에 대한 비교에 활용되어야 할 경우임을 강조했다. 즉, 보조금이 없었더라면 가격이 더 상승했을지, 실제보다 더욱 상승했을지를 판단해야 함을 상기하며 다음의 사항과 관련된 패널의 판시에 대해 검토했다.

① 인과관계 및 불귀속(Non-attribution)

미국은 패널이 중국의 세계 면화시장 가격에의 영향과 같은 다른 요소들을 고려하지 않아 SCM 제6.3(c)조에 따른 적법한 불귀속 분석을 하지 않은 위법이 있다고 주장했다. 이에 대해, 상소기구는 패널이 'but for'접근법을 취했고 이러한 접근은 분쟁의 조건법적 서술(counterfacutal)의 특성과 제6.3(c)조를 고려할 때 허용되고 있다고 보았다. 비록 동 조에 따라 패널이 보조금과 가격 억제간의 '진정하고 상당한 관계'를 다른 요소가 희석시키지 않는지 검토할 필요가 있었지만, 패널은 제6.3(c)조에 따라 사용할 접근법을 선택할 재량이 있다고 판단했다. 결과적으로 상소기구는 패널의 분석법에 오류가 없다고 판시했다.

② 시장 보호

미국은 패널이 마케팅론과 경기대응 지불이 미국 생산자들을 가격 변동의 위험으로부터 보호해 주었다고 판시한 점에 대해 상소했다. 상소기구는 패널의 이와 같은 판시는 양측이 제공한 자료에 기반을 두어 적절한 평가와 비교교량을 한

113) 이상 패널보고서(WT/DS267/RW), paras. 10.4-257 참조.

것으로 패널의 판시에 위법이 없다고 판단했다.

③ **생산비용 및 경제 시뮬레이션 모델**

상소기구는 패널이 생산비용 관련 판단에 어떠한 오류도 범하지 않았고, 시뮬레이션 모델과 관련하여 적법한 권한 하에 최선을 다해(trier of facts) 검토 했다고 판시했다.

④ **Step 2 지불의 폐지로 인한 영향**

미국은 Step 2의 폐지로 상당한 양의 생산 및 수출 감소가 있었다고 주장했는데, 이에 대해 상소기구는 Step 2의 폐지와 상당한 가격 억제의 문제는 독립적으로 판단되는 것이라고 하였다. 미국은 또한 패널이 Step 2 조치의 폐지 이후에도 얼마만큼의 영향이 남아있는지를 판단하지 않은 오류가 있다고 주장했는데, 이에 대해 상소기구는 패널이 Step 2 지불의 양, 동 조치의 제거가 수출량에 미치는 영향, Step 2 폐지로 인한 마케팅론과 경기대응 지불의 증감에 대한 검토를 하였다며 미국의 주장을 기각했다.

상소기구는 위와 같은 판단 하에 패널의 판시에 위법이 없고, 미국이 SCM 제5(c)조 및 제6.3(c)조에 따른 제소가능 보조금에 해당한다는 패널의 결정을 지지한다고 판시했다.[114)]

2. 미국이 농업협정 제10.1조, 제8조 및 SCM 협정 제3.1(a)조, 제3.2조를 위반했는지 여부

가. 패널 보고서 요지

① **농업협정 제10.1조 및 제8조 위반 여부**

> ◇ WTO 농업협정
>
> 제10조 수출보조금 약속의 우회방지
>
> 1. 제9조 제1항에 열거되지 아니한 수출보조금이 수출보조금 약속을 우회하는 결과를 초래하거나 또는 그러한 우려가 있는 방법으로 적용되지 아니하며, 비상업적 거래도 이러한 약속을 우회하기 위하여 사용되지 아니한다.
>
> 제8조 수출경쟁 약속
>
> 각 회원국은 이 협정과 자기나라의 양허표에 명시된 약속에 합치하지 않는 방법으로 수출보조금을 제공하지 않을 것을 약속한다.

114) 이상 WT/DS267/AB/RW(상소기구보고서), paras. 341-447 참조.

패널은 원 패널에서 GSM 102를 포함하여 세 가지 수출 신용 프로그램이 농업협정 제10.1조 및 제8조를 위반한다고 판시했음을 밝혔다. 패널은 우선 GSM 102가 SCM 제10조의 '수출보조금'에 해당하는지를 검토했다. 당사국은 해당 조치가 SCM 협정 부속서의 수출보조금 예시목록 (j)호에 해당할 경우 "per se 수출보조금"이라는 점에 동의했고, 패널은 해당 부속서 (j)호에 대해 검토를 하였다. 패널은 원 판시와 마찬가지로, 두 단계 접근법을 취했는데, 이는 (1) GSM 102가 장기 운영비용과 손실을 보전하기에 부적절한 우대 금리(premium rate)를 제공했는지에 대한 계량 지표, (2) GSM 102의 '구조, 설계 및 운영'의 요소와 관계된 증거를 검토하는 것이었다.

계량 지표와 관련하여, 패널은 원 판시에서처럼 브라질은 미국 예산에 보고된 '보조금 추정액'에 의존하고 있고, 최초 보조금 추정액은 미국 정부의 수출 신용 보증 프로그램이 순 비용(net cost) 하에 운영되고 있음을 증명한다고 보았다. 패널은 상품신용공사(CCC: Commodity Credit Corporation) 재무 보고에 기재된 '신용 보증 책무(liability)' 수치 또한 이를 증명한다고 하였다. 이러한 입장에서, 패널은 미국이 제출한 '재측정' 자료에 따르더라도, 미국 정부에 계속해서 새로운 GSM 102 수출 신용 보증이 순비용 이하로 제공되는 것임을 밝혔다. 이에 더해 패널은 OECD 공적수출신용협약(Officially Supported Export Credits) 상의 최소 '우대 금리율'과의 비교와, GSM 102의 구조, 설계 운영을 검토한 후 동 신용 보증이 (j)호의 수출보조금에 해당된다고 판시했다. 즉, GSM 102 수출 신용 보증이 SCM 협정 제3.1(a)조의 per se 수출 보조금을 구성하고, 농업협정 제10.1조의 '수출 보조금'에도 해당된다고 판시했다.

다음으로 패널은 2005년 7월 이후 미국이 수출 보조금 약속을 우회하는 방식으로 해당 수출 보조금을 제공하였는지를 검토했다. 패널은 이를 판단하는데 있어, 비양허/양허 품목인지 여부에 따라 결론이 달라진다고 하였다. 비양허 품목의 경우, 어떠한 형태의 수출 보조금이 제공되더라도 미국의 수출 관세 약속을 우회하는 것이 되는 반면, 양허 품목의 경우는 미국이 감축약속을 위반하여 수출 보조금을 제공하는 경우 '우회'가 발생한다고 하였다. 그리고 패널은 2005년 7월 1일부터 GSM 수출신용 형태의 보조금의 혜택을 받은 제품들에 대해 브라질이 제공한 자료를 검토했는데, 그 중 비양허 품목의 경우 미국이 어떠한 수출 보조금 감축 약속도 하지 않았기에 농업협정상 수출보조금 약속 '우회'라는 결과를 초래했다고 판시했다. 세 가지 양허 품목(쌀, 돼지고기, 닭고기)과 관련하여 패널은,

GSM 102 수출 신용 보증금의 영향을 받은 수출의 양이 미국의 수량 약속을 큰 차이로 초과하고 있으므로 미국이 수출 보조금 약속을 우회하였다고 판시했다. 그리하여 미국이 GSM 102 수출 신용 보증의 형태로 수출보조금을 운영하여 2005년 7월 1일부터 9월 30일까지 위 세 가지 양허 품목에 대한 수출 보조금 감축 약속을 위반하여 농업협정 제10.1조와 제8조를 위반하였다고 판시했다.

② SCM 협정 제3.1(a)조, 제3.2조 위반여부

◇ 보조금 및 상계조치에 관한 협정(SCM 협정) 제3조 금지

3.1 농업협정에 규정된 경우를 제외하고, 제1조의 의미 내에서의 다음의 보조금은 금지된다.

(a). 부속서 1(FN 4)에 예시된 보조금을 포함하여 유일한 조건으로서 또는 다른 여러 조건중의 하나로서, 법률상 또는 사실상(FN 5) 수출 실적에 따라 지급되는 보조금,

(FN 4) 부속서 1에서 수출보조금에 해당되지 아니한다고 언급된 조치는 이 규정 및 이 협정의 그 밖의 규정에 의하여 금지되지 아니한다.

(FN 5) 이 기준은 보조금 지급이 법률적으로는 수출실적을 조건으로 이루어지지 아니하나, 실제로는 실제 또는 예상되는 수출이나 수출수입과 결부된다는 것이 사실에 의해 증명되는 경우 충족된다. 수출하는 기업에게 보조금이 지급된다는 단순한 사실만으로는 이러한 보조금이 이 규정의 의미내의 수출보조금으로 간주되지 아니한다.

패널은 SCM 협정 제3.1조의 문언이 "농업에 관한 협정에 규정된 경우를 제외하고 … 법률상 또는 사실상(FN 5) 수출 실적에 따라 지급되는 보조금은 금지된다"라고 규정되어 있음을 들며, GSM 102 수출 신용 보증이 농업협정에 따라 허용되는 것이 아닌 한 SCM 제3.1조에 따라 금지되는 것이라고 판시했다. 따라서 GSM 102가 수출보조금 예시목록 (j)호에 해당한다는 이전 판정에 따라 GSM 102는 SCM 제3.1조에서 금지되는 수출보조금이고, 미국이 2005년 7월 1일부터 비양허 제품에 대해 해당 보조금을 제공하고, 양허 제품에 대해서는 양허를 초과하여 제공하였으므로 SCM 협정 제3.1(a)조와 제3.2조를 위반했다고 판시했다.[115)]

나. 상소기구 보고서 요지

미국은 패널이 수출보조금 예시목록 (j)호를 적용하는데 있어 다음과 같은 오

115) 이상 패널보고서, paras. 14.40-157 참조.

류를 범했다고 주장했다.

첫째, 계량 지표와 관련하여, 브라질이 최초 보조금 추정치의 오류를 수정하지 않았음에도 불구하고 브라질이 제공한 최초 예산 추정치에 근거하여 판단한 잘못이 있다고 주장했다. 이에 대해, 상소기구는 패널이 보조금을 재측정한 자료를 검토하지 않은 오류가 있고 미국이 제출한 동 자료에 대한 진지한 고려를 하지 않았기에 패널이 DSU 제11조의 '객관적인 평가'를 하지 않았다고 판단했다. 특히, 원 상황과 달리 사실관계가 변했음에도 원 분쟁의 결론에만 의존한 패널의 판정에 위법이 있고, 단지 재평가가 추정치일 뿐이라며 동 자료를 무시한 패널을 비판했다.

둘째, 미국은 패널이 GSM 102 제도와 OECD 협약 하의 MPR을 비교하여 수출보조금 예시목록 (j)호에 대한 근본적으로 잘못된 해석을 하였다고 주장했다. 그리고 패널은 예시목록 (j)호의 분석에는 OECD 협약의 MPR이 무관함을 간과하여 DSU 제11조를 위반한 위법이 있다고 주장했다. 그러나 상소기구는 패널이 "MPR이 예시목록 (j)호의 분석에 어떠한 법적 지위를 갖지는 않으나, 관련 증거를 제시하고 있다"고 주장한 점을 들었다. 그리하여 패널이 MPR과 GSM 102간의 '차이의 규모'를 강조한 것일 뿐, 두 조치간의 어떠한 차이가 있으면 바로 예시목록 (j)호의 요건을 충족시키는 것은 아니라고 본 점을 들며 미국의 주장을 기각했다.

셋째, 미국은 GSM 102의 구조, 설계 및 운영을 분석하는데 있어 패널의 분석에 오류가 있다고 주장했다. 미국은, 1%의 요율상한선(fee cap)의 계속적 존재가 위험에 기반한 비용의 부과를 방해하고 있다고 판단한데 위법이 있다고 주장했다. 이에 대해 상소기구는, 패널이 'fee cap'이 어떤 프로그램이 장기 운영비용 및 손실을 보전하는 것을 막는다는 결론을 냈다는 미국의 주장을 기각했는데, 상소기구의 관점에서는, 패널이 '남아 있는 1%의 fee cap의 존재의 영향'을 분석했을 뿐이라고 하였다. 미국은 또한 패널이 비용 조정(scaling of fees)의 비교를 함에 있어 사용한 수출입은행 제도는 GSM 102와 근본적으로 다른 것이라고 주장했는데, 상소기구는, 패널이 이러한 차이를 정확히 적시하였고, scaling 분석은 예시목록 (j)호의 분석에 필수적인 것은 아니나 그와 관련된 위험은 GSM 102의 구조, 설계 그리고 운영을 분석하는데 있어 관련된 요소라고 보았다. 미국은 패널이 예시목록 (j)호 분석에 있어 동 규정에서 예견되지 않은 요소(CCC가 미국 정부 기금에 무제한적 접근이 가능하다는 사실)에 의존하였고 개정된 GSM 102 fees에 외국 채무자 위험을 반영하지 않은 잘못이 있다고 주장하였다. 이에 대해, 상소기구는 CCC의 미국 정부 기금에 대한 접근은 예시목록 (j)호에 따른 수익성을 판단할 때 중요한 요소가 아니라는 미국의 주장에는 동의하나 패널이 동 요소에 많은 중점을 둔 것은 아니라고 판시했다. 그리고 미국의 다른 주장과 관련한 패널의 판시에 오류가 없다고 판단했다.

결론적으로, 상소기구는 패널이 GSM 102 프로그램이 장기 운영 비용과 손실을 보전하기 위해 고안된 것이 아니라고 판시한 점에 오류가 없다고 본 것이다. 비록 계량 증거에 관한 판단에 있어 패널이 DSU 제11조를 위반한 위법이 있으나 나머지 판단과 관련하여서는 패널의 입장을 지지했다.[116]

Ⅳ. 해설 및 평가

보조금이 WTO협정 위반 판정을 받은 경우, 그 판정을 완전히 이행하려면 해당 보조금을 폐지하는 것이 확실한 방법일 것이다. 그러나 일단 보조금 혜택을 받아온 수혜자들로부터 보조금 폐지에 대한 반발이 거세게 제기되기에 정치적으로 쉽지 않은 선택이다. 특히, 미국의 면화보조금과 같이 다양한 종류의 보조금이 한꺼번에 문제시된 경우에는 해당 프로그램들을 모두 폐지하는 것은 더욱 곤란한 결정일 것이다. 감축의무에 반하는 수출보조금은 WTO협정상 금지되므로 폐지하는 것이 비교적 용이할 수 있으나, 제소가능 보조금(actionable subsidy)의 경우에는 금지보조금과 달리 반드시 폐지할 필요는 없고 그 부정적 효과를 제거하는 식으로 이행해도 되므로 이행방법에 대한 논란이 발생하는 경우가 많다.

미국 면화 분쟁에서도 미국정부는 불법 수출보조금 판정을 받은 수출신용 보증 프로그램은 중지시키고 GSM 102프로그램으로 수정하여 시행하는 대신, 제소가능 보조금으로 판정받은 마케팅 융자금 지불과 경기변화 대응 지불금 프로그램은 그대로 유지하는 정치적 선택을 감행함으로써, 제대로 패널판정을 이행했는지에 대한 또 하나의 WTO 패널판정 절차를 야기하고 말았다. 미국측의 대응 논리는 가장 문제시된 수출보조금을 중지한데 따른 긍정적 효과가 발생했고, 마케팅론과 경기변화 대응 지불금 제도도 면화 가격 억제효과가 더 이상 없으므로 부정적 효과는 제거된 것이므로 이 두 프로그램을 그대로 유지하더라도 원 WTO패널 판정을 이행하는데 문제가 없다는 것이었다. 이러한 다소 궁색한 논리를 들어,

116) 이상 상소기구보고서, paras. 255-448 참조.

자신의 정치적 선택을 정당화할 수밖에는 없었던 것이다.

이에 대해, 원 판정의 승소국인 브라질은 미국의 마케팅 융자금 지불과 경기변화 대응 지불금 프로그램으로 인해 세계시장에서의 면화가격이 억제(price suppression)되고 있음을 입증함으로써 부정적 효과가 지속되고 있으므로, 미국이 제소가능 보조금의 부정적 효과를 제거할 의무를 준수하지 않았음을 반박했다. 아울러 GSM 102프로그램도 수출보조금 감축 및 금지의무를 우회한 것임을 주장했다. 이러한 브라질의 논리는 대부분 패널과 상소기구에 의해 수용되어 미국이 최종적으로 이행부적합 판정을 받기에 이르렀다.

이러한 판정과정에서 최대의 쟁점은 보조금과 부정적 효과간의 인과관계를 어떻게 입증해야 하는가였다. SCM협정 제5조는 "… 보조금의 사용을 통하여 다른 회원국의 이익에 아래와 같은 부정적 효과를 초래해서는 아니된다"라고 규정할 뿐, 어떠한 정도와 기준으로 보조금과 부정적 효과간의 인과관계가 존재해야 하는지에 대해서는 침묵하고 있다.

패널과 상소기구는 미국 면화분쟁에서 마케팅론 지불과 경기대응 지불의 면화 생산에 대한 영향이 SCM협정 제6.3(c)의 상당한 가격 억제를 가져오는지를 검토함에 있어 "but for" 기준을 인과관계의 판단 기준으로 사용하였다. 즉, 그러한 보조금이 없었더라면 면화 가격이 어떠했을까를 예상하여, 그러한 상태와 현재의 상태를 비교함으로써 인과관계를 추론해보는 것이다. 결국 패널과 상소기구는 미국 면화보조금이 없었더라면 국제 면화가격이 상당히 상승했을 것이라 추론하고, 보조금이 가격 억제 효과가 있으므로, 심각한 손상(serious prejudice)형태의 부정적 효과를 지속시키고 있다고 판단한 것이다.

비록 보조금 맥락은 아니지만 세이프가드 조치 맥락에서 인과관계에 대한 판단 기준이 수립되어 오고 있음은 주목을 요한다. 즉, US-Wheat Gluten Safeguards와 US-Lamb Safeguards 사건에서 상소기구는 수입증가와 산업피해간의 인과관계를 판단함에 있어, "충분한 원인"(sufficient cause) 기준 또는 "원인과 결과의 진정하고 상당한 관계"(genuine and substantial relationship) 기준을 제시한 바가 있다. 즉, 수입증가가 심각한 산업피해의 충분하고 진정한 원인이 되는지를 판단기준으로 삼는 방식이다. 이러한 기준은 여러 요인이 산업피해에 복합적으로 작용하는 경우도 있을 수 있으므로, 이런 경우에 여러 요인을 종합적으로 비교하여 수입증가가 미친 진정한 영향을 평가할 수 있다는 점에서, 단순히 하나의 요인을 떼어내어 그것이 없을 경우 미치는 영향을 조사하는 "but for" 기준보다는 한 단계 진화한 것이라 볼 수 있다.

아무튼 제소가능 보조금 사건에서 패소한 경우에는 보조금이 야기하는 부정적 효과를 제거해야 하는 의무가 발생하는데, 가장 확실한 방법은 해당 보조금을 폐지하는 것이나, 그것이 정치적으로 어려운 상황에서는 부정적 효과 제거를 위한 조치를 취해야 한다. 이 때, 그러한 보조금이 없었더라면 해당제품의 가격이 어느 수준에서 형성되는지를 시뮬레이션해 보고, 최소한 그러한 가격이 유지되도록 보조금 프로그램을 조정해주어야 한다. 즉, 보조금 지급 시기를 조정하던지, 아니면 규모를 축소조정하거나, 간접적 연구개발비 지원형태로 전환하는 등의 다양한 방식을 동원할 수 있을 것이다. 그렇지 않고 패소판정을 받은 보조금 제도를 그대로 유지하는 경우에는, 미국 면화분쟁이 보듯이 가격에 대한 억제효과가 없다는 입증을 이행책임이 있는 측이 명확하게 제시하지 못하는 한, 이행부적합 판정이 내려지는 것을 피할 수 없게 된다.

〈WTO 분쟁해결 일지〉

2006.8.18.	브라질, 패널 설치 요청
2006.9.28.	원 패널에 통보
2006.10.25.	패널 설치 (원 패널위원과 다른 패널위원으로 구성)
2007.7.27.	잠정보고서 발간
2007.10.15.	최종보고서 발간
2007.12.18.	최종보고서 회람
2008.2.12.	미국, 상소 의사 통보
2008.2.25.	미국, 추가적 상소 의사 통보
2008.6.2.	상소기구 보고서 회람
2008.6.20.	상소기구 보고서 채택

제12장 멕시코-올리브 오일 분쟁
(MEXICO-DEFINITIVE COUNTERVAILING MEASURES ON OLIVE OIL FROM THE EUROPEAN COMMUNITIES) (WT/DS341)

<요 약>

이 분쟁은 EC산(주로 스페인과 이태리산) 수입 올리브 오일에 대해 멕시코가 부과한 상계관세가 문제가 된 사건이다. EC는 '올리브 오일' 수출자가 아닌 '올리브' 생산자에 대해 보조금을 지급하였으므로, 멕시코 조사당국이 보조금 혜택의 이전(pass-through) 분석 없이, 이러한 보조금을 올리브 오일 수출자에 대한 것으로 간주한 것은 위법함과 멕시코 당국이 피해판정시 멕시코 생산자가 생산을 중단한 것을 고려하지 않았음 등을 이유로 2006년 WTO에 제소하였다. 패널은 멕시코가 18개월을 초과하여 상계조사를 한 것은 제11.11조 위반이라고 판시했다. 둘째, 패널은 EC가 보조금 혜택 이전분석의 근거로 지목한 조항인 보조금협정 제1조와 14조는 이전분석과 관계가 없는 조항이므로 이전 분석 관련한 EC의 주장을 기각했다. 셋째, 조사 기간에 올리브 오일을 실제로 생산하고 있는지 여부가 국내산업 해당여부의 기준이 되어야 한다는 EC의 주장을 기각했다. 넷째, 멕시코 당국이 조사 기간 중 일정부분의 기간을 제외하고 피해여부를 고려한 것에 대해 충분한 설명을 제공하지 않은 것은 보조금협정 제15.1조를 위반함을 판시했다. 우리도 농업보조금을 많이 주고 있는 상황에서, 수출농산물이 상대국의 상계조사에 직면하는 경우가 다소 발생할 수 있다. 이런 경우, 상대국의 상계조사의 절차적 하자가 없는지를 예의주시할 필요가 있다. 반대로 우리 조사당국이 수입농산물에 대해 상계조사를 실시하는 경우, 멕시코 올리브 오일 사건이 주는 교훈을 타산지석으로 삼아야 한다.

Ⅰ. 사건개요 및 사실관계

이 분쟁은 EC산(주로 스페인과 이태리산) 수입 올리브 오일에 대해 멕시코가 부과한 상계관세가 문제가 된 사건이다. 사건의 시작은 멕시코기업인 Fortuny de Mexico, SA de VC(Fortuny)가 멕시코 조사당국인 Ministry of Economy(Economia)에 EC산 올리브 오일에 대한 상계관세 조사를 신청하면서 시작했다. Fortuny사는

2002년 4월~6월 사이 EC로부터 보조금을 받은 올리브 오일 수입이 멕시코의 올리브 오일 산업의 수립을 실질적으로 지연시켰다(materially retarded)고 주장했다. Economia는 2003년 7월 16일 보조금조사를 착수했다. EC는 자국 올리브 생산자에 보조금을 제공했다는 점에 대해서는 다투지 않았기 때문에 멕시코 당국의 조사는 다른 두 이슈에 초점을 맞추었다. 즉, (1) EC가 올리브 오일 수출자가 아닌 올리브 생산자에 대해 보조금을 지급하였으므로, Economia가 보조금 혜택의 이전(pass-through) 분석 없이, 이러한 보조금을 올리브 오일 수출자에 대한 것으로 간주할 수 있는지 여부, (2) 멕시코 생산자가 생산을 중단한 것이 피해에 대한 분석의 대상인 멕시코 생산자의 피해상황에 영향을 미쳤는지 여부에 초점을 맞추었다.

멕시코 당국은 2004년 6월 10일 상계관세를 부과한다는 예비적 결정(preliminary resolution)을 내리고, 2005년 8월 1일 최종판정을 통해 상계관세 부과 결정을 내렸다. 상계관세는 8개의 수입 스페인/이태리산 올리브 오일과 EC로부터의 '다른 모든 수입품'에 부과되었다. 이에 따라 EC는 2006년 3월 31일 DSU에 따른 협의를 요청하였고, 2006년 12월 7일 패널이 설치되었다.

Ⅱ. 주요쟁점 및 당사국 주장

1. 주요쟁점

EC는 멕시코의 상계관세 부과가 GATT 제6조, 보조금협정 제1, 11, 12, 13, 14, 15, 16, 22조, 그리고 농업협정 제13, 21조를 위반했다고 주장했다. 이하에서는 SCM협정 제1.1(b), 11.4, 11.11, 14, 15.1, 15.5, 16, 16.1조 및 GATT 제6.6(a)조와 관련된 쟁점들을 검토한다.

2. 당사국 주장

가. 제소국 EC의 주장

EC는 멕시코 당국이 24개월을 넘겨서 조사를 하였으므로 18개월을 초과하지 말 것을 규정한 SCM협정 제11.11조를 위반하였다고 주장했다. 또한 멕시코가 SCM 제1조 제1항에 따라 수혜자에게 주어진 혜택을 계산하지 않았고 각 개별사안에 대한 이들의 적용은 투명하고 적절히 설명해야 한다는 규정을 위반하였으므로 SCM 제1조 및 14조를 위반하였다고 주장했다.

EC는 멕시코 당국이 "국내산업에 의하거나 이를 대신하여 조사신청이 이루어졌는지에 대한 결정" 없이 조사를 진행한바, 부적절하게 상계관세를 부과하여 SCM 제11.4조 및 제16조를 위반하였다고 주장했다. 그리고 멕시코가 관련 모든 경제적 요소들에 대한 검토를 포함한 명확한 증거에 기초한 객관적인 검토를 하지 않았고, 피해의 판정 관련 적절한 설명을 제공하지 않아 SCM 제15.1조, 15.4조 및 GATT 제6.6조를 위반했다고 주장했다.

아울러 EC는 멕시코가 피해를 입은 국내산업을 적절히 정의하지 못했고, Economia에게 알려진 다른 6가지 사실을 제대로 검토하지 않고 상계관세 판정을 내려 SCM 제15.5조를 위반하였다고 주장했다.

나. 피소국 멕시코의 주장

SCM 제11.11조를 위반하였다는 주장에 대해, 멕시코는 조사의 연기로 인해 제11.11조의 목적을 저해한바 없고, 상대국의 추가적 자료제출에 따라 조사가 연기된 것이므로 동 조 위반이 아니라고 주장했다.

조사 기간 관련하여 SCM 제15.1조를 위반했다는 주장에 대해 멕시코는, 2002년 4월~12월의 조사기간은 Fortuny사가 최초 조사 요청시 제안했던 기간이므로 선택된 것이었고, Economia가 동 기간이 보조금 유무를 판단하기에 적법한 기간이라고 판단했다고 주장했다. 또한 한번 보조금 조사를 위한 기간이 선택되면 조사당국은 피해의 판정을 위해 동 기간과 추후 2년간의 동등한 기간을 검토하는데 이는 편향적 판정을 피하기 위한 적절한 방법이라고 반박했다.

Ⅲ. 패널 보고서 요지

1. 멕시코가 SCM 협정 제11.11조를 위반했는지 여부

> SCM 협정 제11.11조
> 조사는 특별한 상황을 제외하고는 1년 이내에 종료되며, 어떠한 경우에도 개시 후 18월을 초과 하여서는 아니 된다.

EC는 멕시코 당국이 24개월을 넘겨서 조사를 하였으므로 18개월을 초과하지 말 것을 규정한 SCM 제11.11조를 위반했다고 주장했다. 멕시코는 이에 대해 조사의 연기는 제11.11조의 목적인 '관련 당사국을 부당한 연기나 무대응(inaction)으로부터 보호하는 것'을 저해한 바 없고, 상대국의 추가적 자료제출로 인해 조사의 연기가 이루어 졌으므로 동 조 위반이 아니라고 반박했다.

패널은 제11.11조가 조사가 1년 이내에 종료되어야 하고, 매우 예외적인 경우에만 18개월을 초과하지 않는 범위에서 연장할 수 있도록 규정한 점을 들며 멕시코가 18개월을 초과하여 조사를 한 것은 제11.11조 위반이라고 판시했다.[117]

2. 멕시코가 SCM 협정 제1.1(b)조 및 제14조를 위반했는지 여부

> SCM 협정 제1.1(b)조
> 1.1 이 협정의 목적상 아래의 경우 보조금이 존재하는 것으로 간주된다.
> 가. (1) 회원국의 영토 내에서 정부 또는 공공기관(이 협정에서는 "정부"라 한다)의 재정적인 기여가 있는 경우, 즉
> (가) 정부의 관행이 자금의 직접이전(예를 들어, 무상지원, 대출 및 지분참여), 잠재적인 자금 또는 채무부담의 직접이전(예를 들어, 대출보증)을 수반하는 경우,
> (나) 정부가 받아야 할 세입을 포기하거나 징수하지 아니하는 경우(예를 들어, 세액공제와 같은 재정적 유인(FN 1)),

> SCM 협정 제14조 수혜자에 대한 혜택을 기준으로 한 보조금액의 계산
> 제5부의 목적상, 제1조 제1항에 따라 수혜자에게 주어진 혜택을 계산하기 위하여 조사당국이 사용하는 모든 방법은 관련 회원국의 국가법률 또는 시행규정에 규정되며, 각 개별사안에 대한 이들의 적용은 투명해야 하고 적절히 설명되어야 한다. 또한 이러한 방법은 다음의 지침에 부합된다.
> 가. 정부의 지분 자본의 제공은 동 투자결정이 동 회원국 영토내의 민간투자가의 통상적인 투자관행(모험자본의 제공을 포함)과 불일치한다고 간주되지 아니하는 한 혜택을 부여하는 것으로 간주되지 아니한다.
> 나. 정부에 의한 대출은 대출을 받은 기업이 정부대출에 대하여 지불하는 금액과 동 기업이 실제로 시장에서 조달할 수 있는 비교가능한 상업적 차입에 대하여 지불하는 금액간의 차이가 없는 한 혜택을 부여하는 것으로 간주되지 아니한다. 이 경우 이러한 두 금액간의 차이가 혜택이 된다.
> 다. 정부에 의한 대출보증은 보증을 받는 기업이 정부가 보증한 대출에 대하여 지불하는 금액과 동 기업이 정부보증이 없었을 경우 비교가능한 상업적 차입에 지불할 금액간의 차이가 없는 한 혜택을 부여하는 것으로 간주되지 아니한다.

117) 이상 WT/DS341/R(패널보고서), paras. 7.117-123 참조.

> 이 경우 수수료상의 차이를 조정한 두 금액간의 차이가 혜택이 된다.
> 라. 정부에 의한 상품 또는 서비스의 제공 또는 상품의 구매는, 이러한 제공이 적절한 수준이하의 보상을 받고 이루어지거나, 구매가 적절한 수준이상의 보상에 의해 이루어지지 아니하는 한 혜택을 부여하는 것으로 간주되지 아니한다. 보상의 적정성은 당해 상품 또는 서비스에 대한 제공 또는 구매 국가에서의 지배적인 시장여건(가격, 질, 입수가능성, 시장성, 수송 및 다른 구매 또는 판매조건을 포함한다)과 관련되어 결정된다.

EC는 멕시코가 제1.1조에 따라 수혜자에게 주어진 혜택을 계산하지 않았고, 각 개별사안에 대한 이들의 적용은 투명하게 해야 하고 이를 적절히 설명할 의무를 규정한 SCM 제1조 및 14조를 위반하였다고 주장했다. 즉, EC는 Economia가 올리브 생산자가 올리브 오일 생산을 위해 받은 혜택이 얼마나 올리브 오일 수출자에게 이전되었는지에 대한 분석(pass-thorough analysis)을 하지 않았다고 주장했다. 특히 EC는 (1) 올리브를 으깨어 얻어지는 오일이 바로 수출되는 것이 아니고 올리브 오일 수출업자에 의해 가공된 후 최종제품으로서의 올리브 오일이 수출되므로, 올리브 생산자에 의해 추출된 오일은 최종 수출품의 투여물(input)에 불과한 것이고, (2) 상계관세가 부과된 자들은 최초 보조금의 수혜자들인 올리브 생산자와 관계가 없고, 제품이 그들 사이에 정상(arm's length price) 거래된 경우, 이전분석이 필요하다고 주장했다.

이에 따라, 패널은 과거 패널 및 상소기구 판정례에 나타난 이전분석의 개념에 대해 살폈다. 패널은 US-Lumber CVD와 US-Canadian Port 사건에서 (1) 보조금이 가공된 수입품에의 투입물에 수여되어야 하고, (2) 투입된 제품의 생산자와 상계관세가 부과된 수입제품의 생산자간의 관련성이 없을 것의 두 조건 모두를 충족해야 이전분석이 필요함을 판시한 점을 들었다. 패널은 EC가 이전분석의 근거를 SCM 제1조의 '혜택'의 개념과 제14조의 혜택의 계산조항에서 구하고 있음을 주목했다. 즉, EC는 멕시코가 이전분석을 하지 않아 동 조항의 '혜택'의 요건을 충족하지 못했을 뿐 아니라, 멕시코가 올리브 오일 수출자에게 직접적으로 부과된 혜택의 양을 적절히 계산하지 않은 위법이 있다고 주장했던 것이다. 이에 대해, 패널은 과거 판정례들이 이러한 이전분석의 근거를 GATT 제6.3조와 SCM협정 제10조에 두었지, EC의 주장처럼 SCM 제1조와 14조에서 도출하지 않았음을 언급했다. 이에 패널은 EC의 주장을 기각하며, 제1.1조는 혜택이 '존재'하는지 여부와 관련된 것이지 '상계관세 부과 조사 단계에서 얼만큼의 혜택이 부과되었는지'와 관련되는 것이 아니라고 하였다. 또한 SCM 제14조는 투명성과 관련된 규정은 두고 있으나, 이전 분석을 수행할 것을 회원국에 요구하고 있지 않음을 들어 EC의 주장이 이유 없다고 판정했다. 즉 패널은, EC가 멕시코가 SCM 제1조 및 14조를 위반했는지에 대한 입증을 다하지 못하였으므로 EC의 주장을 기각했다.[118)]

3. 멕시코가 SCM 협정 제11.4조 및 제16조를 위반했는지 여부

> SCM 협정 제11.4조
>
> 11.4 제1항에 따른 조사는 당국이 동종 상품의 국내생산자에 의해 표명된 신청에 대한 지지 또는 반대의 정도에 관한 검토에 근거하여(FN 38), 동 신청이 "국내산업에 의하거나 이를 대신하여" 이루어졌다는 결정을 하지 아니하는 한 개시되어서는 아니된다(Re.39). 이러한 신청은 이러한 신청에 대해 지지 또는 반대를 표명한 국내산업의 부분이 생산한 동종 상품 총생산의 50%를 초과하는 총체적 산출량을 구성하는 국내생산자가 지지하는 경우에는 국내산업에 의하거나 이를 대신하여 이루어진 것으로 간주된다. 그러나 신청을 명시적으로 지지하는 국내생산자의 총생산이 국내산업에 의해 생산된 동종 상품의 총생산의 25%미만인 경우 조사가 개시되지 아니한다.

EC는 멕시코 당국이 "국내산업에 의하거나 이를 대신하여 조사의 신청이 이루어졌는지에 대한 결정" 없이 조사를 진행하여, 부적절하게 상계관세를 부과하여 SCM 제11.4조 및 제16조를 위반하였다고 주장했다. 또한 Fortuny사가 국내 생산자가 아니어서, SCM협정 제16.1조의 '국내 산업'을 구성하지 못하므로 피해의 판정(injury determination)을 적법하게 하지 않아 제16.1조를 위반하였다고 주장했다. 그리고 설령 국내 산업이라고 간주되더라도, Fortuny사 이외의 동종상품의 국내생산자가 존재함에 대한 조사를 하지 않은 위법이 있다고 주장했다. 이에 대해 패널은, EC의 주장이 두 가지 요소, 즉 (1) '국내 산업'의 정의, (2) Fortuny사 이외에 올리브 오일을 생산하는 멕시코 생산자들에 대한 Economia의 검토의 부재, 에 기반하고 있다고 보았다.

① '국내산업'의 정의

EC는 '생산자'이기 위해서는 기업이 두가지 특정 기간(조사의 착수를 발표할 때와 피해의 판정을 위한 보조금 조사 기간, 즉 POI<Period of Investigation>)에 생산품을

---

118) 이상 패널보고서, paras. 7.125-169 참조.

생산해야 한다고 보았다. 이에 대해, 패널은 조사 착수했을 때와 피해조사를 위한 POI에 실제로 산출물을 생산하고 있지 않다면 국내산업으로 간주될 수 없는지를 검토하였다. 이에 패널은 Argentina-Poultry AD Duties 사건을 들며, 동 사건에서 패널이 특정 조항 위반이라고 판단한 이유는 해당 조항이 '회원국에 의무를 명시적으로 부과하고 있기 때문'임을 상기시켰다. 이에 따라, 패널은 SCM 제16.1조의 문구를 검토한 후, '국내 산업'은 SCM협정 전체적으로 동일한 의미로 사용되어야 한다고 밝히며, 해당 조항의 '국내산업'이라는 용어는 제2문에 규정된 경우를 제외하고는, 동종 상품의 국내 생산자 전체 또는 이들 중 생산량 합계가 동 상품의 전체 국내생산량의 상당부분을 점하는 국내 생산자들을 지칭하는 것이라고 규정하고 있을 뿐 조사가 착수했을 경우와 보조금 POI의 경우 실제로 산출물을 생산하고 있을 것을 요건으로 하지 않는다고 판시했다.

이후 패널은 Fortuny사가 동 조항의 '생산자'에 해당하는지를 검토했는데, 이에 대해 EC는 Fortuny사가 조사 기간 동안 생산 전체를 중단하였고, 어떠한 조사당국도 이를 현존하는 산업이라고 간주 할 수 없었을 것이라고 주장했다. 이에 대해, 패널은 기록된 자료를 검토한 결과 올리브 오일 산업은 계절적인 영향을 받고, Fortuny사는 2002년 3월에 한번 생산을 중단했을 뿐이므로, 총 3년의 조사 기간 중 2년 동안 생산을 개시하고 있었다고 판단했다. 또한 Fortuny사가 산출물을 생산하고 있지 않는 때에도 올리브 나무를 재배하고 생산시설을 유지하고 있었고, 생산 재개를 위한 사업 계획을 수립하고 있었다고 판단했다. 결국 패널은, Fortuny가 특정 기간에 올리브 오일을 생산하고 있지 않아 국내 생산자가 아니라는 EC의 주장을 기각했다.

② 조사의 개시

EC는 설령 Fortuny사가 동종상품의 생산자로 여겨지더라도, Economia가 Fortuny사 이외의 다른 올리브 생산자의 존재 여부에 대한 검토 없이 조사를 개시한 위법이 있다고 주장했다. 즉, Economia에의 조사의 신청이 '국내산업에 의하거나 이를 대신하여' 이루어졌다고 볼 수 없다는 것이다. 패널은 이에 대해 SCM 제11.4조를 검토하였는데, 동 조항은 상계관세 부과에 대한 조사 신청자가 동종상품을 생산하는 국내산업을 충분히 대표하게끔 하기 위해 규정된 것이라 보았다. 그리고 만약 신청자가 제16.1조의 '국내 생산자 전체 또는 이들 중 생산량 합계가 동 상품의 전체 국내생산량의 상당부분을 점하는 국내 생산자들'의 요건을 충족한다면, 제11.4조의 두 번째와 세 번째 문장을 당연히 충족한다고 하였다.

이에 패널은 EC가 두 가지 주장을 하고 있다고 보았다. 즉, (1) 조사당국이 SCM 제11.4조에 따라 그들의 결정을 신청시 제출된 자료에만 기반해야 한다는 것과 (2) 올리브 오일 조사를 위해 Fortuny사가 제출한 사실 자료는 Fortuny사가 올리브 오일의 유일한 생산자라고 결론을 내리는데 불충분 했다는 점이다.

첫 번째 주장과 관련하여, 패널은 과거 상소기구 판정례 중 '신청자는 합리적이고 가능한 자료를 조사당국에 제공해야 하나, 조사당국은 해당 자료 뿐 아니라 추가적인 자료를 참조할 수 있다'고 판시한 점을 들었다. 그리고 SCM 제11.4조 문언을 검토한 후, 동 규정이 조사당국은 신청시 제출된 자료에만 기반한 결정을 내려야 한다고 규정하지 않은 점을 들며 EC의 주장을 기각했다.

두 번째 주장과 관련하여, 패널은 Fortuny사가 제출한 자료는 대체로 정부 자료를 기반으로 한 것으로 Fortuny사가 자체 조사한 자료만을 기반으로 한 것이 아님을 밝혔다. 그리고 이러한 자료들을 토대로 Fortuny사 이외에 다른 올리브 생산자가 조사 당시 있는지에 대한 증거가 없다고 판단하여 EC의 주장을 기각했다.[119]

4. 멕시코가 SCM 제16.1조 및 GATT 제6.6(a)조를 위반했는지 여부

> GATT 제6.6(a)조
>
> 어떠한 체약당사자도 덤핑 또는 보조금지급의 효과가 기존 국내산업에 실질적인 피해를 야기하거나 야기할 우려가 있는 정도이거나 국내산업의 설립을 실질적으로 지연시키는 정도라고 결정한 경우가 아니면 다른 체약당사자 영토의 상품수입에 대하여 반덤핑 또는 상계 관세를 부과하지 아니한다.

EC는 Fortuny사가 생산자라고 하더라도, Fortuny사 이외에 다른 올리브 오일 생산자가 없다는 Economia의 결정은 잘못되었다고 주장했다. 특히, Economia의 다른 생산자의 존부에 대한 조사는 부적절했고, 멕시코의 '피해(injury)'에 대한 분석은 단지 추측에 근거한 것이라고 비난했다. 이에 따라 패널은, Economia의 조사가 부적절하였는지 여부와 Economia가 조사를 위해 기반한 정보가 Fortuny사 이외에 다른 올리브 오일을 생산하는 멕시코 회사가 없다는 결정을 잘 지지하였는지를 검토했다. 패널은, Economia의 조사 과정을 검토한 후, 어떠한 다른 멕시

119) 이상 패널보고서, paras. 7.178-188 참조.

코 회사도 자신이 올리브 오일의 국내 생산자라는 주장을 하지 않았음을 보았는 바, Economia가 최종 결정을 내리기 위해 근거가 있고 충분한 설명을 제공했다고 보았다. 따라서 패널은 EC의 주장을 기각했다.[120)]

5. 멕시코가 SCM 제15.1조를 위반했는지 여부

> SCM 협정 제15.1조
>
> 1994년도 GATT 제6조의 목적상, 피해의 판정은 명확한 증거에 기초하며 (1) 보조금을 받은 수입 물량과 보조금을 받은 수입품이 국내시장의 동종 상품(FN 46) 가격에 미치는 효과 및 (2) 동 수입품이 이러한 상품의 국내생산자에게 미치는 결과적인 영향에 대한 객관적인 검토를 포함한다.
>
> (FN 46) 이 협정 전체에 걸쳐 "동종 상품"은 동일한, 즉, 모든 면에서 고려대상 상품과 유사한 상품, 또는 이러한 상품이 없을 경우, 모든 면에서 유사하지는 않으나, 고려대상 상품의 특징과 밀접하게 유사한 특징을 갖는 다른 상품을 의미한다.

EC는 멕시코가 관련 모든 경제적 요소들에 대한 검토를 포함한 명확한 증거에 기초한 객관적인 검토를 하지 않았고, 피해의 판정에 있어 이유 있는 적법한 설명을 하지 않아 SCM 제15.1조, 15.4조 및 GATT 제6.6조를 위반했다고 주장했다. 특히 EC는 계속되는 9개월의 조사기간은 피해의 분석의 기반을 약화시킬 뿐 아니라, 9개월과 관련된 자료가 12개월에 걸친 자료와 겹쳐 복잡성과 신뢰부족이라는 특징을 드러냈다고 주장했다. 이에 대해 패널은 조사 당국에 의해 결정된 조사 기간은 상계관세 조사에 있어서 중요한 요소이고 동 기간의 자료는 보조금, 피해 및 보조된 수입품과 피해간의 인과관계를 결정짓는 중요한 역할을 한다고 보았다. 그리고 SCM 제15.1조는 조사당국이 피해의 판정에 대해 명확한 증거에 기초하고, 그 영향에 대한 객관적인 검토를 할 것을 규정함은 조사당국의 조사기간 선택의 권한을 제한하여 당국이 사용한 자료에 포괄성과 신뢰성을 부여하기 위함임을 판시했다. 또한 조사당국이 제15.4조의 모든 요소를 검토하고 산업에 미치는 다른 경제적 요소들을 검토해야 함을 규정하고 있다고 보았다.

패널은 계속되는 9개월의 조사기간은 피해의 분석기반을 약화시킨다는 EC의 주장에 대해, 조사 당국이 피해의 판정을 위해 사용한 2000, 2001, 2002년 4월~12월의 기간이 Economia가 명확한 증거에 기초하여 객관적인 판단을 할 수 있게 하

---

120) 이상 패널보고서, 7.188-216 참조.

였는지를 검토했다. 이에 패널은, 검은(black) 올리브의 수확기가 가을에 시작되어 다음 해의 첫 3개월까지 계속된다는 사실을 들며, Economia가 조사의 대상으로 삼은 4월~12월의 기간은 Fortuny가 실제 올리브 오일을 생산하고 있는 기간을 제외시켰다고 판단했다. 그리고 패널은 Mexico-Steel Pipes and Tubes 사건에서의 패널의 판시를 들며, '한 해의 일부만을 조사 대상 기간으로 삼은 경우, 당국은 해당 기간이 전체 기간을 반영하고 있음에 대한 충분한 설명을 해야 한다'고 판시했다. 또한 2000년~2002년 전 기간을 대상 기간으로 삼는 경우와 해당 년도의 각 9개월씩만을 조사 대상 기간으로 삼는 것의 차이로 인해 판정에서의 편향성이 나타나는지는 명확하지 않지만, 전자를 대상으로 삼는 것이 더 국내 산업의 상태에 대한 정확한 설명을 해줄 것이라고 판시했다. 그리하여 Economia가 9개월을 조사 대상 기간으로 삼은 것에 대한 충분한 설명을 하지 않은 상황에서의 피해의 분석은 제15.1조가 요구하는 '명확한 증거와 객관적인 판단'의 요건을 충족하지 못한 것으로 동 조항의 위반이라고 판시했다.[121)]

6. 멕시코가 SCM 제15.5조를 위반했는지 여부

SCM 협정 제15.5조

15.5 보조금을 받은 수입품이 보조금의 효과(Re.47)를 통해서 이 협정의 의미 내에서의 피해를 초래하고 있음이 입증되어야 한다. 보조금을 받은 수입품과 국내산업에 대한 피해와의 인과관계에 대한 입증은 당국에 제시된 모든 관련 증거에 대한 검토에 근거한다. 또한 당국은 같은 시점에서 국내산업에 피해를 초래하는, 보조금을 받은 수입품 이외의 모든 알려진 요소를 검토하며, 이러한 다른 요소로 인해 초래하는 피해를 보조금을 받은 수입품에 의한 것으로 귀속시켜서는 아니된다. 이점에서 관련될 수 있는 요소에는 특히 당해 상품의 보조금을 받지 아니한 수입의 수량과 가격, 수요의 감소 또는 소비형태의 변화, 국내외 생산자간의 무역 제한적인 관행 및 이들간의 경쟁, 기술의 개발 및 국내산업의 수출실적과 생산성이 포함된다.

(Remark 47) 제2항 및 제4항에 규정된 효과

EC는 Economia에게 알려진 다른 6가지 사실을 제대로 검토하지 않았다고 주장했다. SCM 제15.5조는 당국에 제시된 모든 관련 증거에 대한 검토를 할 것을 요구하는데, Economia는 국내산업에 피해를 야기하는 다른 증거들에 대한 검토를

121) 이상 패널보고서, paras. 7.249-290 참조.

하지 않았다는 것이다.

이에 대해, 패널은 Economia가 당국에 제시된 모든 관련 증거 하나하나를 검토했고 이들 증거로부터 보조금을 받은 수입품의 영향과 구별되는 어떠한 해로운 영향도 발견하지 못했다고 판시했다. 또한 Economia는 이러한 다른 요소들이 피해를 야기하는데 어떠한 기여도 하지 않은 점에 대해 적절하고 근거 있는 설명을 제시했다고 보았다. 결국 패널은 멕시코가 SCM 제15.5조를 위반했다는 EC의 주장을 기각하였다.[122)]

Ⅳ. 해설 및 평가

우리도 농업 보조금을 많이 주고 있는 상황에서, 수출농산물이 상대국의 상계조사에 직면하는 경우가 다소 발생할 수 있다. 이런 경우, 상대국의 상계조사의 절차적 하자가 없는지를 예의주시할 필요가 있다. 반대로 우리 조사당국이 수입농산물에 대해 상계조사를 실시하는 경우, 멕시코 올리브 오일 사건이 주는 교훈을 타산지석으로 삼아야 한다.

우선, 조사기간이 12개월을 초과하는 경우에는 그럴만한 특별한 사정을 조사국에서 제시해야 하며, 18개월을 초과하게 되면 그 자체로 위법이 성립함을 주목해야 한다. 조사의 지연 자체가 농산물 수출자들에게 적지 않은 부담을 주므로, 조사기간 지연여부를 체크할 필요가 있는 것이다.

둘째, 상계조사 당국이 최종수출품이 아니라 수출품에 투입된 원료제품에 대한 보조금을 문제 삼아 수출품에 대해 상계관세를 부과하는 경우라면, 보조금 혜택의 이전분석(pass-thorough analysis)을 진행했는지를 확인해야 한다. 이때, 원료제품 생산자와 수출제품 생산자가 동일 업체이거나 상호 관계되어 있는(related) 경우에는 원료제품에 대한 보조의 혜택을 받은 자가 바로 상계조사를 받는 자와 동일한 것으로 볼 수 있으므로, 보조금 혜택의 이전분석 없이 수출제품에 대해 보조혜택이 부여된 것으로 간주하고 조사를 진행할 수 있다. 본 사건에서 패널이 EC측 보조금이 올리브 생산자에게 부여된 것은 맞으나 이것은 이들이 오일을 추출하고 있음과 관련하여 보조금을 지불한 것이고, 멕시코 당국은 올리브 오일에 대해 상계조사를 실시하는 것이므로, 보조금을 수혜한 자가 상계조사 대상제품의 생산자

---

122) 이상 패널보고서, paras. 7.293-321 참조.

와 동일인인 경우에 해당하여, 이전분석이 필요하지 않다는 입장을 취한 것은 바로 이러한 이유에서다. 패널이 강조한 판례인 US-Lumber CVD 사건의 상소기구 의견에 따르면, "투입물과 추가적으로 제조된 제품이 모두 상계관세 조사의 대상에 포함된다면 이전 분석은 필요 없다"는 판시내용도 그 맥락을 같이 한다.

반면, 보조혜택을 받은 원료제품 생산자와 수출제품의 생산자가 상이하며 서로 연관되어 있지 않은 경우에는 이전분석이 필수적으로 요구된다. 이때에는 수출제품 생산자가 원료제품 생산자로부터 원료를 구매시 공정시장가격(fair market value)을 지불했는지가 중요해진다. 즉, 공정시장가격을 지불하고 원료를 구매하여 수출제품을 제조하여 수출한 경우에는 원료제품 생산자에 대한 보조금 혜택이 수출자에게 이전되었다고 볼 수 없고 소멸해버린 것이므로, 수출제품에 대해 상계조사를 진행하는 것은 정당성을 잃게 된다. 반면, 공정시장 가격보다 싸게 구매한 경우에는 원료제품 생산자에 대한 보조의 혜택이 일정 액수만큼 최종제품 생산자에 이전된 것으로 간주할 수 있게 되어 그 한도 내에서 상계조사를 실시하고 상계조치를 취할 수 있게 되는 것이다.

본 올리브 오일 사건에서 EC측은 바로 위와 같은 경우에 해당함을 주장한 것이다. 즉, EC가 올리브 생산자에게 보조금을 지불한 것이고, 비록 이들이 올리브를 으깨어 오일을 추출하고는 있으나, 이러한 으깬 오일이 바로 수출되는 것이 아니라, 다른 업체가 이를 구매하여 수출용 올리브 오일을 제조한 후 수출하므로, 상계조사를 당하는 수출품 생산자와 보조금 수혜자는 상이함을 설명했다. 따라서 멕시코는 올리브 생산자에 대한 보조금의 혜택이 올리브 오일 수출자에게 이전되었는지를 분석해야 마땅하다고 주장했던 것이다.

이러한 EC측 주장이 패널에 의해 수용되지 않았음을 주목해볼 필요가 있다. 결국, 패널은 으깬 올리브 오일과 수출용 올리브 오일을 다시 분리해서 보조금 혜택 이전분석을 실시하지는 않겠다는 입장인 바, 너무 세분화된 품목분류를 진행하게 되면, 수출을 위해 일정한 가공이 필요한 대부분의 품목에 대해 결국은 보조금 이전분석을 해야 한다는 논리적 근거로 활용될 수가 있어, 상계조사 당국에 지나친 부담을 주게 되는 점을 경계한 것으로 보인다.

아무튼, 상계조사 대상 수출품을 직접 생산한 자가 아니라 그 원료제품 생산자에게 부여된 보조금이 이슈인 경우에는 두 제품 생산자가 별도의 주체인지 여부를 예의주시하여 이전분석 필요성여부를 판단하고, 조사당국이 이를 위반하는 경우 적극적으로 문제를 제기해야 할 것이다.

셋째, 상계조사를 청원한 국내산업에 포함된 생산자가 상계조사 기간 동안 실제 생산활동을 했는지 여부는 국내산업의 개념 정의의 필수적 기준이 되지 못한다는 점도 유념해야 한다. 일부 생산실적이 있거나 생산시설을 유지하고 있는 경우라도 청원적격이 있다고 볼 수 있다.

넷째, 피해 조사기간을 설정했으면, 그 전체 기간에 대해 피해분석을 진행해야지, 조사기간 중 일부 시기는 제외하고 피해조사를 하게 되면, 그 제외의 합리적 이유를 조사당국이 제시할 의무가 있다는 점도 흥미롭다. 본 사건에서 멕시코 당국이 자국 산업의 피해를 과장하기 위해 이 산업의 올리브 수확기는 제외하고 비수확기를 중심으로 피해요소를 조사한 것이 불법판정을 받은 점을 주시할 필요가 있다.

〈WTO 분쟁해결 일지〉

2006.12.7. EC, 패널 설치 요청
2007.1.23. 패널 설치
2007.2.21. 패널 구성
2008.8.26. 최종보고서 발간
2008.9.4. 최종보고서 회람
2008.10.21. 패널 보고서 채택

제 13 장 EC-바나나 이행 분쟁

(EC - REGIME FOR THE IMPORTATIONS, SALE AND DISTRIBUTION OF BANANAS SECOND RECOURSE TO ARTICLE 21.5 OF THE DSU BY ECUADOR/RECOURSE TO ARTICLE 21.5 OF THE DSU BY THE US) (WT/DS27/RW/USA, WT/DS27/RW2/ECU, WT/DS27/AB/RW/USA, WT/DS27/AB/RW2/ECU)

< 요 약 >

이 사건은 EC-Bananas 원 사건 판결에 대한 이행관련 분쟁이다. 유럽국가들은 원래 자신들의 식민지국가였던 ACP국가들과의 협력관계를 강화하기 위해 이들에게 유리한 바나나 쿼터할당 제도를 수립하고 있었다. 그 후 EU는 쿼타할당에서 배제된 남미국가들을 달래기 위해 이들 국가들과 협정을 체결하여 더 이상 분쟁해결을 추구하지 않는 조건으로 일정량의 바나나 쿼터를 코스타리카, 콜롬비아, 니카라과, 베네주엘라, 도미니카 공화국 등에 배분하였다. 이에 쿼터 배분에서 배제된 과테말라와 그와 같은 처지에 있는 에콰도르, 혼두라스, 멕시코 및 미국은 EU를 WTO에 제소하여 1997년 승소판정을 받았다. 2000년 EC는 ACP국가들과 코토누협정을 체결하여 무관세 쿼터 대우를 적용하고, 2001년 WTO각료회의에서 바나나 수입관련 의무면제(waiver)를 획득하였다. 이러한 EC의 제도에 관련하여, 미국과 에콰도르는 여전히 WTO협정에 합치하지 않음을 들어 이행적합성 패널에 제소하였다. 상소기구는 무관세쿼터를 ACP국가들에게만 적용한 것은 GATT 제13.1조를 위반하였으며, MFN이 적용되는 국가들에 대해 톤당 176유로의 관세를 부과한 것은 톤당 75유로의 쿼터내 관세율을 규정한 EC양허표의 양허내용을 위반한 것이므로 GATT 제2조 위반이 성립된다고 판시했다. 아울러 EC가 획득한 의무면제는 해석상 그 적용기간이 만료되었다고 보았다.

EU의 경우 두 번의 패소판정을 받고, 이를 완전히 이행하는 대신 의무면제까지 획득하면서 특혜체제를 한시적으로 유지하였으나, 결국 면제기간 만료까지도 특혜를 철폐하지 못한 결과, 패널판정 이행의 적합성에 관한 분쟁에서 다시 패소하는 사태가 발생한 것이다. 일련의 바나나 분쟁은 정치적으로 민감한 이슈에 대한 WTO 패소판정을 제대로 이행하는 것이 얼마나 어려운지를 보여준다. 특히 특수관계에 있는 국가에게 특혜적으로 배분한 쿼터를 없애고 MFN원칙에 입각하여 재배분하는 것은 더욱 정치적으로 어려운 과정이다. 특별 쿼터를 이미 배분받고 있는 국가와 그 수출업자들이 반발함은 물론, 그러한 특별 쿼터를 애초에 부여한 정치적 요인이 존재하고 있는 한 국내정치적으로도 반발이 제기되기 때문이다. 우리의 경우도 각종 농산물에 대해 쿼터를 배분하는 경우 GATT 제13조의 원칙에 위반하지 않도록 해야 한다. 이를 위해서는 우선, 수입되는 동종상품들(like products)에 대해 유사하게 제한 효과가 발생하도록 쿼터를 배분하는 것이 원칙이다. 이 때, 실질적 이해관계가 있는 다른 국가들을 쿼터 배분에서 배제시키지 않는 것이 중요하다. 최후의 수단으로, 만일 이러한 조건들을 충족하지 못하면서 국별쿼터를 부과하는 경우가 발생하면, waiver를 획득하는 방안을 모색할 수 있다. 의무면제를 획득하기 위해서는 WTO회원국 3/4의 동의를 얻어야 하므로 이해관계국과 사전협상을 통해 지지를 요청해야 한다. 물론 의무면제 지지에 대한 상응하는 대가를 요구받는 경우도 많으므로, 이에 대해 대비해야 한다.

그리고 waiver 결정문의 문안을 구성하는데도 주의해야 한다. EU가 획득한 도하 waiver의 경우 ACP국가들에게 부여한 750,000톤의 무관세 조치와 GATT 제13조상의 의무의 면제만을 언급하고 있어, 상소기구로 하여금 이러한 물량 이외 2,200,000톤의 바나나에 대한 할당관세와 GATT 제1조 의무 위반은 wiaver로 정당화하지 못한다는 판정을 내리는 빌미를 제공하고 말았다. 기왕에 waiver를 획득하는 것이라면, WTO협정상의 모든 관련조항상의 의무로부터 면제를 얻을 수 있도록, 의무면제의 대상 조항을 빠짐없이 기술하는 것이 중요하다. 특혜 쿼터배분에 관한 의무면제를 추진하는 경우, GATT 제13조는 물론 제1조까지 면제대상 조항으로 적시하는 것을 잊지 말아야 할 것이다.

Ⅰ. 사건개요 및 사실관계

이 사건은 EC-Bananas 원 사건 판결에 대한 이행관련 분쟁이다. 유럽국가들은 원래 자신들의 식민지국가였던 ACP국가들과의 협력관계를 강화하기 위해 이들에게 유리한 바나나 쿼터할당 제도를 수립하고 있었다. 이에 남미지역의 바나나 수출국인 콜롬비아, 코스타리카, 과테말라, 니카라과 및 베네주엘라는 1993년 GATT의 패널에 제소하여 승소판정을 받았으나, 패널보고서가 GATT당사국들에 의해 채택되지 못했다. 이에 EU는 이들 국가들과 BFA(Bananas Framework Agreement)를 체결하여 더 이상 분쟁해결을 추구하지 않는 조건으로 2,200,000톤의 바나나 쿼터를 코스타리카, 콜롬비아, 니카라과, 베네주엘라, 도미니카 공화국 및 다른 ACP 국가들에 배분하였다. 쿼터내 세율은 75유로로 설정했다.

이에 쿼터 배분에서 배제된 과테말라와 그와 같은 처지에 있는 에콰도르, 혼두라스, 멕시코 및 미국은 EU를 WTO에 제소하였는바, 1997년 9월 25일 분쟁해결기구(DSB: Dispute Settlement Body)는 상소기구의 보고서를 채택하여 EC가 바나나 관련 수입조치를 WTO에 합치하도록 수정할 것을 요구했다. 2000년 6월 23일 EC는 ACP국가들과 코토누협정(Cotonou Agreement)을 체결하였는데, 이는 2007년 12월 31일까지 이들 개도국으로부터 수입되는 제품에 무관세를 허용하는 것이다. 이들 국가들로부터 수입되는 바나나에 대해서는 무관세의 연간 쿼터가 적용되었다. 2001년 4월 미국·에콰도르와 EC는 바나나 분쟁관련 교섭을 종료했다.

그 후 2001년 11월 14일 도하 각료회의를 통해 EC는 바나나 수입관련하여 GATT 규정 상의 의무면제(waiver)를 허용받아 Banana Annex에 이러한 waiver 규정이 삽입되었다. 이에 따라 2004년 1월 19일 EC는 EC-15상의 CXL의 철회 및 새로운 스케줄인 EC-25를 발표했다.

2005년 11월 29일, EC는 이사회규정(Council Regulation) 1964/2005호를 채택하였는데 동 규정은 2006년 1월부터 시행되었다. 동 규정은 바나나에 대한 관세율을 톤당 176유로로 설정하였고, 코토누협정에 따라 ACP국가들에서 수입되는 바나나에 대한 관세할당을 규정하였다. 이에 따라 이사회규정(Council Regulation) 1964/2005호는 ACP국가들로부터 수입되는 바나나에 대해 연간 775,000톤에 대해 무관세 혜택을 부여하고, 또 다른 2,200,000톤의 수입은 MFN에 입각해 176유로의 관세를 부과하는 관세할당제도를 마련하게 되었다.

이러한 EC의 제도와 관련하여, 미국은 775,000톤의 ACP 바나나에 면세를 부여하는 관세할당제도에 대해 문제를 제기했고, 에콰도르는 이러한 관세할당과 더불어 자국의 바나나가 무관세 쿼터를 적용받지 않는 경우 톤당 176유로의 관세를 지불해야 하는 것은 EC의 바나나 양허관세율인 톤당 75유로를 초과하는 것임을 근거로 WTO에 제소하였다. 즉, EC의 조치가 여전히 WTO협정에 합치하지 않음을 들어 관세양허 중지를 승인해줄 것을 DSB에 요청한 것이다. EC가 양허 중지의 수준에 대해 이의를 제기하자, DSU 제22.6조에 따른 중재도 개최되었다.[123)]

Ⅱ. 주요쟁점 및 당사국 주장

1. 주요쟁점

미국은 EC의 조치가 GATT 제1.1조, 제13.1 및 2조를 위반하였음을, 에콰도르는 EC의 조치가 GATT 제1.1조, 제2조 및 제13.1 및 2조를 위반하였음을 주장하

123) 이상 WT/DS27/R/ECU, paras. 3.1-36; WT/DS27/RW2/ECU, paras. 2.23-63 참조.

였다.

2. 당사국 주장

가. 제소국 : 미국과 에콰도르의 주장

① GATT 제1.1조 관련

미국과 에콰도르는 EC의 바나나 수입정책 중 775,000톤의 바나나에 면세를 가능케하는 관세쿼터에 대해 GATT 제1조 최혜국대우 위반이라 주장했다. 특히, 이러한 EC의 제도가 ACP 국가들에 대해서만, 다른 WTO회원국에는 제공되지 않는 "편의, 호의, 특권 또는 면제"를 부여하고 있고, 도하 waiver는 더 이상 ACP 국가들에 대한 적용되지 않기에 이러한 특혜는 부당하다고 주장했다.

② GATT 제13.1 및 13.2조 관련

미국과 에콰도르는 EC의 개정된 바나나 수입 제도가 GATT 제13.1조 및 13.2조 위반이라고 주장하였다.

우선, EC가 ACP 국가로부터 수입되는 바나나에 대해 관세 쿼터를 적용하는 반면, 다른 국가로부터 수입되는 바나나에 대해서는 전혀 다른 수단을 사용함으로써 "동종 상품(like products)"을 원산지에 관계없이 동일하게 취급하고 있지 않으므로, GATT 제13.1조를 위반하고 있다고 주장했다.

또한, 775,000톤에 대한 ACP 관세 쿼터는 다른 공급자들에게는 적용되지 않고, 이러한 제한이 없을 경우에 여러 체약당사자가 얻을 것으로 기대될 수 있는 몫은 커녕 어떠한 쿼터량의 분배도 이뤄지지 않으므로, GATT 제13.2조 두문(chapeau)을 위반했음을 주장했다. 또한, 쿼터량에 대한 합의가 실패할 경우 "체약당사자에게 몫을 배분하되 동 상품수입의 총량 또는 총액 중 과거의 대표적인 기간 동안 동 체약당사자에 의하여 공급된 비율에 기초한 동 상품의 무역에 영향을 미쳤을 수도 있거나 미치고 있을 수도 있는 특별한 요소에 대하여 적절한 고려를 한다"라고 규정하는 GATT 제13.2(d)조를 들며 이에 따른 조치를 취하지 않은 EC는 제13.2조 위반이라고 주장했다.

③ GATT 제2조 관련

에콰도르는 EC의 톤 당 176유로의 관세 적용은 GATT 제2.1(a) 및 (b)조를 위반한다고 주장했다. 즉, 2,200,000톤의 수입의 경우 톤 당 74유로로 규정된 EC

GATT 양허표(Schedule CXL)를 위반한다는 것이다.

나. 피소국 : EC의 주장

① GATT 제1.1조 관련

EC는 GATT 제1조 관련 미국의 주장에 대해서는 반박하지 않았으나, waiver 관련 주장에 대해서는 새로운 EC의 수입 정책이 waiver의 혜택을 받을 수 있다고 반박했다.

② GATT 제13.1 및 13.2조 관련

EC는 MFN수입에 어떠한 수량제한도 적용되지 않으므로 GATT 제13조 위반이기 위한 전제조건이 충족되지 않았다고 반박했다. 즉, EC는, 비-ACP 국가들로부터의 수입의 경우 어떠한 수량제한도 적용되지 않으므로 GATT 제13조가 아닌 GATT 제1조 적용사안이라 주장했다.

③ GATT 제2조 관련

EC는 2,200,000톤 관련 요건은 이미 만료되었고 유일하게 남은 구속력 있는 관세는 톤당 680유로라고 주장했다.

Ⅲ. 패널 및 상소기구 보고서 요지

1. EC의 조치가 GATT 제1조를 위반했는지 여부

> ◇ GATT 제1조 일반적 최혜국대우
>
> 1. 수입 또는 수출에 대하여 또는 수입 또는 수출과 관련하여 부과되거나 수입 또는 수출에 대한 지급의 국제적 이전에 대하여 부과되는 관세 및 모든 종류의 과징금에 관하여, 동 관세 및 과징금의 부과방법에 관하여, 수입 또는 수출과 관련된 모든 규칙 및 절차에 관하여, 그리고 제3조 제2항 및 제4항에 언급된 모든 사항에 관하여 체약당사자가 타국을 원산지로 하거나 행선지로 하는 상품에 대하여 부여하는 제반 편의, 호의, 특권 또는 면제는 다른 모든 체약당사자의 영토를 원산지로 하거나 행선지로 하는 동종 상품에 대하여 즉시 그리고 무조건적으로 부여되어야 한다.

가. 패널 보고서 요지

① GATT 제1.1조 위반 여부

패널은 우선 EC의 정책이 "편의, 호의, 특권 또는 면제"를 부여하고 있는지를 검토하고, "동종상품"인지 여부와 동종상품에 대한 위와 같은 혜택이 "즉시, 무조건적으로 부여"되었는지 여부를 검토했다.

패널은, "편의, 호의, 특권 또는 면제"의 혜택과 관련해서는, 톤당 176유로의 관세가 부여된 다른 원산지산 바나나와 비교하여 ACP 국가들에 대해 단지 '원산지'라는 기준으로 무관세를 조치를 함은 "혜택"을 구성한다고 판시했다. 제품간의 "동종성" 판단과 관련해서는, ACP 국가들로부터 수입되는 '신선한 바나나'는 다른 WTO 회원국들로부터 수입되는 '신선한 바나나'와 동종상품이라고 보았다. 그리고 다른 WTO 회원국으로부터 수입된 바나나에 ACP산 바나나와 같은 혜택이 "즉시, 무조건적으로 부여"되지 않았으므로 GATT 제1.1조 위반임을 판시했다.[124)]

② 도하 Waiver로 인한 면제 주장 가부

패널은 그 다음 단계로 도하 waiver가 충족되어 이러한 위반이 정당화될 수 있는지를 검토하였다. 도하 waiver의 부속서는 "중재과정 이후에 EC가 사안을 바로잡지 못한다면, EC의 새로운(new) 관세제도가 발효됨과 동시에 waiver는 적용이 중단된다"라고 규정하고 있다. 따라서 EC가 waiver를 원용할 수 있는지 여부는 2006년 1월 EC 관세제도가 새로 도입됨에 따라 자동적으로 도하 waiver가 만료되었는지 여부에 대한 판단에 의존하는 것이었다. 미국은 두 번의 연속된 중재 절차를 통해 제안된 EC의 바나나 관세 재개정이 MFN에 따른 시장 접근을 용이케 하지 못할 것임이 드러났기에 도하 waiver는 자동적으로 만료되었다고 주장했다. 이에 대해 EC는 도하 waiver에서 말하는 "새로운 관세제도"란 중재인이 이미 심의한 해당 제도와 관련된 것을 말하는 것이어서, EC가 MFN공급자들의 시장접근을 유지하는 "다른 제도(different import regime)"를 적용하는 경우까지 지칭하는 것은 아니므로, 이러한 다른 제도를 도입할 경우에는 결과적으로 waiver가 만료되지 않는다고 주장했다. 패널은 우선, EC의 바나나 관세제도가 부속서 상의 "새로운 관세제도"인지를 검토했다. 용어의 의미를 검토한 후 패널은, "새로운 관세제

124) 이상 WT/DS27/RW/USA(패널보고서), paras. 7.548-607 참조.

도"가 중재인이 검토한 제도만을 의미한다는 EC의 주장을 기각하고, EC가 취한 다른 제도에도 적용되는 것이라 판시했다. 이에 따라, EU가 GATT 제1조 위반을 바로잡지 못한 상황에서 이사회 규정 1964/2005호를 도입한 것이므로 도하 waiver는 그 적용이 만료되었다고 판시했다.[125)]

2. EC의 조치가 GATT 제13.1 및 13.2조를 위반했는지 여부

◇ 제13조 수량제한의 무차별 시행

1. 체약당사자는, 모든 제3국의 동종 상품의 수입 또는 모든 제3국으로의 동종 상품의 수출이 유사하게 금지되거나 제한되는 경우가 아니면 다른 체약당사자 영토의 상품의 수입에 대하여 또는 다른 체약당사자 영토로 향하는 상품의 수출에 대하여 어떠한 금지나 제한도 적용하지 아니한다.
2. 상품에 대하여 수입제한을 적용함에 있어서 체약당사자는 이러한 제한이 없을 경우에 여러 체약당사자가 얻을 것으로 기대될 수 있는 몫에 가능한 한 근접하도록 동 상품의 무역량을 분배할 것을 목표로 하며, 이를 위하여 다음의 규정을 준수한다.

…

(d) 공급국간에 쿼터가 배분되는 경우 제한을 적용하는 체약당사자는 당해 상품의 공급에 대하여 실질적인 이해관계를 가지는 다른 모든 체약당사자와 쿼터 몫의 배분에 관한 합의를 모색할 수 있다. 이러한 방법이 합리적으로 실행가능하지 아니한 경우 당해 체약당사자는 동 상품의 공급에 대하여 실질적인 이해관계를 가지는 체약당사자에게 몫을 배분하되 동 상품수입의 총량 또는 총액 중 과거의 대표적인 기간 동안 동 체약당사자에 의하여 공급된 비율에 기초한 동 상품의 무역에 영향을 미쳤을 수도 있거나 미치고 있을수도 있는 특별한 요소에 대하여 적절한 고려를 한다. 체약당사자가 이러한 총량 또는 총액 중 자신에게 배분된 몫을 전량 이용하는 것을 방해하는 어떠한 조건이나 절차도 부과되지 아니한다. 단, 동 쿼터가 관련될 수 있는 정하여진 기간 내에 수입이 이루어져야 한다.

가. 패널 보고서 요지

패널은 EC가 주장한 바처럼, GATT 제1조와 제13조간의 관계를 먼저 살핀 후, EC 바나나제도의 제13조 위반여부를 살폈다. 패널은 GATT 제1조와 제13조간의 관계에 대해, US-Line Pipe의 판정례를 들며, 비록 일정부분 중복이 되지만 GATT

125) 이상 패널보고서, paras. 7.568-606 참조.

제13조를 검토한다고 해서 제1조를 무력화하는 것은 아니라고 판시했다. 또한, EC-Bananas에서 상소기구의 판시를 들며 패널은, 제1조와 제13조는 "동일한 범위(same scope)"를 갖고 있지 않으며, 설령 "제13조 위반이라고 판시되더라도 이는 제1조 위반이라고 판시함에는 아무런 영향이 없다"고 언급했다.

이후 패널은, EC가 GATT 제13.1조를 위반했는지를 검토하였다. 이를 위해 패널은, ACP 국가로부터 수입되는 바나나와 다른 WTO 회원국들로부터 수입되는 바나나가 '동종상품'이라고 판시하였다. 그리고 EC가 ACP 국가산 바나나에 대해 MFN에 따라 제공된 바나나보다 차별적으로 부과하는 관세쿼터가 ACP 국가산 바나나에 대한 혜택으로써, 다른 회원국들의 바나나 수출의 경쟁조건을 변경한다고 보았다. 마지막으로, ACP산 바나나가 "유사하게 제한되었는지"를 검토했는데, MFN 수출관세율과 달리, ACP국가들은 더 낮은 쿼터내 관세율(in-quota duty)에 따라 수출할 수 있으므로 다른 회원국과 "유사하게 제한되지" 않아, GATT 제13.1조 위반을 판시했다.

GATT 제13.2조 위반과 관련해서는, MFN 국가들은 EC의 ACP 관세쿼터의 적용으로부터 배제되었고, ACP 국가들에 대한 혜택이 이러한 제한이 없을 경우에 여러 체약당사자가 얻을 것으로 기대될 수 있는 몫에 가능한 한 근접하도록 동 상품의 무역량을 분배할 것을 목표로 하고 있지도 않음을 들어 GATT 제13.2조 위반임을 판시했다. GATT 제13.2(d)조와 관련해서는, MFN 공급자들이 EC 바나나 시장에서 높은 비율을 차지하고 있었고, EC 시장에서 실질적 이해관계를 가질 것인데 EC가 제13.2(d)조 2문에 따라 "이러한 방법이 합리적으로 실행가능하지 아니한 경우 당해 체약당사자는 동 상품의 공급에 대하여 실질적인 이해관계를 가지는 체약당사자에게 몫을 배분하되 동 상품수입의 총량 또는 총액 중 과거의 대표적인 기간 동안 동 체약당사자에 의하여 공급된 비율에 기초한 동 상품의 무역에 영향을 미쳤을 수도 있거나 미치고 있을 수도 있는 특별한 요소에 대하여 적절한 고려를 한다"는 의무를 준수하지 않았으므로 동 조 위반이라고 판시했다.[126)]

나. 상소기구 보고서 요지

EC는 패널이 GATT 제13.1조의 "수량 제한"의 의미를 잘못 이해했다며 ACP 국가들의 공급자들에 대한 관세 특혜 대우는 제소국인 비-ACP국가들의 공급자들

---

126) 이상 패널보고서, paras. 7.615-719 참조.

에 대한 "수량제한"이 아니므로 GATT 제13.1조는 적용되지 않는다고 주장했다.

이에 대해 상소기구는 775,000톤의 무관세 쿼터는 ACP 국가들에게만 적용될 뿐 비-ACP 국가들에게는 적용되지 않으므로, 이러한 쿼터는 GATT 제13.1조의 "동종 상품의 수출이 유사하게 금지되거나 제한되는 경우"가 아니므로 동조 위반이라 보았다.

제13.2조 관련해서 상소기구는 동조의 두문이 관세쿼터가 "이러한 제한이 없을 경우에 여러 체약당사자가 얻을 것으로 기대될 수 있는 몫에 가능한 한 근접하도록 동 상품의 무역량을 분배할 것을 목표로 하여야 함을 강조하고 있음을 들며, 비-ACP 국가들에 대해 무관세 쿼터를 부여하지 않는 것은 위와 같은 목적을 추구하지 않는 것이라고 보았다. 즉, 무관세쿼터 전부를 ACP 국가들에게만 부여하고, 비-ACP 국가들에 대해서는 어떠한 할당도 하지 않는 것은, "상품수입의 총량 또는 총액 중 과거의 대표적인 기간 동안 동 체약당사자에 의하여 공급된 비율에 기초한 쿼터 몫의 배분"이라고 할 수 없고, ACP 국가들에만 775,000톤의 무관세 쿼터를 배분하는 것은 GATT 제13.2조 및 동조 (d)호 위반이라고 판시한 것이다.[127]

2. EC의 조치가 GATT 제2조를 위반했는지 여부

◇ GATT 제2조 양허표

1. (a) 각 체약당사자는 다른 체약당사자의 상거래에 대하여 이 협정에 부속된 해당 양허표의 해당 부에 제시된 대우보다 불리하지 아니한 대우를 부여한다.
   (b) 어떤 체약당사자에 관한 양허표 제1부에 기재된 상품으로서, 다른 체약당사자 영토의 상품이 동 양허표에 관련된 영토로 수입되는 경우, 동 양허표에 명시된 조건 또는 제한에 따라 동 양허표에 명시되고 제시된 관세를 초과하는 통상적인 관세로부터 면제된다. 이러한 상품은 이 협정일자에 부과되고 있거나 이 협정일자에 수입영토에서 유효한 법령에 의하여 이후 부과되도록 직접적이고 의무적으로 요구되는 한도를 초과하여 수입에 대하여 또는 수입과 관련하여 부과되는 모든 그밖의 관세 및 모든 종류의 과징금으로부터 또한 면제된다.

가. 패널보고서 요지

패널은 우선, 에콰도르를 비롯한 다른 MFN 국가들로부터 수입되는 바나나에 대해 EC 양허표 상에 규정된 수입관세를 초과하는 관세가 적용되는지를 검토하

127) 이상 WT/DS27/AB/RW2/ECU, WT/DS27/AB/RW/USA (상소기구보고서), paras. 334-354 참조.

였다. 이를 판단하기 위해 (1) MFN 국가로부터 수입된 바나나에 대한 조치를 규정하고, (2) EC 양허표 Part 1에 따라 WTO 회원국의 바나나에 부과된 조치를 규정하고, (3) 관련 조치가 EC 양허표 Part 1의 통상 관세를 초과하는 관세를 MFN 국가들에 부과하는 것인지를 검토했다. MFN 국가로부터 수입된 바나나에 대한 EC의 조치는 2006년 1월 1일 발효된 위원회규정 1964/2005호에 따른 것이고, 이는 1톤당 176유로의 관세를 규정하고 있음을 파악했다. 또한 EC는 코토누협약이라 알려진 ACP-EU간 파트너협정에 따라 ACP 국가산 바나나의 775,000톤의 연간 쿼터를 할당하고 있음을 검토했다. 두 번째로, EC 양허표 Part 1에 따라 WTO 회원국의 바나나에 부과된 조치와 관련해서는, EC 양허표 LXXX호와 CXL호의 part 1, Section 1(A)의 tariff heading 0803의 경우, 바나나에 대한 구속적 관세율을 1톤당 680유로로 규정하고 있고, EC 양허표 LXXX호와 CXL호의 part 1, Section 1(B)의 경우, 2,200,000톤의 바나나에 대해 1톤당 75유로의 관세율을 부과하고 있음을 밝혔다. 이에 따라 패널은, 패널의 주된 임무는 EC가 2002년 12월 31일 이후에도 2,200,000톤의 바나나에 대해 1톤당 75유로의 관세율을 부과하는 것이 계속 유효한지를 검토하는 것이라고 밝혔다. 이를 판단하기 위해 패널은, 비엔나 협약 제31조와 제32조에 따른 "국제법상 해석의 일반원칙" 하에 검토할 것임을 밝히고, EC 양허표상의 "모든 관련 용어"들을 고려했다. 이에 패널은, EC의 바나나에 대한 관세 할당은 GATT 제2.1(b)조의 "기간, 조건, 자격요건"에 따라 이해되어야 하며 이 사건에서는 BFA(Bananas Framework Agreement)를 검토하였다. BFA 9번째 문단은 "BFA가 2002년 12월 31일 만료됨에 따라 EC의 관세 할당 양허도 자동적으로 만료됨"이라고 규정하고 있었다.

이러한 문언에 더해 패널은, WTO의 "목적"을 고려했는데, 패널은 WTO 협정의 목적 중 하나가 "상품 및 서비스 무역을 확대"하는 것이고 GATT 제2조의 관세 양허보다 불리한 대우를 하지 않아 "안정성과 예측성"을 도모하는 것임을 판단했다. 그리하여 WTO 회원국에 의한 양허는 무역을 확대하고 장벽을 없애는 일반적 목적을 도모하는 방향으로 해석되어야 하며 안정성과 예측성을 촉진하기 위해서 그러한 해석은 양허표에 포함된 특정 기간, 조건, 자격에 달려있다고 판시했다. 이러한 문언상·문맥적·목적론적 해석하에 패널은, EC의 바나나에 대한 관세 쿼터 양허가 2002년 12월 31일에 만료될 것으로 예정되어 있다고 판단했다. 그러나 패널은 최종 결정을 내리기 전에, 비엔나 협약 제31.3(a)조에 따라 당사국간에 바나나 관세 할당에 대한 후속 협정이 있는지를 검토했고 도하 waiver가 이러한 협정임을 밝혔다. 그렇다면 만료일이 도하 waiver에 따라 연장되었는지에 대해 패널은, 당사국들이 도하 waiver를 채택함으로써 만료일을 연장했다고 판시했다. GATT 제2조와 제28조를 결합한 해석에 따라 후속 협상이 완료되기 전에는 회원국은 양허표상의 요건에 계속 구속됨을 밝힌 것이다.

마지막으로 패널은 바나나에 대해 1톤당 176유로의 관세를 부과하는 것이 EC 양허표상의 관세를 초과하는 과세인지 여부를 검토했다. 이에 대해 패널은 EC가 위원회 규정 1964/2005호에 따라 MFN 국가들에 톤당 176유로의 관세를 부과한 반면, 2,200,000톤의 바나나에 대해 쿼터내 관세율로(in-quota tariff rate)톤당 75유로의 관세를 부과하고 있음을 밝혔다. 그리고 MFN 국가로부터의 바나나에 대해서만 1톤당 176유로의 관세를 부과하는 이유를 EC가 제시하지 못했기에 패널은, 2,200,000톤의 바나나에 대해 쿼터 내 관세율로(in-quota tariff rate) 톤당 75유로의 관세를 부과하는 것에 대한 고려 없이, MFN 국가로부터의 바나나에 대해 톤당 176유로의 관세를 부과하는 것은 EC 양허표 Part 1을 초과하는 과세라고 판시했다.128)

나. 상소기구 보고서 요지

EC는 당사국이 도하 waiver를 통해 관세쿼터 양허를 연장하기로 했고 MFN 국가로부터의 바나나에 대해 톤당 176유로의 관세를 부과하는 것이 GATT 제2.1(b)조 위반이라 판시한 패널의 판정에 대해 상소했다. 이에 에콰도르는 "BFA (Bananas Framework Agreement)의 종료는 EC의 쿼터할당의 자동적 만료를 의미한다"는 패널 판시에 대해 항소했다.

① 도하 Waiver가 관세양허의 적용을 연장했는지 여부

이를 판단하기 위해 상소기구는 WTO 법을 해석 또는 수정하는 세 가지 방법으로 의무면제(waiver), 최고의사결정기구에 의한 유권해석(multilateral interpretations), 그리고 개정(amendments)에 대한 정의를 검토했다. Waiver의 경우, 회원국이 협정상 특정한 의무로부터 일정기간 해방되는 것을 의미하고, 특정 조항을 수정하거나 신설하는 것이 아니라 단지 섬세히 해석하는 것이라고 보았다. 이에 반해, multilateral interpretation은 현존하는 협정상 의무를 구체화하기 위한 것을, amendments는 WTO 회원국들을 위해 협정상 의무를 수정, 신설하는 것임을 명확히 했다.

128) 이상 WT/DS27/RW2/ECU(패널보고서2), paras. 7.397-504 참조.

EC는 도하 waiver가 EC 양허표에 대한 후속적 국제협정에 해당한다는 패널의 판시내용을 기각할 것을 상소기구에 요구했는바, 상소기구는 EC주장을 수용하면서 도하 waiver는 조약법에 관한 비엔나협정 제31.3(a)의 후속협정에 해당하지 않음을 판시했다. 그 이유로는 비엔나협약 초안의 commentary가 후속협정을 "문맥과 함께 해석의 추가적으로 인증된 해석"이라고 한 점을 언급하며, 후속적 협정이란 이전 협정의 내용을 추가적으로 해석하는 측면(further authentic element of interpretation)이 있어야 하는데, waiver는 EC의 관세양허표를 "해석"하는 것이 아니라 "수정"하여 2002년 12월 31일 이후로 기존 관세양허를 연장하고 있으며, 아울러 EC 관세양허의 내용의 "적용(application)"에 관한 것이 아니기 때문임을 들었다.

이후 상소기구는 EC 양허표상의 관세쿼터의 적용이 연장되었는지 여부를 판단하였는데, 우선 상소기구는 도하 waiver의 조건(terms and conditions)이 2,200,000톤의 바나나에 대해 쿼터 내 관세율로(in-quota tariff rate) 톤당 75유로의 양허관세를 설정한 것을 해석하거나 수정하지 않는다고 보았다. 즉, 도하 waiver는 ACP 국가들에 대한 무관세 특혜를 부여하는 것에 관련될 뿐, MFN 쿼터 적용국가에 대한 관세쿼터 양허에 대한 어떠한 사항도 언급하고 있지 않다는 것이다.

더구나, 패널이 판시한 사항인 "2006년 1월 도하 waiver가 만료되지만, EC의 양허관세 재협상이 진행중이므로 이러한 협상이 종료될 때까지 waiver가 EC의 쿼터제도에 계속 연장적용된다"는 부분은 상소기구에 의해 기각되었다. 도하 waiver는 무관세 쿼터의 할당에 관한 것이지 MFN 쿼터제도를 정당화시키는 것이 아니기 때문이다.

결국 상소기구는 도하 waiver가 관세양허에 대한 후속 협정이라고 본 점과 GATT 제28조에 따른 관세협상이 마무리될 때 까지 EC의 쿼터양허의 적용이 연장된다는 패널의 판정을 번복하였다.

② EC의 바나나 시장접근 약속에 대한 해석

상소기구는 EC가 과거 바나나수출국과 체결한 적이 있는 "BFA(Bananas Framework Agreement)의 종료는 EC 쿼터의 자동적 만료를 의미한다"는 패널의 판시내용에 대해 에콰도르가 상소한 점에 대해 판단했다. 에콰도르는 BFA는 바나나와 관련된 모든 관세할당의 종료일을 규정하고 있지 않고, 단지 EC 관세 양허표의 1-6열을 제외한 BFA 자체의 다른 조건들(terms and conditions)의 만료일만을 규정하고 있다고 주장했다.

<EC 관세 양허표>

제품	관세번호	초기 쿼터량과 쿼터내 관세율	최종 쿼터량과 쿼터내 관세율	이행기간	초기 협상권	다른 조건들 (other terms and conditions)
1	2	3	4	5	6	7
신선한 바나나	0803 00 12	2.200.000 t 75 ECU/t	2.200.000 t 75 ECU/t			부속서에 규정

◇ BFA의 주요 내용

1. 전세계적 기본 관세 쿼터는 1994년 2.100.000톤, 1995년 2.200.000톤으로 고정되고, 그 이후에는 공동체의 확대에 따른다.
2. 쿼터는 아래 표와 같이 국별로 할당되었다 :

국가	전세계 쿼터의 비율
코스타리카	23.4
콜롬비아	21.0
니카라과	3.0
베네주엘라	2.0
도미니카 공화국 및 다른 ACP 국가들	90.000t
기타	46.32% (1994) - 46% (1995)

……

7. 쿼터 내 관세율은 75 Ecus tonne으로 설정한다.
8. 동 협정은 2002년 12월 31일까지 적용된다.

제7열(column 7)에 규정된 “부속서”는 BFA를 의미하는 것으로 이는 2002년 12월 31일까지 적용된다고 규정되어 있다.

상소기구는 GATT 제2.1(b)조를 언급하며 “회원국의 양허표상의 관세양허가 시간적으로 제한되어 있는 것은 예외적이지만, 이러한 제한은 GATT 제2.1(b)조의 문언상 허용되지 않는 것은 아니다”라고 판시했다. 이에 따라 관세양허가 2002년 12월 31일 만료되었는지를 판단하기 위해 상소기구는, EC 관세양허표와 BFA를 검토했다. 상소기구는 BFA와 관세 양허는 서로 다른 기능을 하고 있고 제7열의 “다른 조건들(other terms and conditions)”은 제3열과 4열과의 관계에서 검토해야 한다고 보았다. 또한 BFA는 협정 제1문단에 규정된 '전세계적 기본 관세 쿼터' 내의 특정 국가에 대한 할당, 관리, 재할당과 관련이 있다고 보았다. 그리고 이에 따라 협정 9문단에 규정된 "동 협정은 2002년 12월 31일까지 적용된다"는 문구는 "일정 몫의 분배에 관한 협정"에 대한 것일 뿐, "전세계적 기본 관세 쿼터"나 제4열의 "최종 쿼터량과 쿼터내 관세율"과 관련된 것이 아니라고 하였다. 따라서 상소기구는, 2,200,000 톤에 대한 관세 쿼터 양허와 톤당 75유로의 쿼터 내 관세율(in-quota tariff rate)은 제4열의 "최종" 쿼터이고, 제7열의 "다른 조건들(other terms and conditions)"은 제3열과 4열에 규정된 것 이외에 적용된다고 판시했다. 이러한 이유 때문에 상소기구는, BFA 제9문단의 "만료일"은 관세 쿼터 할당량과 관련될 뿐이고, 전반적인 관세 쿼터량 및 쿼터내 관세율과 수출국들에 대한 쿼터량 할당은 별개의 문제라는 것이다. 따라서 EC의 양허표가 수정될 때까지, 2,200,000톤에 대한 관세 쿼터 양허와 톤당 75유로의 쿼터 내 관세율은 2002년 12월 31일 이후에도 계속 적용되고 있는 것이라고 판시했다.

결론적으로 상소기구는 BFA의 종료는 EC의 쿼터할당의 자동적 만료를 의미한다는 패널의 판시내용을 기각하고, EC의 양허표가 수정될 때까지 2,200,000 톤에 대한 관세 쿼터 양허와 톤당 75유로의 쿼터 내 관세율을 2002년 12월 31일 이후에도 계속 적용되고 있는 것이라 판시했다. 따라서 이에 대한 고려 없이 MFN이 적용되는 국가들에 대해 톤당 176유로의 관세를 부과한 것은 GATT 제2.1(b)조 위반이라고 판정했다.[129)]

Ⅳ. 해설 및 평가

일련의 바나나 분쟁은 정치적으로 민감한 이슈에 대한 WTO 패소판정을 제대로 이행하는 것이 얼마나 어려운지를 보여준다. 특히 특수관계에 있는 국가에게 특혜적으로 배분한 쿼터를 없애고 MFN원칙에 입각하여 재배분하는 것은 더욱 정치적으로 어려운 과정이다. 특별 쿼터를 이미 배분받고 있는 국가와 그 수출업자들이 반발함은 물론, 그러한 특별 쿼터를 애초에 부여한 정치적 요인이 존재하고 있는 한 국내정치적으로도 반발이 제기되기 때문이다.

EU의 경우 두 번의 패소판정을 받고, 이를 완전히 이행하는 대신 waiver까지

---

129) 이상 상소기구보고서, paras. 363-455 참조.

획득하면서 특혜체제를 한시적으로 유지하였으나, 결국 waiver기간 만료까지도 특혜를 철폐하지 못한 결과, 패널판정 이행의 적합성에 관한 분쟁에서 다시 패소하는 사태가 발생한 것이다.

우리의 경우도 각종 농산물에 대해 쿼터를 배분하는 경우 GATT 제13조의 원칙에 위반하지 않도록 해야 한다. 이를 위해서는 우선, 수입되는 동종상품들(like products)에 대해 유사하게 제한 효과가 발생하도록 쿼터를 배분하는 것이 원칙이다. 국가별 쿼터(CSQ)를 배분하는 경우, 해당 상품의 수출에 실질적 이해관계가 있는 국가들과 협의하여 국별 쿼터량에 관한 합의를 도출하는 것이 가장 좋다. EU가 BFA를 체결하여 2,200,000톤의 바나나 쿼터를 코스타리카, 콜롬비아, 니카라과, 베네주엘라, 도미니카 공화국 및 다른 ACP 국가들에 국별쿼터 형태로 배분한 것은 이러한 예이다. 이 때, 실질적 이해관계가 있는 다른 국가들을 쿼터 배분에서 배제시키지 않는 것이 중요하다. BFA에서 배제된 과테말라가 같은 처지에 있는 에콰도르, 혼두라스, 멕시코 및 미국 등과 협력하여 EU를 WTO에 제소한 것을 타산지석으로 삼을 수 있다.

반드시 이러한 실질적 이해관계국들과의 국별쿼터 협상을 타결해야만 국별쿼터를 부과할 수 있는 것은 아니다. 협상이 타결되지 않는 경우에도 일방적인 조치를 통해 국별 쿼터를 배분할 수 있다. 이를 위해서는 쿼터 제한이 없을 경우 이들 수출국가들이 얻을 것으로 기대될 수 있는 몫에 근접하게 국별쿼터량을 설정해야 한다. 주의할 점은 해당 상품의 공급에 대하여 실질적 이해관계를 가지는 체약당사자에게 몫을 배분하되 동 상품수입의 총량 또는 총액 중 과거의 대표적인 기간 동안 동 체약당사자에 의하여 공급된 비율에 기초해야 하고, 동 상품의 무역에 영향을 미쳤을 수도 있거나 미치고 있는 특별한 요소에 대하여 적절히 고려해야 한다는 점이다.

최후의 수단으로, 만일 이러한 조건들을 충족하지 못하면서 국별쿼터를 부과하는 경우가 발생하면, waiver를 획득하는 방안을 모색할 수 있다. 의무면제를 획득하기 위해서는 WTO회원국 3/4의 동의를 얻어야 하므로 이해관계국과 사전협상을 통해 지지를 요청해야 한다. 물론 의무면제 지지에 대한 상응하는 대가를 요구받는 경우도 많으므로, 이에 대해 대비해야 한다.

그리고 waiver 결정문의 문안을 구성하는데도 주의해야 한다. EU가 획득한 도하 waiver의 경우 ACP국가들에게 부여한 750,000톤의 무관세 조치와 GATT 제13조상의 의무의 면제만을 언급하고 있어, 상소기구로 하여금 이러한 물량 이외

2,200,000톤의 바나나에 대한 할당관세와 GATT 제1조 의무 위반은 waiver로 정당화하지 못한다는 판정을 내리는 빌미를 제공하고 말았다. 기왕에 waiver를 획득하는 것이라면, WTO협정상의 모든 관련조항상의 의무로부터 면제를 얻을 수 있도록, 의무면제의 대상 조항을 빠짐없이 기술하는 것이 중요하다. 특혜 쿼터배분에 관한 의무면제를 추진하는 경우, GATT 제13조는 물론 제1조까지 면제대상 조항으로 적시하는 것을 잊지 말아야 할 것이다.

〈WTO 분쟁해결 일지〉

2007.2.23. 에콰도르, 패널 설치 요청
2007.6.29. 미국, 패널 설치 요청
2007.6.15./8.13. 에콰도르/미국 패널 설치
2007.11.27./2008.2.6. 에콰도르/미국 잠정보고서 발간
2007.12.10./2008.2.29. 에콰도르/미국 최종보고서 회람
2008.8.28. 에콰도르/미국 상소 의사 통보
2008.11.26. 상소기구 보고서 회람
2008.12.11./12.22. 에콰도르/미국 상소기구 보고서 채택

제14장 캐나다/미국-EC 호르몬 분쟁에 따른 계속적 양허정지 분쟁
(CANADA/UNITED STATES-CONTINUED SUSPENSION OF OBLIGATIONS IN THE EC-HORMONES DISPUTE) (WT/DS320, 321)

< 요 약 >

1996년 EC는 호르몬이 투여된 육류의 판매와 수입을 금지하는 행위를 취했다. 캐나다와 미국이 이를 WTO에 제소하였는바, 패널과 상소기구는 EC의 조치가 "위험평가"에 기초하지 않아 SPS협정 제5.1조를 위반하였음을 판시했다. EC는 합리적인 이행기간이 만료될 때까지도 해당 조치를 개정하지 않았다. 이에 따라 캐나다와 미국은 무역보복(WTO 양허의 정지)을 가하기에 이르렀다. 2003년 EC는 문제가 된 조치를 수정하였는데, 새로운 조치는 다양한 호르몬이 투여된 육류에 대한 수입을 잠정적 또는 영구적으로 금지하는 내용을 포함하고 있었다. EC는 이러한 새로운 지침을 채택하기 이전에 위험평가를 수행하고, 과학적 근거에 기반한 조사와 연구를 진행하였다고 주장했다. 이에 대해 캐나다와 미국은 EC의 새로운 지침은 "과학적 근거에 기반"한 것이 아니라며 양허 정지를 철회하지 않았다. 결과적으로 EC는 미국과 캐나다가 양허 정지를 철회하지 않은 점에 대해 WTO에 제소하기에 이르렀다. 패널은 패소국이 새로운 조치를 취한 후 WTO에 통보해 판정이행을 선언했음에도 불구하고, 승소국이 계속 보복조치를 유지하는 것은 새로운 조치에 대해 일방적으로 WTO위반 결정을 내리고 대응조치를 취하는 것과 다를 바 없으므로, DSU 제23조 위반이라고 판시했다. 이를 기각하며, 상소기구는 이행조치를 수행하는 회원국이 신의성실 원칙에 입각하여(in good faith) 이행조치를 취했다는 사실만으로 실질적인 이행이 있는 것이라 할 수 없으므로, 실제로 제대로 된 이행이 있었는지를 판단해야 미국과 캐나다가 DSU 제23조를 위반했는지를 알 수 있다는 입장을 취했다. 즉, 상소기구 판시에 따르면, WTO패널에서 승소한 국가가 자신이 판단하기에 패소국이 완전한 이행을 했다고 여길 때까지 보복조치를 그대로 유지하는 것 자체로는 DSU 위반이 성립되지 않게 된다. 또한, SPS 위험평가 여부에 대한 패널의 심사기준과 관련, 상소기구는 SPS조치를 취한 WTO회원국의 입장을 가급적 존중하여, 그 평가결과가 일관성을 잃거나 신뢰성이 없는 경우가 아니라면 국제기구의 패널이 함부로 그 불법성을 판정할 수 없다는 입장을 취했다. 즉, 설령 패널이 직접 위험평가를 진행하여 도출된 결론이 WTO회원국이 내린 결론과 상이하더라도, 회원국이 나름대로 신뢰성 있는 과학적 기반에 입각하여 일관성 있게 평가를 진행하면 그 국제법적 합치성을 보장받을 수 있는 것

이다. SPS협정 제5.7조상의 잠정조치 요건을 해석함에 있어서도, 패널이 국제표준이 존재하는 경우 기존의 과학적 증거가 불충분하다고 여겨지기 위해서는, 상당한 양(critical mass)의 새로운 증거가 기존의 지식과 증거를 불충분하게 만드는 경우로 기존 과학적 증거에 의문이 있다고 여겨지는 경우여야 한다고 판시한 내용을 전격적으로 기각하면서, 상소기구는 이러한 강화된 요건을 제5.7조에 적용하여 EC가 잠정조치 요건을 충족하지 못한다고 판정한 패널판정에 위법이 있다고 판시했다. 결국 EC가 SPS협정 제5.1조를 위반하고 제5.7조의 잠정조치 예외를 원용할 수 없으므로 원판정을 이행하지 않고 있다고 판시한 패널판정은 모두 기각되고 말았다.

우리나라는 아직까지 WTO판정 불이행을 이유로 무역보복을 당한 적은 없다. 그럼에도 앞으로 국내적으로 민감한 이슈와 관련하여, 제때 이행을 하지 못하거나 불완전한 이행조치를 취하는 경우가 발생할 가능성을 배제할 수는 없을 것이다. 이런 경우, 무역보복이 지속적으로 취해지게 되고, 결국은 승소국이 만족할만한 이행조치를 취해야 무역보복을 종료시킬 수 있음을 유념해야 한다.

EC-Hormone 분쟁이 주는 또 다른 교훈은 SPS협정에서 패널이 적용해야 할 심사기준(standard of review)에 대한 유권적 해석이 드디어 내려졌다는 점이다. 우리 정부가 수입 농산물에 대한 SPS 위험평가를 진행함에 있어, 일관성과 신뢰성을 유지하는 한, 그 평가결과가 WTO패널에 의해 불법으로 판정되지는 않음을 주목해야 한다.

SPS협정 제5.7조상의 잠정조치 요건을 해석함에 있어서도, 상소기구가 SPS 잠정조치를 취하는 국가의 권리보호 측면을 상당히 신경 쓰고 있음도 주목해야 한다. 아무리 국제표준이 자리 잡고 있는 경우라고 하더라도, 기존의 과학적 패러다임을 전환시킬 정도의 새로운 증거가 있는 경우에만 이에 의존하여 잠정조치를 취할 수 있다고 한다면, 요즘처럼 미지의 위험요소들이 급격하게 퍼질 가능성이 있는 시대 상황에서 WTO 회원국의 위생주권의 발동을 지나치게 저해할 가능성이 있는 점을 참작한 판시내용이라 보인다. 우리 정부도 미지의 위험요소에 대응하여 잠정조치를 취할 필요가 적지 않게 발생할 것이다. 이 때, SPS 제5.7조의 '과학적 증거의 불충분성' 요건을 충족해야 하는데, 새로운 위험요소에 대한 증거의 양보다는 질이 중요하며 소수의 연구결과라도 그것이 객관적으로 신뢰할 만한 기반에 입각한 경우에는 그와 반대되는 기존의 국제표준이 자리잡고 있는 경우라도 잠정조치를 취할 수 있음을 주목해야 한다.

이러한 WTO 상소기구의 입장변화는 그동안 국제환경 문제나 보건문제 등을 해결하기 위한 국제적 노력을 국제통상법이 반영하는데 둔감하다는 비판이 많이 제기된데 따른 반성에서 비롯된 것으로 평가된다. 따라서 WTO협정을 해석함에 있어 교역자유화를 염두에 둔만큼이나 비교역적 가치도 고려해야 하고, 변화하는 시대적 환경에 걸맞은 미래지향적 국제법적 법리를 잘 파악해서 국내 정책에 신속하게 활용해야 할 것이다.

Ⅰ. 사건개요 및 사실관계

1996년 EC는 일련의 이사회 지침(Council Directives) 96/22/EC호를 통해 호르몬이 투여된 육류의 판매와 수입을 금지하는 행위를 취했다. 캐나다와 미국이 이를 WTO에 제소함으로써 EC-Hormones 원 분쟁(DS48, DS26)이 발생했다. 패널과 상소기구는 EC의 조치가 "위험평가"에 기초하지 않아 SPS협정 제5.1조를 위반하였음을 판시했다. 이에 따라, 1998년 2월 13일 분쟁해결기구(DSB)는 EC가 WTO규정에 합치하도록 해당 조치를 개정할 것을 요구했으나, EC는 합리적인 이행기간이 만료될 때까지도 해당 조치를 개정하지 않았다. 이에 따라 캐나다와 미국은 DSB로부터 보복(WTO 양허의 정지)에 대한 승인을 받았고, 1991년 7월 29일, 1991년 8월 1일 각각 미국과 캐나다는 EC로부터 수입되는 상품에 대해 100%의 관세(ad valorem duty)를 부과하기에 이르렀다.

2003년 9월 22일, EC는 문제된 이사회 지침을 개정하기에 이르렀는데, 개정된 지침은 2003/74/EC호로 다양한 호르몬이 투여된 육류에 대한 수입을 잠정적 또는 영구적으로 금지하는 내용을 포함하고 있었다. EC는 이러한 새로운 지침을 채택하기 이전에 위험평가를 수행하고, 과학적 근거에 기반한 조사와 연구를 진행하였다고 주장했는데, 특히 Scientific Committee on Veterinary Measures relating to Public Health(SCVPH)라는 전문가로 구성된 독립기관이 CODEX표준과 JECFA를 비롯한 다양한 자료를 검토하여 많은 연구를 했다고 주장했다. 그리고 SCVPH의 의견에 따라 EC는 2003/74/EC호를 통해 발암과 유전독성의 위험을 초래하는 Oestradiol-17β라는 호르몬이 투여된 육류의 수입을 금지하기로 결정했다.

EC는 2003년 10월 27일, 원 EC-Hormones 분쟁에서 DSB의 권고와 판시를 완전히 이행했다며 위와 같은 새로운 지침을 DSB에 통보하고, 더 이상 캐나다와 미국의 관세 양허 중지는 정당화 될 수 없다고 주장했다. 이에 대해 캐나다와 미국은 EC의 새로운 지침은 "과학적 근거에 기반"한 것이 아니라며 양허 정지를 철회하지 않았다. 결과적으로 EC는 미국과 캐나다가 양허 정지를 철회하지 않은 점에 대해 WTO에 제소하기에 이르렀다.

Ⅱ. 주요쟁점 및 당사국 주장

1. 주요쟁점

EC는 미국과 캐나다가 DSU 제21.5, 23.1, 23.2(a), 22.8, 3.7, 23.1조 등을 위반했다고 주장했다. 아래에서는 DSU 제23.2(a), 21.5, 23.1조 등의 절차적 이슈와 패널이 DSU 제22.8조와의 관계 속에서 심리한 실체법적 쟁점인 SPS협정 제5.1, 5.7조 위반여부를 검토한다.

2. 당사국 주장

가. 제소국 EC의 주장

① DSU 제23.2(a), 21.5, 23.1조

EC는 캐나다와 미국이 양허의 중지를 계속 유지함으로써 "협정 목적달성의 장애의 시정을 추구하는 경우 이 양해의 규칙 및 절차에 의존하고 또한 이를 준수한다."라고 규정된 DSU 제23조를 위반했다고 주장했다. 또한 캐나다와 미국이 DSU 제23.2(a)조에 규정된 규칙 및 절차에 따른 분쟁해결에 의존하지 아니하고 조치를 도입했으므로 DSU 제21.5조, 제23.1조와 함께 제23.2(a)를 위반했다고 주장했다.

② SPS 제5.1조 및 제5.2조

EC는 새로운 지침서를 통해 Oestradiol-17β라는 호르몬이 투여된 육류의 수입을 금하기로 함은 SCVPH에 의해 SPS 협정 제5.1조에 따른 위험평가에 따른 결정으로, 이는 EC-Hormones 분쟁의 DSB 권고와 판시에 따른 것이라고 주장했다.

③ SPS 제5.7조

EC는 새로운 지침인 2003/74/EC호에 따라 관련된 6개의 호르몬 중 5개의 호르몬 사용은 잠정적으로 금지하는데 이는 포괄적인 위험평가에 근거한 것이므로 DSB 판정에 완벽히 합치하는 조치라고 주장했다.

나. 피소국인 미국 및 캐나다의 주장

① DSU 제23.2(a), 제21.5조, 제23.1조

캐나다는 EU측이 DSU 제23.1조 상의 "협정 목적달성의 장애의 시정"을 하기 위한 조치를 취하지 않았고, 캐나다는 단지 원 EC-Hormones 분쟁에서의 DSB 승인을 받은 양허의 정지를 계속 유지하고 있었을 뿐이라고 주장했다. 미국 또한 "이미 DSB를 통해 발견된 위반을 시정하기 위해 다자간 분쟁해결기구를 통해 교역장벽의 시정을 추구했을 뿐, 다른 목적을 추구한 것이 아니다"라고 주장했다.

② SPS 제5.1조

EC는 새로운 지침서를 통해 Oestradiol-17β라는 호르몬이 투여된 육류의 수입을 금하기로 함은 SCVPH에 의해 SPS 협정 제5.1조에 따른 위험평가에 기인한 것이 아니라고 반박했다.

③ SPS 제5.7조

미국과 캐나다는 EC가 SPS 제5.7조의 4가지 요건 중 어느 것도 충족하지 못하였으므로 SPS 제5.7조를 위반하였다고 주장했다.

Ⅲ. 패널 및 상소기구 보고서 요지

1. 미국 및 캐나다가 DSU 제23.2(a)조, 제21.5조 제23.1조를 위반했는지 여부

◇ 제23조 다자간체제의 강화

1. 회원국은 대상협정상의 의무위반, 이익의 무효화 또는 침해, 또는 대상협정의 목적달성에 대한 장애의 시정을 추구하는 경우 이 양해의 규칙 및 절차에 호소하고 또한 이를 준수한다.
2. 이러한 경우 회원국은 다음과 같이 한다.
   가. 이 협정의 규칙 및 절차에 따른 분쟁해결에 호소하지 아니하고는 위반이 발생하였다거나 이익이 무효화 또는 침해되었다거나 대상협정의 목적달성이 저해되었다는 취지의 판정을 내리지 아니하며, 분쟁해결기구가 채택한 패널보고서나 상소기구보고서에 포함된 조사결과 또는 이 양해에 따라 내려진 중재판정에 합치되도록 그러한 판정을 내린다.

나. 관련 회원국이 권고 및 판정을 이행하기 위한 합리적인 기간을 확정하는 데 있어서 제21조에 명시된 절차를 따른다.

다. 관련 회원국이 합리적인 기간내에 권고 및 판정을 이행하지 아니하는 데 대한 대응으로서 대상협정상의 양허 또는 그 밖의 의무를 정지하기 전에 양허 또는 그 밖의 의무의 정지의 수준을 정하는 데 있어서 제22조에 명시된 절차를 따르며 동 절차에 따라 분쟁해결기구의 승인을 얻는다.

◇ 제21조 권고 및 판정의 이행에 대한 감독

5. 권고 및 판정의 준수를 위한 조치가 취해지고 있는지 여부 또는 동 조치가 대상협정에 합치하는지 여부에 대하여 의견이 일치하지 아니하는 경우, 이러한 분쟁은 가능한한 원패널에 회부하는 것을 포함하여 이러한 분쟁해결절차의 이용을 통하여 결정된다. 패널은 사안이 회부된 날로부터 90일 이내에 보고서를 배포한다. 패널이 동 시한내에 보고서를 제출할 수 없다고 판단하는 경우, 지연사유를 패널보고서 제출에 필요하다고 예상되는 기간과 함께 서면으로 분쟁해결기구에 통보한다.

가. 패널 보고서 요지

우선 패널은, 캐나다와 미국이 DSU 제23.1조 상의 "대상협정상의 의무위반, 이익의 무효화 또는 침해, 또는 대상협정의 목적달성에 대한 장애의 시정"을 추구하였는지를 검토했다. 이에 대해, 캐나다는 DSU 제23.1조에서 언급된 "장애를 시정" 하기 위한 조치를 취하지 않고 단지 원 EC-Hormones 분쟁에서의 DSB 승인을 받은 양허의 정지를 계속 유지하고 있었을 뿐이라고 주장했다. 유사하게 미국 또한 "이미 DSB를 통해 발견된 위반을 시정하기 위해 다자간 분쟁해결기구를 통해 장애의 시정을 추구했을 뿐, 다른 무언가를 추구하고 있는 것이 아니다"라고 주장했다. 이에 대해, 패널은 DSU 제23.1조는 "DSU의 규칙 및 절차에 아직 호소하지 않은 결정과 관련된 조치의 경우만 적용될 뿐이므로 우선 EC의 새로운 지침인 2003/74/EC호가 그러한 조치인지를 검토했다. 이에 패널은 EC의 새로운 지침이 비록 여전히 수입금지 조치를 규정하고 있으나, 캐나다와 미국은 이러한 지침이 원래의 지침과 내용적·법적 측면에서 다름을 인지하고 있다고 판단했다. 이에 더해, 패널은 원 분쟁에서 호르몬이 투여된 육류의 수입금지 조치가 불법으로 판정된 것이 아니라, 이러한 수입금지 조치를 정당화할 근거의 불충분이 문제된 것이었음을 들며, EC는 SPS협정에 따라 과학적 근거 하에 수입금지 조치를 할 수 있다고 판시했다. 그리고 이러한 수입금지 조치가 여전히 존재한다는 사실은 다른 새로운 조치가 채택될 수 없음을 의미하지 않는다고 밝혔다.

이후 패널은 캐나다와 미국의 양허의 중지가 DSB에 의해 승인된 것임을 인정했다. 그러나 이러한 양허의 중지는 '의무'가 아니므로, EC의 새로운 지침서 통보 이후에도 이전과 같은 양허의 중지를 계속한다는 사실은 캐나다가 DSU 제23.1조의 "대상협정의 목적달성에 대한 장애의 시정을 추구"한다는 사실을 입증한다고 판시했다. 그리고 패널은 DSU는 관세 양허 중지의 철회에 관련한 어떠한 절차도 제공하지 못함을 적시하고, 이는 양허 중지 철회를 위한 DSB결정이 내려지기 위해서는 컨센서스에 의존해야 하는데 양허정지의 자율적 권한을 부여받은 해당 국가가 이에 동의하는 경우가 드물 것이기 때문임을 설명했다. 또한 DSU 제22.8조는 양허의 정지 또는 그 철회에 대한 어떠한 결정절차도 마련하고 있지 않으므로, 양허 정지를 취하는 국가가 제22.8조의 "회원국이 이익의 무효화 또는 침해에 대한 해결책을 제시하거나 상호 만족할 만한 해결에 도달하는 등의 시점"까지만 양허정지를 취할 것을 보장할 책임이 있다고 판시했다. 결국 이러한 근거하에 패널은, EC의 이행조치가 이미 "DSU의 규칙 및 절차에 호소"된 것이 아니고, 미국과 캐나다는 EC의 새로운 지침 발표 후에도 양허 정지를 유지하는 것은 EC의 이행조치와 관련하여 DSU 제23.1조의 "장애의 시정"을 추구하는 것이라고 판시했다.

이후 패널은 캐나다와 미국이 DSU 제23.2(a)를 위반했는지를 검토했는데 이를 위해서 (1) 캐나다와 미국이, EC의 이행조치가 WTO 협정에 위반한다는 결정(determination)을 내렸는지, (2) 캐나다와 미국이 그러한 결정을 함에 있어 DSU의 규칙 및 절차에 호소하였는지, (3) 설령 (2)와 같이 호소하였더라도 패널이나 상소기구 보고서의 판시와 일치하는 결정을 내렸는지 여부를 검토했다.

(1)과 관련해서, 패널은 EC의 조치를 정당화할 과학적 증거가 없으므로, 캐나다와 미국은 이와 관련하여 EC와 양자 협의를 요청했음을 밝혔다. 그러나 패널은, US-Section 301의 판정례를 들며, "판정(determination)이라 함은, 높은 수준의 결의(firmness) 및 불역성(immutability)을 의미"하며, 캐나다와 미국이 결코 "명시적으로 EC의 조치가 관련 협정을 위반하였다"라고 언급한 바 없다고 보았다. 그러나 EC의 수입금지조치에 아무런 과학적 근거가 없다고 주장한 점은 해당 조치가 SPS 협정 위반이라고 주장한 것과 같고, 캐나다가 보복조치를 철회하지 않는다고 명시한 점은 "EC의 조치가 WTO에 합치하지 않는다"고 판정한 것이라고 보았다. 패널은 미국의 주장과 관련해서도 높은 수준의 결의와 불역성이 보이므로 캐나

다에 대한 것과 같은 판정을 내렸다. 결국 패널은 캐나다와 미국이 위 (1)요건을 충족한다고 판시했다.

위 (2)요건과 관련해서, 패널은 캐나다와 미국이 위(1)에 해당하는 결정은 내렸지만, 분쟁해결기구를 통해서 이와 같은 결정을 내린 것이 아니라고 보았다. 즉, 캐나다와 미국은 원 조치의 보복조치에 대해서만 DSB의 승인을 받았을 뿐, EC의 새로운 이행조치에 대해서는 그러한 승인을 받은바 없다고 본 것이다. 패널은 DSU 제23.2(a)조는 EC가 WTO 불합치 조치를 제거했는지가 아니라, 아직 분쟁해결 기구에 호소되지 않은 조치와 관련되어 있는바, EC는 그러한 조치를 통보하였고 캐나다와 미국은 동 조치가 기존의 조치와 다른 것임을 인지하였다고 보았다. 따라서 다른 새로운 조치에 대해 기존의 양허 정지의 승인이 적용될 수 없다는 것이다. 즉, 패널은 캐나다와 미국이 위 (2)요건에 위배되므로 (3)의 요건은 검토할 필요 없이 DSU 제23.2(a)조 및 제23.1조를 위반했다고 판시했다.130)

나. 상소기구 보고서 요지

DSU 제23.2(a), 제23.1조와 제22.8조의 관계에 대한 패널의 해석에 대해 미국과 캐나다는 패널이 EC의 DSU 제23.2(a), 23.1조의 위반여부를 제22.8조와 관계없이 해석한 것은 잘못되었다고 주장하고, 미국과 캐나다가 DSU 제23조를 위반했다는 패널의 판시에 대해 상소했다.

상소기구는 제23.2조가 장애의 시정을 추구하는 경우 '양해의 규칙 및 절차에 호소해야 할 회원국의 의무'를 규정하는 반면, WTO 회원국의 일방적인 조치를 금하고 있음을 상기하며 장애의 시정을 추구하는 것은 제23.1조에 의해 금지되지 않으나 DSU의 규칙 및 절차에 따르지 않을 경우 제23조 위반이 됨을 판시했다. 이에 따라, 상소기구는 과거에 승인된 양허의 정지를 계속 유지함이 '장애의 시정'을 추구하는 것인지를 판단할 필요가 있다고 보았다. 그리고 DSB에 의해 승인된 양허의 정지가 제22조를 포함한 DSU의 다른 규정에 합치한다면 제23.1조 위반이 되지 않을 것이라 했는데, 특히 DSU 제23.2(c)조가 '이익의 무효화 또는 침해에 대한 해결책을 제시하거나 상호 만족할 만한 해결에 도달하는 등의 시점까지만 적용된다'고 규정하는 제22.8조를 언급하고 있다고 하였다. 상소기구는 또한, "관세 양허 정지의 대상이 된 국가가 WTO에 합치하도록 관련 조치를 이행할

---

130) 이상 WT/DS320/R(패널보고서1), paras 7.190-244. WT/DS321/R(패널보고서2), paras. 7.198-251 참조.

경우, 양허의 정지는 더 이상 DSU 제22.8조에 합치하지 않고 제23.1조와 23.2조에서 금하는 독단적인 결정이 될 것이다"라고 판시했다. 따라서 DSU 제22.8조와 제23조는 후속-정지(post-concession) 관련 분쟁에서 함께 유기적으로 해석되어야 하며 제23조는 계속적인 의무를 담고 있고, DSB에 의해 적절한 절차에 따라 양허의 정지가 승인된 후에도 계속 적용되는 것으로 보아야 한다고 판시했다.

이런 전제하에서, 상소기구는 이행조치를 수행하는 회원국이 신의성실 원칙에 입각하여(in good faith) 이행조치를 취했다는 사실만으로 실질적인 이행이 있는 것이라 할 수 없으므로, 제22.8조에 따라 계속된 양허 정지는 실질적인 이행이 있었는지 여부에 달려있다고 보았다. 이에 EC는 불법행위에 관한 국가책임초안(Responsibility of States for Internationally Wrongful Act)에 따라 국가의 불법행위가 중단될 경우 보복조치 또한 중단되어야 한다고 주장했는데, 이에 대해 상소기구는 보복조치는 불법행위국이 그의 의무에 완전히 합치하는 방향으로 불법행위를 중단할 경우에 적용되는 것이므로 그러한 합치가 없는 한 보복조치는 계속 유지될 수 있다며 EC의 주장을 기각했다. 결국 상소기구는, 캐나다와 미국의 양허정지는 DSB의 승인을 받은 것으로 DSU 제23.1조에 따라 DSU의 규칙 및 절차의 호소를 한 것인데, 계속적 양허 정지의 허용여부는 제22.8조에 따라 원 분쟁인 EC-Hormones에서 위반이라고 판시된 조치가 제거되었고, 실질적인 이행이 있었는지에 따라 결정된다고 판시했다. 즉, 상소기구는 패널이 원 분쟁인 EC-Hormones에서의 DSB의 판시와 권고사항과 무관하게 DSU 제23조를 검토한 위법이 있다고 판시했다.

미국과 캐나다가 '장애의 시정'을 추구한다고 본 패널의 판시에 대해, 상소기구는 미국과 캐나다가 EC의 위원회 지침 2003/74/EC호의 통보에도 불구하고 관세 양허의 중지를 계속하는 것은 '장애의 시정'을 추구하는 것이라 본 패널의 판시에 대해 검토하였다. 패널은 DSU 제22.8조의 세 가지 요건중 하나가 충족되었기에 양허 정지의 승인이 철회되었는지를 검토했지만 상소기구는 이러한 패널의 판시는 이행조치가 실질적인 이행인지 여부에 대한 검토를 누락한 것이라며 패널을 비판했다. 따라서 WTO에 불합치하는 조치가 제거되었는지에 대한 견해의 차이가 있다면, 이러한 견해차는 DSU 제21.5조에 따라 제22.8조에 따른 요건들을 검토해야 하는 것이라며 패널의 판정을 번복했다.

캐나다와 미국이 DSU의 규칙 및 절차에 대한 호소 없이 WTO 위반이라는 결정(determination)을 내렸다는 패널의 판시에 대해, 상소기구는 패널이 US-Section

301의 판정례를 들며 "결정(determination)이라 함은 높은 수준의 결의 및 불역성을 의미"한다고 판시한 점에는 동의하나, "명백히 장애의 시정에 대한 의도가 없는 예비적 견해표명은 DSU 제23.2(a)의 대상이 아니다"라고 판시했다. 상소기구에 따르면, 캐나다와 미국의 견해는 EC의 통보 '바로 직후'에 표명된 바, 이러한 견해는 EC의 이행 주장에 대한 초기적 반응 이상의 것이 아니라고 보았다. 그리고 EC 위원회의 지침서의 복잡함을 고려할 때, 캐나다와 미국은 EC의 조치가 이행에 합치하는지를 판단하는데 시간이 필요했을 것이라 보았다. 그리하여 DSB회의에서 표명된 캐나다와 미국의 견해에는 충분한 "결의 및 불역성"이 존재하지 않고 이들 견해는 DSU 제23.2(a)의 "결정"이 아니라며 패널의 판시를 기각했다.131)

2. EC의 조치가 SPS 제5.1조, 5.2조 및 5.7조를 위반했는지 여부

패널은 EC 주장의 핵심은 자신의 이행조치가 SPS협정에 합치하는데도 미국과 캐나다가 보복조치를 유지함으로써 DSU 제22.8조를 위반했다는 것이라 지적하고, DSU위반 여부에 대한 판시에 이어 EC의 이행조치가 SPS협정에 합치하는지 여부에 대한 심리가 필요하므로 이를 진행했다.

가. 패널 보고서 요지

① SPS 제5.1조 및 제5.2조 위반여부

◇ 제5조 위험평가 및 위생 및 식물위생 보호의 적정수준 결정

1. 회원국은 관련 국제기구에 의해 개발된 위험평가 기술을 고려하여, 자기나라의 위생 또는 식물위생 조치가 여건에 따라 적절하게 인간, 동물 또는 식물의 생명 또는 건강에 대한 위험평가에 기초하도록 보장한다.
2. 위험평가에 있어서 회원국은 이용가능한 과학적 증거, 관련 가공 및 생산 방법, 관련 검사, 표본추출 및 시험방법, 특정 병해충의 발생율, 병해충 안전지역의 존재, 관련 생태학적 및 환경조건, 그리고 검역 또는 다른 처리를 고려한다.

패널은 SPS 제5.1조 위반여부를 판단하기 위해 (1) 국제기구에 의해 개발된 위험평가 기술에 따른 위험평가(risk assessment)가 이루어졌는지, 그리고 (2) 당사국의 위생조치가 이러한 위험평가에 기반을 두었는지를 검토했다. 또한 Japan-Apples의 판정례를 들며, SPS 제5.1조를 검토함에 있어 제5.2조와 관련지어 검토

131) 이상 WT/DS320/AB/R, WT/DS321/AB/R (상소기구보고서), paras. 270-345 참조.

해야 한다고 판시했다.

패널은 위험평가가 이루어졌는지를 판단하기 위해 SPS 제5.1조와 부속서 1의 제4조의 문구에 근거하여 SCVPH의 의견이 (1) 관련 국제기구의 위험평가 기술과 (2) SPS 제5.2조에 따른 위험평가 요소(factors)를 고려하였고, (3) 부속서 1의 제4조의 정의를 충족하였고, (4) 해당 의견이 과학적 증거에 기초하였는지를 검토하였다.

SCVPH가 국제기구의 위험평가 기법을 고려했는지와 관련하여, 관련 국제기구는 Codex Alimentarius Commission과 JECFA가 될 수 있다고 하였다. 이에 패널은 비록 SCVPH의 전문가들이 이들 기관의 견해에 완벽히 합치하게끔 의견을 내지는 않았으나, SPS협정상 이러한 기관의 기법을 따르는 것이 의무는 아니라고 판시했다. 결국 EC가 국제기구의 기법을 완벽히 따르지는 않았으나 이를 참작했다고 보았다.

SPS 제5.2조에 따른 위험평가 요소(factors)를 고려했는가와 관련하여, 미국은 EC가 이용가능한 과학적 증거와 관련 가공 및 생산 방법, 관련 검사, 표본추출 및 시험방법을 활용하지 않았다고 주장했으나, 이를 기각하며 EC가 모든 요소를 다 고려했다고 판시했다.

SCVPH의 견해가 부속서 1의 위험평가의 정의를 충족하는지와 관련하여, 패널은 (1) 식품, 음료 및 사료내의 첨가제, 오염물질, 독소 또는 질병원인체의 존재를 규명하고, (2) 인간이나 동물의 건강에 미칠 수 있는 어떠한 악영향을 밝히고, (3) (1)의 존재로 인하여 발생하는 악영향의 잠재적 가능성을 평가해야 한다고 판시했다.

부속서 1 정 의 (Re.4)

4. 위험평가 – 적용될 수 있는 위생 또는 식물위생 조치에 따라 수입회원국의 영토 내에서 해충 또는 질병의 도입, 정착 또는 전파의 가능성과 이와 연관된 잠재적인 생물학적 및 경제적 결과의 평가, 또는 식품, 음료 및 사료내의 첨가제, 오염물질, 독소 또는 질병원인체의 존재로 인하여 발생하는 인간 또는 동물의 건강에 미치는 악영향의 잠재적 가능성에 대한 평가

패널은 EC가 Oestradiol-17β가 발암성과 유전독성의 위험을 초래하는 문제의 첨가제임을 밝혔으므로 첫 번째와 두 번째 요건을 충족하였다고 보았다. 세 번째 요건과 관련하여, 패널은 우선 “잠재적”과 “인하여 발생하는(arise from)”이란 문구

에 대해 검토했는데, 이들의 사전적 의미를 검토한 결과, EC가 Oestradiol-17β호르몬을 투여한 육류에 해당 호르몬이 잔류함으로써 악영향의 잠재적 가능성이 발생했음을 증명해야 한다고 판시했다. 이런 전제하에서 패널은 SCVPH의 전문가들의 의견을 검토한 결과, EC가 단지 일반적인 에스트로겐의 효과와 악영향의 잠재적 가능성에 대해서만 검토했을 뿐, Oestradiol-17β과의 구체적인 관계는 검토한 바 없다고 판시했다.

마지막으로, SCVPH의 의견이 과학적 증거에 기초하였는지를 검토하였는데, Japan-Apples, Article 21.5사건의 패널의 판시내용을 들어, "과학적 증거는 위험평가의 결론을 지지해야"하고, "관련 전문가의 의견에 내포된 과학적 증거가 이러한 의견의 결론을 지지하는지"를 보아야 한다고 판시했다. 그리하여 패널은 전문가 의견을 검토한 결과, 이들이 제시한 과학적 증거가 Oestradiol-17β와 인간 및 동물의 건강에 미치는 악영향의 가능성을 지지하지 못한다고 판시했다.

결국 패널은 EC가 국제기구의 위험 평가 기술을 고려하여 SPS 제5.1조를 위반하지는 않았으나, 부속서 1 제4항의 요건을 충족하지 못함으로써 SPS 제5.1조에 따른 위험평가를 수행하지 못했다고 판시했다. 따라서 SCVPH의 의견에 따른 조치가 위험평가에 기반을 둔 것이 아니므로 SPS 제5.1조를 위반하였다고 판시했다.

② SPS 제5.7조 위반여부

> ◇ 제5조 위험평가 및 위생 및 식물위생 보호의 적정수준 결정
>
> 7. 관련 과학적 증거가 불충분한 경우, 회원국은 관련 국제기구로부터의 정보 및 다른 회원국이 적용하는 위생 또는 식물위생 조치에 관한 정보를 포함, 입수가능한 적절한 정보에 근거하여 잠정적으로 위생 또는 식물위생 조치를 채택할 수 있다. 이러한 상황에서, 회원국은 더욱 객관적인 위험평가를 위하여 필요한 추가정보를 수집하도록 노력하며, 이에 따라 합리적인 기간내에 위생 또는 식물 위생 조치를 재검토한다.

패널은 SPS 제5.7조의 '잠정조치'를 취하기 위해서는 (1) 해당조치가 "관련 과학적 증거가 불충분"한 경우이어야 하고, (2) 동 조치가 입수가능한 적절한 정보에 근거해야 하고, (3) 회원국은 더욱 객관적인 위험평가를 위하여 필요한 추가정보를 수집하도록 노력하며, (4) 합리적인 기간 내에 위생 또는 식물 위생 조치를 재검토해야 한다고 밝혔다.

이를 위해 패널은 우선 해당조치가 "관련 과학적 증거가 불충분"한 경우이기

에 시행되었는지를 검토했다. 이를 판단하기 위해 패널은 (1) 5가지 호르몬에 대한 공통적인 우려와 (2) 각각의 호르몬의 영향에 대해 검토했다.

5가지 호르몬에 대한 공통적인 우려와 관련하여 국제표준이 존재하는 이슈에 대해 과학적 증거가 불충분하다고 여겨지기 위해서는 상당한 양(critical mass)의 새로운 증거가 기존에 존재하던 관련 과학적 증거에 의문을 제기할 때 기존의 증거는 더 이상 충분하지 않게 된다고 판시하였다.

<5가지 호르몬에 대한 공통적인 우려와 관련한 패널의 판시>

호르몬의 영향	패널의 판시
사춘기 전 어린아이와 같이 특정 인구에 미치는 영향	새로운 증거가 기존의 증거를 불충분하게 만들지 않음
용량 반응(dose response)	상동
생물학적 이용가능성(bioavailability)	상동
암의 오랜 잠복이 호르몬의 발암성과 관련된 증거의 불충분을 입증하는데 어려움을 주는지 여부	상동
면역체계에 대한 5가지 호르몬의 영향	상동
발달과 재생에 대한 5가지 호르몬의 영향	상동

<개별 호르몬에 대한 관련 과학적 증거에 대한 패널의 판시>

호르몬	패널의 판시
프로게스테론	새로운 증거가 기존의 증거를 불충분하게 만들지 않음
테스토스테론	상동
트렌볼론아세테이트 (trenbolone acetate)	상동
제라놀(zeranol)	상동
멜렌게스테롤아세테이트 (melengestrol acetate)	상동

패널은 각각의 호르몬에 대해 Japan-Apples 분쟁의 상소기구 판시를 들며, SPS 제5.7조의 이용가능한 과학적 증거가 양적·질적으로 제5.1조에서 요구되는 적절한 위험평가의 수행을 허용하지 않는다면 '관련 과학적 증거가 불충분'한 경

우라고 하였다. 이에 패널은, 면담의 대상이 된 전문가들이, 일반적인 호르몬의 영향과 5가지의 개별적 호르몬에 대해 상당한 양(critical mass)의 새로운 증거가 발견되지 않았다고 언급한 점을 들며 동 사건은 SPS 제5.7조의 관련 과학적 증거가 불충분한 경우가 아니라고 판시했다. 결국 패널은 EC가 SPS 제5.7조의 요건을 충족하지 못하므로 이를 원용하여 자신의 조치를 잠정조치로 정당화할 수 없다고 판시했다.[132)]

나. 상소기구 보고서 요지

① SPS 제5.1조 및 제5.2조 위반여부

EC는 Oestradiol-17β라는 호르몬이 투여된 육류의 수입을 금지하는 것을 규정한 지침서 2003/74/EC호가 위험평가에 기반을 둔 것이 아니므로 SPS 제5.1조를 위반하였다고 판시한 패널의 판정에 대해 불복하였다. EC는 패널이 SPS 제5.1조에 대해 너무 좁은 해석을 하여 '위험 평가'와 '위험 관리(risk management)'가 중첩되는 부분에 대한 고려를 하지 않았으며, 결국 소 성장 촉진을 위한 호르몬 관리 통제의 어려움과 남용과 관련된 증거에 대한 분석을 누락한 위법이 있다고 주장했다. '위험 평가'와 '위험 관리'의 구별로 인해 SPS 제5.1조의 특정 요건을 검토하는 것을 누락했다는 EC의 주장에 대해, 상소기구는, EC-Hormones 원 판정을 언급하며 "호르몬 관리의 남용으로부터 오는 위험은 위험평가의 일환으로 고려할 수 있고, 그러한 위험이 위험평가의 대상이 아니라고 하는 것은 법적 오류이다"라고 판시했다. 그리하여 패널이 "남용의 위험"에 대해 검토하지 않은 것은 섣부른 판단인데, 이는 Oestradiol-17β의 악영향의 가능성을 구체적으로 검토했는지 여부에 대해 남용에 대한 증거 없이 판단할 수 없기 때문이라고 보았다. 결국 상소기구는, 패널이 SPS 제5.1조의 해석과 관련한 오류를 범했다고 판시했다.

EC는 또한, 패널이 지침 2003/74/EC호가 SPS 제5.1조의 위험평가에 기초하였는지를 판단하기 위한 심사기준(standard of review)을 잘못 정했다고 주장했다. 이에 대해, 상소기구는 우선 적용가능한 심사기준(applicable standard of review)의 의미에 대해 검토를 하였다. 상소기구는 SPS에 합치하는지 여부를 판단하기 위해서는 해당 조치가 과학적 근거에 '기초(based on)하였는지'를 검토해야 하며, 이를 위한 패널의 심사기준은 해당 SPS 사안에 대한 WTO회원국의 결정이 옳은지 그른지를

132) 이상 패널보고서1, paras 7.426-549. 패널보고서2, paras. 7.435-57 참조.

판단하는 것이 아니고, 회원국의 위험평가가 일관된 이유와 신뢰할 만한 과학적 증거에 의해 뒷받침 되었는지 여부를 판단하는 것이라고 판시했다. 그리고 이를 위해서는 (1) 해당 SPS 조치가 채택된 과학적 기반(basis)이 무엇인지를 규명하고, (2) 그러한 과학적 기반이 신뢰할만한 출처에서 기인한 것인지, (3) 이에 기반한 위험평가가 해당 SPS 조치를 수행하게 할 충분한 근거가 될 수 있는지를 평가해야 한다고 보았다. 그런데 이 사건에서 패널은 위와 같은 심사기준의 단계에 따른 방법이 아니라, 대부분을 전문가들의 발언에 근거하여 "최선의 과학(best science)라고 판단되는 것에 대한 독단적인 결정"을 내린바, 이는 SPS 협정 위반여부를 판단하는 적법한 심사 기준이 될 수 없다고 판단했다. 결국 상소기구는, 패널이 DSU 제11조에 따라 객관적인 평가(objective assessment)를 내리지 못한 위법이 있다고 보았고, EC의 새로운 지침이 SPS 제5.1조의 위험평가에 기초하지 못해 동조 위반이라고 판시한 패널의 판정을 번복했다.[133)]

② SPS 제5.7조 위반여부

EC는 패널이 '상당한 양(critical mass)'의 기준을 사용하여 SPS 제5.7조의 '과학적 증거의 불충분성'을 판단한 점에 대해 상소했다. EC는 증거의 양보다는 질이 중요하며 심지어 단 하나의 연구도 기존의 과학적 증거의 충분성을 판단함에 있어 그 자체로서(a priori) 충분한 증거가 될 수 있다고 주장했다. 패널이 제시한 '새로운 증거의 상당한 양(critical mass)'의 기준에 대해, 상소기구는 이러한 패널의 입장은 '새로운 과학적 증거의 패러다임의 이전'을 요구하는 것이라고 보았다. 그리고 상소기구는 이러한 패널의 입장은 '너무 융통성이 없다'고 보았는데, 새로운 증거가 '과학적 증거와 위험에 대한 결론의 관계에 의문을 제시할 정도'일 것 까지는 필요 없다고 한 것이다. 결국 상소기구는, 국제표준이 존재하는 경우 기존의 과학적 증거가 불충분하다고 여겨지기 위해서는, 상당한 양(critical mass)의 새로운 증거가 기존의 지식과 증거를 불충분하게 만드는 경우로, 기존 과학적 증거에 의문이 있다고 여겨지는 경우여야 한다고 판시한 패널의 판정을 번복했다. 그리고 이에 따라 사춘기 전 어린아이에 대한 영향과 같이 특정 인구에 미치는 호르몬의 영향에 대한 새로운 증거가 기존의 증거를 불충분하게 만들지 않는다고 한 패널의 판정과 그밖에 개별 호르몬의 영향에 대한 패널의 판정에 오류가 있다고 판시했다. 결과적으로 상소기구는 패널이 잘못된 법적 기준을 통해 '불충분성'을 판단

133) 이상 상소기구보고서, paras. 537-620 참조.

하여 EC가 SPS 제5.7조의 잠정조치 요건을 충족하지 못한다고 판정한 데에 위법이 있다고 판시했다.[134]

Ⅳ. 해설 및 평가

WTO분쟁해결 절차에서 패소한 국가는 판정을 이행할 책임이 있다. 문제는 이행을 못하게 되어 WTO가 승인한 무역보복조치를 당하는 경우, 보복조치가 언제까지 지속될 수 있는가에 대한 논란이 제기될 수 있다는 점이다. 즉, 무역보복을 당하고 있는 국가는 판정을 이행하여 보복을 종료시키려 하는 유인이 커지므로, 모종의 조치를 취해 판정 이행을 선언하려 할 것이다. 반면, 보복을 취하고 있는 국가는 패소국의 이행조치가 완벽하게 패널판정을 준수하는지를 끝까지 확인한 후, 무역보복을 철회하는 경우가 많을 것이다. 이 점에 대해 WTO DSU는 명확한 규정을 두고 있지 않고, "보복조치는 불법판정을 받은 조치가 제거되거나 상호 만족할만한 해결에 도달한 시점까지 지속된다"는 원칙규정만을 두고 있다(제22.8조). 물론 DSU는 이행의 적합성에 대한 중재절차를 두고 있어(DSU 제21.5조), 중재판정에 의해 패소국이 적합한 이행을 했는지 여부가 결정되면 문제가 해결될 수 있으나, 어느 쪽도 이러한 중재절차에 회부하지 않고 있는 경우에는 무용지물이다. 그러므로 판정의 이행을 이유로 보복조치 철회를 주장하는 측과 아직 판정 이행조치가 불충분함을 이유로 보복조치의 계속을 고집하는 측간의 분쟁이 발생할 개연성은 높다. EC-Hormone 보복조치 분쟁은 바로 이러한 상황에서 보복을 당하고 있는 EC측이 판정이 이미 이행되었음을 선언하며, 보복조치를 계속취하고 있는 미국과 캐나다가 WTO협정을 위반하고 있다는 논리로 WTO에 제소함으로서 개시되었다.

패널이 취한 입장을 한마디로 정리하면, 패소국이 새로운 조치를 취한 후 WTO에 통보해 판정이행을 선언했음에도 불구하고, 승소국이 계속 보복조치를 유지하는 것은 새로운 조치에 대해 일방적으로 WTO위반 결정을 내리고 대응조치를 취하는 것과 다를 바 없으므로, DSU 제23조 위반이라는 것이다.

이러한 패널의 입장은 판정이행을 책임지고 있는 패소국의 입장에 다소 유리한 측면이 있다. 새로운 조치만 취하게 되면 그것이 올바른 이행조치인지와 상관

---

134) 이상 상소기구보고서, paras. 674-735 참조.

없이 일단 보복조치를 중지시킬 수 있기 때문이다. 이러한 문제점에 주목하며, 상소기구는 이행조치를 수행하는 회원국이 신의성실 원칙에 입각하여(in good faith) 이행조치를 취했다는 사실만으로 실질적인 이행이 있는 것이라 할 수 없으므로, 실제로 제대로 된 이행이 있었는지를 판단해야 미국과 캐나다가 DSU 제23조를 위반했는지를 알 수 있다는 입장을 취했다. 즉, 패널은 패소판정을 이행하는 국가가 스스로 내린 이행적합성 판단에 무게를 둔 반면, 상소기구는 객관적으로 올바른 이행을 했는지 여부에 전적인 방점을 둔 것이다.135)

따라서 상소기구 판시에 따르면, WTO패널에서 승소한 국가가 자신이 판단하기에 패소국이 완전한 이행을 했다고 여길 때까지 보복조치를 그대로 유지하는 것 자체로는 DSU 위반이 성립되지 않게 된다. 이제 패소국은 승소국이 만족할만한 이행조치를 취하던지 아니면 DSU 제21.5조의 이행적합성 중재절차를 빨리 개시해서 이행적합성 판정을 받아내는 것만이 보복조치를 조기에 중단시킬 수 있는 길인 것이다. 다시 말하면, WTO분쟁해결 절차에서의 보복조치의 지속시기와 관련하여 승소국이 주도권을 쥐게 된 셈이다.

우리나라는 아직까지 WTO판정 불이행을 이유로 무역보복을 당한 적은 없다. 그럼에도 앞으로 국내적으로 민감한 이슈와 관련하여, 제때 이행을 하지 못하거나 불완전한 이행조치를 취하는 경우가 발생할 가능성을 배제할 수는 없을 것이다. 이런 경우, 무역보복이 지속적으로 취해지게 되고, 결국은 승소국이 만족할만한 이행조치를 취해야 무역보복을 종료시킬 수 있음을 유념해야 한다. 이것은 아예 무역보복을 당하기 전에 합리적 이행조치를 취하거나, 그것이 여의치 않는 경우, 가급적 조기에 DSU 제21.5조 중재절차에 회부하여 우리의 이행조치의 적합성을 판정받음으로써 상대국이 무역보복 권한을 남용하여 보복을 지속할 가능성을 차단하는 지혜가 필요함을 의미한다.

EC-Hormone 분쟁이 주는 또 다른 교훈은 SPS협정에서 패널이 적용해야 할 심사기준(standard of review)에 대한 유권적 해석이 드디어 내려졌다는 점이다. SPS조치는 위험평가에 기초해야 하는데, WTO회원국이 위험평가를 진행한 결과 SPS조치가 필요하다고 판단하여 취한 조치를 패널이 심사함에 있어 회원국의 위험평가의 적절성 여부를 어떠한 기준에 의해 심사할 수 있는가의 문제이다. 패널은 자신이 위험평가자의 입장에서 어떠한 평가를 내려야 적절한가를 판단한 후, 이

135) 이점에 대해서는 Worldtradelaw.net Commentary 참조. EC-Hormones 계속적 양허정시 분쟁 패널보고서에 대한 코멘트 http://www.worldtradelaw.net.

를 피소국이 내린 위험평가와 비교하여 적절성여부를 판정하는 방식을 택했다. 이를 상소기구는 독단적 행위라 신랄하게 비판하며, 패널의 임무는 WTO회원국의 판단이 옳은지 그른지를 판단하는 것이 아니고, 회원국의 평가의 일관성과 신뢰성만을 판단해야 한다는 입장을 취했다. 다시 말하면, 상소기구에 따르면, SPS 위험평가 맥락에서, SPS조치를 취한 WTO회원국의 입장을 가급적 존중하여, 그 평가결과가 일관성을 잃거나 신뢰성이 없는 경우가 아니라면 국제기구의 패널이 함부로 그 불법성을 판정할 수 없다는 것이다.

따라서 이제 우리 정부가 수입 농산물에 대한 SPS 위험평가를 진행함에 있어, 일관성과 신뢰성을 유지하는 한, 그 평가결과가 WTO패널에 의해 불법으로 판정되지는 않음을 주목해야 한다. 즉, 설령 패널이 직접 위험평가를 진행하여 도출된 결론이 WTO회원국이 내린 결론과 상이하더라도, 회원국이 나름대로 신뢰성 있는 과학적 기반에 입각하여 일관성 있게 평가를 진행하면 그 국제법적 합치성을 보장받을 수 있는 것이다. 최선의 과학(best science)이 아니라, 신뢰할만한 요소가 있는 것이라면 차선의 과학에 의존한 위험평가도 그 효력을 인정받을 수 있다는 말이다.

SPS협정 제5.7조상의 잠정조치 요건을 해석함에 있어서도, 상소기구가 SPS 잠정조치를 취하는 국가의 권리보호 측면을 상당히 신경 쓰고 있음도 주목해야 한다. 패널이 국제표준이 존재하는 경우 기존의 과학적 증거가 불충분하다고 여겨지기 위해서는, 상당한 양(critical mass)의 새로운 증거가 기존의 지식과 증거를 불충분하게 만드는 경우로 기존 과학적 증거에 의문이 있다고 여겨지는 경우여야 한다고 판시한 내용을 상소기구가 전격적으로 기각해버렸다. 아무리 국제표준이 자리 잡고 있는 경우라고 하더라도, 기존의 과학적 패러다임을 전환시킬 정도의 새로운 증거가 있는 경우에만 이에 의존하여 잠정조치를 취할 수 있다고 한다면, 요즘처럼 미지의 위험요소들이 급격하게 퍼질 가능성이 있는 시대 상황에서 WTO 회원국의 위생주권의 발동을 지나치게 저해할 가능성이 있는 점을 참작한 판시내용이라 보인다.

우리 정부도 미지의 위험요소에 대응하여 잠정조치를 취할 필요가 적지 않게 발생할 것이다. 이 때, SPS 제5.7조의 '과학적 증거의 불충분성' 요건을 충족해야 하는데, 새로운 위험요소에 대한 증거의 양보다는 질이 중요하며 소수의 연구결과라도 그것이 객관적으로 신뢰할 만한 기반에 입각한 경우에는 그와 반대되는 기존의 국제표준이 자리잡고 있는 경우라도 잠정조치를 취할 수 있음을 주목해야 한다.

그동안 국제환경 문제나 보건문제 등을 해결하기 위한 국제적 노력을 국제통상법이 반영하는데 둔감하다는 비판이 많이 제기되어 왔다. WTO패널이 국제적 교역자유화에 지나친 우선순위를 두고, 위생조치나 환경보호조치에 대한 엄격한 심사기준을 적용함으로써 교역가치가 비교역가치를 지배하는 결과를 낳았다는 것이다. 국제 교역의 확대와 더불어 그만큼 한 나라에서 기원하는 위생 위험요소들이 급격히 전세계로 퍼져나갈 위험도 증가했다. 교역이 부(富)를 전세계에 축적시키지만 그만큼 위험도 퍼뜨리는 것이 사실이다. 따라서 WTO협정을 해석함에 있어 교역자유화를 염두에 둔만큼이나 비교역적 가치도 고려해야 한다. 이렇게 변화되고 있는 시대적 환경과 WTO법리의 새로운 역할을 읽지 못하고 교역자유화에 비중을 둔 위험평가 심사기준과 잠정조치 요건에 집착한 패널의 판시내용이 상소기구의 준엄한 기각판정을 받은 것은 그만큼 WTO체제도 미래지향적으로 발전하고 있음을 보여주는 것이라 볼 수 있다. 이러한 미래지향적 국제법적 법리를 얼마나 잘 읽고 국내 정책에 신속하게 활용할지는 각 국의 SPS정책 담당자들의 몫이다.

〈 WTO 분쟁해결 일지 〉

- 2005.1.13. 패널 설치 요청
- 2005.2.17. 패널 설치
- 2005.6.9. 패널위원 구성 완료
- 2007.6.31. 잠정보고서 발간
- 2007.12.21. 최종보고서 회람
- 2008.5.29. EC, 상소 의사 통보
- 2008.6.10. 미국, 캐나다, 상소 의사 통보
- 2008.10.16. 상소기구 보고서 회람
- 2008.11.14. 상소기구 보고서 채택

제 15 장 칠레-농산물가격유지제도(PBS) 이행 분쟁
(CHILE-PRICE BAND SYSTEM AND SAFEGUARD MEASURES RELATING TO CERTAIN AGRICULTURAL PRODUCTS RECOURSE TO ARTICLE 21.5 OF THE DSU BY ARGENTINA) (WT/DS207/RW, WT/DS207/AB/RW)

< 요 약 >

칠레가 1985년부터 유지하고 있던 밀, 설탕, 유지종자 등에 대한 가격안정제도(PBS: Price Band System)가 2001년 아르헨티나의 제소에 의해 WTO농업협정 제4.2조 위반판정을 받았다. 이에 칠레는 PBS제도를 개정하여 가격안정제도 발동 상한가와 하한가를 조정했으나, 아르헨티나는 밀에 적용되는 새로운 PBS가 여전히 WTO협정을 위반함을 이유로 DSU 21.5 패널에 제소했다. 패널은 PBS는 개정된 제도가 그 진폭이 줄어들었음에도 불구하고, 농업협정 제4.2조가 금지하는 '가변수입부과금' 및 '최소수입가격'의 성격을 벗어나지 못한다고 판시했다.

농업협정 제4조 2항이 달성하려 한 목적은 일반관세 이외에 교역에 불안정성을 초래하는 국경조치를 모두 제거함으로써, 교역의 예측 가능성을 최대로 유지하는 것이다. 쌀 시장 개방을 앞둔 우리로서는 쌀 개방의 악영향을 줄이려는 다양한 시도를 행하라는 압력에 직면할 가능성을 배제할 수 없다. 주의할 점은 농산물 관세화는 교역을 제한하는 다른 어떠한 국경조치도 취하지 않을 것임을 전제로 보호가치를 모두 관세로 계산한 후, 양허표에 고율 관세를 기재하는 것이므로, 관세화 이후 교역을 제한하는 어떠한 국경조치를 취하더라도 국제사회의 공격의 표적이 된다는 것이다. 우리가 어떠한 이름으로 이러한 조치를 도입하든지 그것의 본질이 농업협정 제4.2조 Remark 1에서 금지한 '유사한 국경조치'에 해당하는 측면이 있다면, 이를 정당화하는 것은 매우 어렵게 된다.

Ⅰ. 사건개요 및 사실관계

칠레는 과거 군사정권의 농업정책에 따라 1985년부터 밀, 설탕, 유지종자 등에 대한 가격안정제도(PBS: Price Band System)를 도입하게 되었는데, 이는 주로 환율상승에 따른 충격을 완화시키는 데 목적이 있었다. 이러한 정책은 민선 정부 수립 이후에도 지속되었고, 1998년~2000년에 PBS가 적용되는 농산물의 국제가격이 매우 낮아 칠레는 부가관세를 적용해 왔다. 2001년 아르헨티나는 칠레의 PBS

가 WTO규정을 위반하였다고 제소하였다. 2002년 10월 23일 분쟁해결기구(DSB)는 칠레의 가격안정제도(PBS: Price Band System)가 농업협정 제4.2조 위반이라고 판시한 원 패널(Chile-Agricultural Products<Price Band> Dispute)의 상소기구 보고서를 채택하였다. 그러나 아르헨티나와 칠레는 DSU 제21.3(c)조에 따라 '이행을 위한 합리적인 기간'을 결정하지 못하여 중재를 요청하였고, 이에 따라 중재관은 14개월의 이행기간이 합리적인 기간이라는 결정을 하여, 2003년 12월 23일까지 칠레가 DSB의 권고를 이행할 것을 판시하였다. 이러한 권고에 따라 칠레는 PBS와 관련된 자국의 법률인 법19.897(2003년 9월 25일 발효)와 Supreme Decree 831(재무부, 2003년 10월 4일 발효)을 다음과 같이 개정하였다.

<개정된 PBS의 요지>

WTO 양허 관세율	밀과 밀가루에 대한 양허 관세율을 31.5%에 고정
실행 관세율	실행 관세율은 위 수치보다 낮고, 수입 밀 제품에 대한 MFN 관세는 6%
총 관세율	총 관세율은 추가적인 특별관세 또는 환급의 유무에 따라 달라짐 - 종가세 〈 6% (환급된 경우) - 종가세 = 6% (환급이 없는 경우) - 종가세 〉 6% (추가 특별관세가 부과된 경우)
특별관세 또는 환급을 결정하는 요소	(1) Price band의 하한가와 상한가 (2) 참고가격(reference price)

위와 같은 개정에 따라 2003년 12월 16일부터 2007년 12월 15일까지의 하한가는 톤당 US $128에, 상한가는 톤당 US$148에(점차 감소할 것을 조건으로) 맞추어지게 되었다. 참고가격의 경우, 연이은 15일 동안 가장 관련 있는 밀 시장에 기록된 나날의(daily) 가격을 바탕으로, 1년에 6번 칠레 당국에 의해 결정된다. 추가 특별관세와 환급이 이루어지는 경우는 다음과 같다.

※ 추가 특별관세 =
<(Price band의 하한가와 참고가격의 차이)× 1(밀가루의 경우 1.56)>+6%의 종가세율
※ 환급 = 참고가격 〉 Price band 의 상한가인 경우 적용
: <(참고가격－Price band 의 상한가) × 1(밀가루의 경우 1.56)>+6% 의 종가세율

칠레에 의해 제공된 자료에 따르면, 위와 같이 변경된 PBS를 적용하게 된 기간(2003년 12월 16일~2006년 6월15일) 동안 다음과 같은 추이를 보였다.

기 간	해당 기간동안 차지하는 비율	특 징
2003. 12. 16.~ 2006. 01.13.	57주 (52.3%)	일반적 종가세인 6%가 적용
	35주 (32.1%)	환급이 적용
	17주 (15.6%)	추가 특별관세 부과
2006. 01. 13.~ 2006. 06.15.	일반적 종가세인 6%가 적용	

위와 같은 법 개정을 토대로 한 칠레의 이행에도 불구하고 아르헨티나는 밀에 적용되는 새로운 PBS를 WTO에 제소하였다. 아르헨티나는 밀과 밀가루 수입은 여전히 price band의 하한선과 상한선 및 참고가격에 따라 특별관세와 환급의 영향을 받고 있다며, 이는 WTO규정을 위반하는 것이라고 주장했다.[136)]

Ⅱ. 주요쟁점 및 당사국 주장

1. 주요쟁점

아르헨티나는 칠레의 개정된 PBS가 농업협정 제4.2조, GATT 제2.1(b) 두 번째 문장과 WTO협정 제16.4조를 위반했다고 주장했다. 이에 대해 패널은 GATT 제2.1(b) 두 번째 문장과 WTO 협정 제16.4조에 대해서는 소송경제 원칙상 판단하지 않았다.

2. 당사국 주장

가. 제소국 아르헨티나의 주장

아르헨티나는 PBS의 본질이 칠레의 관련법 개정에 의해 아무런 영향을 받지 않아 여전히 칠레가 농업협정 제4.2조를 위반하고 있음을 주장했다. 또한, 개정된 PBS가 적용되는 방법뿐 아니라 설계된 방식은 일반관세가 아닌, '가변수입부과

136) 이상 WT/DS207/RW(패널보고서), paras. 2.1-32 참조.

금,' '최소수입가격'과 유사하기 때문에 농업협정 제4.2조 Remark 1의 '유사한 국경조치'라고 주장했다.

나. 피소국 칠레의 주장

칠레는 위와 같은 아르헨티나의 주장에 대해, PBS 개정은 상소기구의 조사결과와 결론에 합치하도록 한 것이고, 칠레는 WTO DSB의 권고사항과 판시에 따른 조치를 취했다고 주장했다. 칠레의 관점에서는 PBS에 대해 상소기구가 언급한 특정 부분과 관련하여서만 조치를 취하면 되는 것이고, 칠레의 개정법은 국내 밀과 밀 산업에서의 보호조치를 점차 줄이는 것이라고 주장했다. 또한 칠레는 특별관세의 부과, price band의 상하한가, 참고가격을 결정하는데 명백하고 예측가능한 방법으로 하였다고 주장했다. 마지막으로 칠레는 칠레의 밀과 밀가루 시장은 국제시장과 연결되어 있기에, 칠레의 밀 산업 보호의 정도는 감소할 것이고, 결과적으로 칠레산 밀의 상대적 가격이 낮아져서 시장이 더 경쟁적으로 변화할 것이므로, '가변수입부과금,' '최소수입가격'과 유사하지 않다고 반박했다.

Ⅲ. 패널 및 상소기구 보고서 요지

1. 칠레가 농업협정 제4.2조를 위반했는지 여부

◇ 농업협정 제4조 시장접근

2. 회원국은 제5조와 부속서 5에 달리 규정된 경우를 제외하고는 일반관세로 전환하도록 요구된 어떠한 종류의 조치(Re.1)도 유지 또는 이용하거나 동 조치로 복귀하지 아니한다.

(Remark 1) 이러한 조치는 1947년도 GATT의 규정으로부터의 국별의무 일탈에 따라 유지되는지 여부에 관계없이 수입수량제한, 가변수입부과금, 최소수입가격, 임의적인 수입허가, 국영무역을 통하여 유지되는 비관세조치, 수출자율규제, 일반관세 이외의 유사한 국경조치를 포함한다. 단, 1994년도 GATT나 세계무역기구 부속서 1가의 국제수지규정 또는 다른 일반적, 비농업특정적 규정에 따라 유지되는 조치는 포함하지 않는다.

가. 패널 보고서 요지

패널은 동 사건에서의 요점은 개정된 PBS가 농업협정 제4.2조의 Remark 1에 규정된 ‘가변수입부과금’이나 ‘최소수입가격’과 유사한 국경조치에 해당하는지를 검토하는 것이라고 하였다. 우선 패널은 칠레의 PBS가 수입제품에만 배타적으로 적용되고, 국경에서 부과되므로 ‘국경조치’라고 보았다. 그리고 이러한 국경조치가 ‘가변수입부과금’이나 ‘최소수입가격’과 유사한지를 검토했는데, 이를 위해 두 조치의 정의를 검토했다. 패널은 ‘가변수입부과금’이란, “수입과 함께 부과되는 관세로, 농업분야에서 수출국내에서의 제품가격 변동에 관계없이 국내시장 가격을 유지하기 위해 활용하는 수입부과금 체제로, 독립된 법이나 규칙 없이 해당 조치의 내제하는 공식에 기초하여 관세가 자동적·계속적으로 변동하는 것”이라고 하였다. 그리고 이에 따라 부과되는 관세는 매우 불투명하고 예측불가능 하게 된다고 보았다. 한편, ‘최소수입가격’이란, “수입상품 가격왜곡 조사위원회의 결정에 따라 동 품목 최저수입가를 설정하고, 동 최저수입가 미만의 수입을 금지하는 조치로, 보통 이러한 최저수입가와 수입품의 매매가격(transaction value)의 차이에 기초하여 관세가 부과되는 것”이라고 하였다.

패널은 우선 원 판결에서의 PBS에 대해 상소기구가 언급한 특정 부분, 즉, ‘가변수입부과금’이나 ‘최소수입가격’과 유사하게 된 부분과 관련하여서만 수정을 가하면 된다는 칠레의 주장에 대해 검토했다. 칠레는 이와 관련하여, 몇몇 조치에 대해 WTO 협정과 합치하는 방향으로 수정을 가하였다고 주장했는데, 패널은 칠레가 PBS의 ‘단지 특정한 부분’에 대해서만 수정을 가하면 된다는 주장은 설득력이 없으며, WTO협정에 합치하도록 조치를 취하라는 DSB의 권고를 이행하기 위해서는 ‘특정 부분’ 이상의 것에 대한 검토가 필요하다고 주장했다. 따라서 패널은 개정된 PBS 전반의 배치, 여러 다른 특성들의 상호관계 등을 고려하여 여전히 농업협정 제4.2조의 ‘가변수입부과금’이나 ‘최소수입가격’과 유사한 국경조치인지 여부를 결정해야 한다고 판시했다.

① 개정된 PBS가 ‘가변수입부과금’과 유사한지 여부

패널은 우선 개정된 PBS가 ‘가변수입부과금’과 유사한지를 검토했다. 패널은 ‘가변수입부과금’의 특징 중 하나가 동 조치 자체가 부과금에 ‘가변성’을 부여한다는 것이라 판시한 상소기구 판정을 들며, 칠레의 개정된 PBS는 동 조치 자체가 시간의 경과에 따라 부과금이나 환급액이 변화한다는 계획·공식을 표방하고 있으므로 이에 해당한다고 보았다. 그리하여 패널은 개정된 PBS가 행정규칙의 변화가 있을 때까지 불변의 상태로 있으므로 다른 일반관세(ordinary customs duties)와 같다는 칠레의 주장을 기각하며, PBS는 특별관세의 수준에 대한 자동적·정기적 조정이 일어나도록 설정되어 있다고 하였다.

이후 패널은 참고가격에 대해 검토했는데, 이러한 참고가격이 투명성 부족문제를 야기시키고 있다고 보았다. 특히, 참고가격이 칠레의 수출 시장에서 일정기간동안 형성되는 특정 가격을 반영하지 못하고 있음을 밝혔다. 또한 패널은 참고가격이 계산되는 방법 때문에 무역상은 상품을 운송하기 이전, 개정된 PBS 하에서 적용가능한 관세의 총량을 계산하는데 어려움을 겪고 있음을 지적했다. 그리고 이러한 체제하에서 투명성과 예측가능성은 참고가격의 존재 자체만으로도 영향을 받는데, 이는 결국 수입량의 감소를 초래하고 국내 시장으로의 국제가격의 도입을 방해할 것이라고 판시했다.

패널은 개정된 PBS 하에서 price band의 상한가와 하한가는 불투명하고 예측가능성이 없는 원 조치에 따라 규정이 된 것으로, 이 또한 국내 시장으로 국제가격의 도입을 방해하는 요소라고 보았다. 따라서 결국, 새로운 상·하한가도 원 PBS에 있던 결함의 영향을 받고 있고, 개정된 PBS에도 원 PBS가 '가변수입부과금'과 유사하다고 여겨졌던 특징들이 여전히 존재한다고 판시했다.

② 개정된 PBS가 '최소수입가격'과 유사한지 여부

패널은 개정된 PBS의 price band의 하한가가 원 PBS에 기초하여 설정되었다고 보았다. 그리하여, PBS가 국내 '목표가격(target price)'의 대체 가격으로의 역할을 한다는 원패널의 판시내용처럼, 개정된 PBS 또한 '대리(proxy)' 또는 대체가격으로의 역할을 하고 있다고 보았다. 이에 더해, 개정된 PBS는 '국내가격 변동의 합리적인 차이를 초과'하고 있고, 개정된 PBS에 따른 특정관세는 가격감소에 대해 과잉보상을 하여 칠레로의 수입산 밀의 진입가격을 price band의 하한가보다 높게 형성하고 있다고 판시했다.

마지막으로, 패널은 개정된 PBS가 price band의 하한가 아래로 밀과 밀가루 수입을 금지하는 역할을 하기 위해 설정되었기에, '최소수입가격'과 유사했던 원 PBS와 비교하여 달라진 점이 전혀 없다고 판시했다.

결국 패널은 칠레의 개정된 PBS는 '가변수입부과금'이나 '최소수입가격'과 유사한 국경조치로서 농업협정 제4.2조를 위반하고 있고, 칠레는 원 분쟁에서의 DSB 권고조치를 이행하지 않았다고 판시했다.137)

---

137) 이상 패널보고서, paras. 7.31-103 참조.

나. 상소기구 보고서 요지

칠레는 패널이 개정된 PBS를 검토하는데 있어 농업협정 제4.2조 및 Remark 1의 해석과 적용을 잘못하였다며 항소했다.

① 농업협정 제4.2조 및 Remark 1의 해석

상소기구는 '가변수입부과금이 되기 위해서는 관세 부과가 계속적으로 변해야' 하는데 패널이 이에 대한 고려를 하지 않았으므로 패널의 판시에 오류가 있다는 칠레의 주장에 대해, 패널이 원 분쟁에서의 상소기구 판시를 정확히 반영하였기 때문에 패널의 판단에는 오류가 없다고 판시했다. 또한, 패널이 '주기적인 가변성(periodic variability)'을 '가변수입부과금'의 특징인 '자동적이고 계속적인 변화'와 동일시 한 오류가 있다는 칠레의 주장에 대해 상소기구는, 패널이 위 두 가지를 동일시하지 않았다고 판시했다. 그리고 패널은 단지 '내재적으로(inherently) 변화하는 조치'의 정의를 과세수준을 자동적·계속적으로 변화시키는 것으로 보고, 해당 조치의 근원적인 계획과 공식(scheme and formula)을 적용할 때 이와 같은 변화가 일어난다고 판시했다는 것이다. 결과적으로 농업협정의 Remark 1의 의미에 따라 칠레의 조치가 가변수입부과금과 유사하다고 본 데에 오류가 없다고 판시했다.

'일반관세 이외의 유사한 국경조치'의 해석과 관련해서, 칠레는 패널이 해당 조치가 '일반관세'인지 여부에 대한 검토를 하지 않았으므로 패널의 판시에 오류가 있다고 주장했다. 즉, 패널이 '가변수입부과금'이나 '최소수입가격'과 유사한 조치의 경우 필연적으로 '일반관세 이외의 조치'가 된다고 판시한 점은 잘못되었다는 것이다. 이에 대해, 상소기구는 칠레가 농업협정 Remark 1이 (1) 기술된 조치의 범주 내에서 해당조치의 '유사성'과 (2) 그러한 조치가 일반관세를 구성하는지 여부에 대한 두 개의 구별되는 요소에 대한 검토를 요구하고 있음을 전제로 하고 있음을 밝혔다. 이에 대해 상소기구는 패널이 위 두가지 요건에 대해 개별적으로 검토하지 않았다고 보았는데, 이는 원 분쟁의 상소기구의 접근과 일치하는 것이라고 하였다. 그리고 칠레가 주장한 바와 같이 두 개의 요소를 별도로 검토하는 것도 유효하지만 Remark 1에 기술된 결론을 내기 위해 이와 같은 검토는 필수적인 것은 아니라고 하였다. 결국 상소기구는 패널이 위 두 요소를 각각 분리해서 검토하지 않은 점에 위법이 없다고 판시하였다.

② 농업협정 제4.2조 및 Remark 1의 적용

칠레는 패널이 잘못된 분석법을 사용했고, 이에 따라 개정된 PBS가 '가변수입부과금' 및 '최소수입가격'과 유사하다고 본 판시에 오류가 있다고 주장했다.

(i) 패널의 분석법

칠레는 패널의 분석법에 두 가지 오류가 있다고 주장했는데, 첫 번째 오류는 PBS의 특징과 영향에 대한 전체적인 평가가 아닌, 특정한 부분에 대한 검토를 한 것이라고 하였다. 이에 대해, 상소기구는 패널이 보여준 분석법은 원 판정의 상소기구의 지침과 일치하고, 패널이 문제된 조치에 대한 적절한 접근법으로 특정 문제와 그것의 다양한 특성들의 상호관계를 검토하였기에 패널의 분석에 오류가 없다고 판시했다.

두 번째로, 칠레는 패널이 '가변수입부과금'과 '최소수입가격'과의 유사성을 판시하는데 있어서 실증적인 분석에 기초하지 않은 오류가 있다고 주장했다. 이에 대해, 상소기구는 패널이 분석을 함에 있어 해당 조치의 영향에 대해 주로 수치적·통계적 자료에 의존해야 했어야 한다고 보지 않는다고 판시했다. 그리고 패널이 해당조치의 설계와 구조에 대해 세심한 고려를 하였고 PBS가 '가변수입부과금'과 '최소수입가격'과 유사한 이유에 대한 구체적인 설명을 하였으므로, 패널의 판정에 오류가 없다고 판시하며 칠레의 주장을 기각했다.

(ii) 개정된 PBS가 '가변수입부과금'과 유사한지 여부

칠레는 패널이 '가변수입부과금'과 유사케 하는 '가변성'이 없는데도 '투명성'과 '예측가능성'에 대한 검토를 잘못하여 개정된 PBS가 수입량을 감소시키고 국제가격의 국내시장 유입을 방해하고 있다고 판시한 오류가 있다고 주장했다. 이에 대해, 상소기구는 패널이 '가변성'에 대한 검토를 우선 한 후, '예측성, 투명성, 국제가격의 국내시장 유입'을 판단했는데, 이는 상소기구가 원 판시에서 한 방법과 같다고 보았다.

칠레는 또한 특별관세 또는 환급은 추가적이고 독립적인 행정법령이 두 달에 한번 제정될 때마다 변동하는 것이지 '자동적'으로 변동하는 것이 아니라고 하였다. 그리고 PBS는 '계속적인 변동'을 야기하지 않는데, 이는 과세 정도의 변화는 1년에 6번(동 수치는 원 조치보다 훨씬 적은 빈도임) 정기적으로 일어날 뿐이기 때문이라고 하였다. 그러나 상소기구는, 두 달에 한번 제정되는 행정법령에도 불구하고,

PBS 공식과 자동적으로 부과되는 관세와의 관계가 사라지지 않았다고 하였다.

칠레는 원 판결에서 상소기구가 "회원국은 관세율을 정기적으로 변화시킬 수 있다"고 한 판시를 들며, 두 달에 한번 씩 '정기적'으로 조정되는 관세와 환급의 정도가 '가변성'을 구성한다고 본 패널의 판시에 위법이 있다고 주장했다. 이에 대해 상소기구는, 해당 조치에 의한 변화의 빈도는 '가변성' 요건을 검토하는데 관련이 있지만, 이는 결정적인 것은 아니라고 하였다. 그리하여 패널은 두 달에 한번씩 '정기적'으로 관세와 환급의 정도가 조정되는 해당 조치의 공식은 강한 '자동성(automaticity)'을 암시한다고 본 것이고 이러한 패널의 판시에 오류가 없다고 상소기구는 판단하였다.

'예측성, 투명성, 국제가격의 국내시장 유입'에 관한 칠레의 상소에 대해서도 상소기구는 패널의 판단에 오류가 없다고 판시했다.

(iii) 개정된 PBS가 '최소수입가격'과 유사한지 여부

칠레는 패널이 개정 PBS가 '최소수입가격'과 유사한지를 판단함에 있어 관련 증거들을 고려하지 않았고, 부족 증거에 근거하여 수입가를 price band의 하한가를 상회하게 만듦으로써 해당 조치가 기준가 감소를 '과잉보상'한다고 판시한 오류가 있다고 주장했다. 또한 price band의 하한가가 국내 목표가격 또는 '최소수입가격'의 대체가격이라고 판시한 것도 오류라고 주장했다. 이러한 논의와 관련하여 상소기구는, 칠레가 패널의 분석 중 두 가지 쟁점－(1) PBS는, 칠레 시장으로의 밀과 밀가루 수입이 price band의 하한가 아래로 이뤄짐을 방지하기 위한 목적을 갖고 있다는 점, (2) 국제가격 또는 기준가격이 price band의 하한가 아래로 하락할 경우, PBS는 국내가격의 변동의 차이를 보게 할 뿐 아니라 그러한 차이를 '과잉 보상'한다고 한점－에 초점을 맞추고 있음을 밝혔다. 이에 대해 상소기구는, 첫 번째 쟁점－PBS의 운영으로 인해 수입가가 price band의 하한가를 초과하게 되는 것이 아니라, 그 하한가가 f.o.b. 근거하여 굉장히 낮게 설정되어 있기 때문이라는 칠레의 주장－에 대해, f.o.b.에 근거하였다는 주장은 PBS가 '최소수입가격'과 '동일'하지 않음을 증명하나, 그것과 '유사'하지 않음을 입증하지는 못한다고 판시했다. 두 번째 쟁점과 관련하여 상소기구는 기준가격이 price band의 하한가보다 2번 이상 하락했을 때, "두 경우 모두에 새로운 특별관세가 추후 2달의 기간 동안 부과될 때, 국제가격과 기준가격의 하락에도 불구하고 밀과 밀수입 가격이 상승했다"는 점에 대해 칠레가 수긍하고 있음을 밝혔다. 결국 상소기구는 개정 PBS가 '최소수입가격'과 많은 요소를 공통적으로 지니고 있고, 비록 다소간

의 차이가 있더라도 PBS의 전반적인 특성(설계와 구조를 포함)과 운영 방식은 '최소수입가격'과 충분히 유사하다고 판시했다. 결국 패널의 판시에는 오류가 없다고 밝힌 것이다.138)

2. 패널의 DSU 제11조 및 제12.7조 위반여부

DSU 제11조 패널의 기능
패널의 기능은 분쟁해결기구가 이 양해 및 대상협정에 따른 책임을 수행하는 것을 지원하는 것이다. 따라서 패널은 분쟁의 사실부분에 대한 객관적인 평가, 관련 대상협정의 적용가능성 및 그 협정과의 합치성을 포함하여 자신에게 회부된 사안에 대하여 객관적인 평가를 내려야 하며, 분쟁해결기구가 대상협정에 규정되어 있는 권고를 행하거나 판정을 내리는 데 도움이 되는 그 밖의 조사결과를 작성한다. 패널은 분쟁당사자와 정기적으로 협의하고 분쟁당사자에게 상호 만족할 만한 해결책을 찾기 위한 적절한 기회를 제공하여야 한다.

제12조 패널절차
7. 분쟁당사자가 상호 만족할 만한 해결책을 강구하는 데 실패하는 경우, 패널은 서면보고서 형식으로 자신의 조사결과를 분쟁해결기구에 제출한다. 이 경우 패널보고서는 사실에 관한 조사결과, 관련 규정의 적용가능성 및 자신이 내린 조사결과와 권고에 대한 근본적인 이유를 명시하여야 한다. 분쟁당사자간에 해결책이 발견된 경우 패널보고서는 사안의 간략한 서술과 해결책이 도달되었다는 사실을 보고하는 데 국한된다.

칠레는 패널이 (1) price band의 상·하한가를 정하는 방법론적 오류, (2) 원 패널과 상소기구의 잘못된 판시를 따른 오류, (3) 개별 조치에 대해 피상적인 검토만을 한 오류, (4) 실증적 증거에 기반하지 않은 오류가 있어 DSU 제11조 및 제12.7조를 위반했다고 주장했다.

상소기구는 패널이 f.o.b.가 아닌 c.i.f. 기준을 잘못 적용했다는 칠레의 주장은 타당하지 않다며 (1) 주장을 기각했다. (2) 주장에 대해서는, 칠레가 원 패널이나 잠정보고 시 어떠한 이의도 제기하지 않았기에 칠레의 주장은 부당하며, 패널도 원 PBS의 적용에 대한 판시에 의존하지 않았으므로 칠레의 주장은 타당하지 않다고 하였다. (3) 패널이 전적인 검토가 아닌 단지 일부 조치에 대해 피상적인 검토만을 했다는 칠레의 주장에 대해, 상소기구는 앞서 밝힌 바처럼 패널의 분석이

138) 이상 WT/DS207/AB/RW(상소기구보고서), paras. 145-226 참조.

편향되었거나 분석범위를 벗어났다고 보지 않았다. 마지막으로 (4) 주장과 관련하여서는 패널이 '실증적 증거'에 기반하여 판단할 의무가 없다며 칠레의 주장을 기각했다. 결국 상소기구는 패널이 DSU 제11조 및 제12.7조를 위반하지 않았다고 판시했다.[139)]

Ⅳ. 해설 및 평가

칠레가 원 패널에서의 패소에도 불구하고, 부과금 부과나 관세환급을 통해 국내 판매가격을 안정화시키려는 PBS 체제의 근본을 유지하려 했던 것은 국내 정치적인 이유가 있었겠으나, 국제교역 체제 입장에서는 관세양허가 가져다주는 최대의 이익인 교역의 안정성을 저해하는 것이었다. 농업협정 제4조 2항이 달성하려 한 목적은 일반관세 이외에 교역에 불안정성을 초래하는 국경조치를 모두 제거함으로써, 교역의 예측 가능성을 최대로 유지하는 것이다. 칠레의 개정된 PBS는 그 진폭이 줄어들었음에도 불구하고, '가변수입부과금' 및 '최소수입가격'의 성격을 벗어나지 못하는 것이었다. 따라서, 2002년 10월 원패널에서 농업협정 위반으로 판정받음에 따라 2003년 8월 식용유에 대해 문제의 조치를 철폐한데 이어, 나머지 품목인 밀과 밀가루에 대해서도 아르헨티나의 제소에 따라 2007년 5월 패소판정을 받게 되었고, 2007년 6월부터 PBS제도를 사실상 적용 중지하게 되었다.

우리는 2014년 말 쌀 관세화를 앞두고 있다. 농업협정 부속서 5에 따라, 제4조 제2항의 관세화 의무로부터 한시적인 예외를 허용받아 시장개방을 유예해 오다가 최종 유예기한인 2014년 말이 드디어 도래한 것이다. 쌀 시장 개방이 국내 농업에 미치는 각종 시나리오가 다양한 집단에 의해 제시되고 있다. 그 만큼 쌀 개방의 악영향을 줄이려는 다양한 시도가 행해질 가능성이 높은 것이다. 주의할 점은 농산물 관세화는 교역을 제한하는 다른 어떠한 국경조치도 취하지 않을 것임을 전제로 보호가치를 모두 관세로 계산한 후, 양허표에 고율 관세를 기재하는 것이므로, 관세화 이후 교역을 제한하는 어떠한 국경조치를 취하더라도 국제사회의 공격의 표적이 된다는 것이다. 우리가 어떠한 이름으로 이러한 조치를 도입하든지 그것의 본질이 농업협정 제4.2조 Remark 1에서 금지한 '유사한 국경조치'에

139) 이상 상소기구보고서, paras. 229-249 참조.

해당하는 측면이 있다면, 이를 정당화하는 것은 매우 어렵게 된다. 그만큼 농업협정 제4조는 수입국의 현재의 농업 보호가치를 존중하여 관세율로 모두 환산하도록 하용하는 대신, 그만큼 엄격한 책임을 부과하는 것이다. 우리는 이러한 점을 주목하여, 쌀 관세화 직후 그 효과를 보상하기 위해 국내 농업을 보호하기 위한 관세 및 비관세 장벽을 쌓으려는 무모한 시도를 자제해야 할 것이다.

시장개방에 따라 쌀 농가가 겪는 어려움은 다양한 국내정책을 통해 해소해 나가야 하며, 실행관세율을 양허율 범위 내에서 적절히 조정하거나, 불공정 무역이나 급격한 수입증가에 대해 각각 반덤핑이나 세이프가드 조치의 적극적 발동으로 산업피해를 줄여나가야 할 것이다. 아울러, 농업협정상의 특별 세이프가드 조치를 정당하게 발동하여 효과적인 연착륙의 기회를 국내 쌀농가에 제공하는 것이 바람직하다.

〈WTO 분쟁해결 일지〉

2005.12.29.	아르헨티나, 패널 설치 요청
2006.1.20.	원 패널에 통보
2006.4.4.	패널 설치 (원 패널위원과 다른 패널위원으로 구성)
2006.10.11.	잠정보고서 발간
2006.12.8.	최종보고서 회람
2007.2.5.	칠레, 상소 의사 통보
2007.2.19.	칠레, 추가적 상소 의사 통보
2007.5.7.	상소기구 보고서 회람
2007.5.22.	상소기구 보고서 채택

제 16 장 터키-쌀 수입 조치 분쟁
(TURKEY-MEASURES AFFECTING THE IMPORTATION OF RICE) (WT/DS334)

< 요 약 >

터키는 EC 및 구 유고슬라비아와는 일정한 양에 있어 쌀 수입에 무관세를 허용하였다. 이에 미국은 상대적으로 터키에 쌀을 수출하는데 불리하였다. 위와 같은 관세정책에 더해 쌀 수입에는 터키 정부로부터의 수입허가증 통제자격을 취득할 것이 요구되었다. 그러나 터키는 쿼터량을 초과하여 MFN 관세가 적용되는 쌀 수입에 대해 허가증의 발급을 사실상 거부하는 정책을 취했다. 또한 TRQ수입의 경우 국내 구매 요건(domestic purchase requirement)을 부과하였다. 이러한 일련의 정책은 모든 쌀 수입을 In-quota TRQ 수입으로 한정되도록 유도하는 효과를 발생시켰다. 미국은 2003년 9월 쿼터초과 물량의 쌀 수출과 관련하여 터키 정부로의 허가증 발급이 거절되었다고 주장하며 터키를 WTO에 제소하였다. 패널은 터키의 국내 구매 요건관련, GATT 제3.4조 상의 "영향을 주는"이라는 용어를 해석하면서, 수입산 쌀과 국내산 쌀 간의 경쟁적 관계를 변경시키는 효과가 있다면, 비록 그러한 영향이 TRQ를 통한 이익을 부분적으로 보상하는 효과도 낳더라도, 내국민대우 의무 위반이 성립한다고 판시했다. 패널은 또한 쌀 수입에 대한 허가증 발부의 거절 및 제한은 일반관세로 전환하도록 요구된 수입수량제한과 임의적 수입허가에 해당하므로 터키가 농업협정 제4.2조를 위반하였다고 판시하였다.

쌀 관세화를 앞두고 있는 우리로서는 터키 사례가 많은 시사점을 준다. MMA 물량을 운영하는데 있어 터키의 경우와 같이 국내 구매 요건을 부과하는 것은 금기시된다. MMA물량 초과 물량으로 정상수입되는 쌀에 대해 시장접근을 저해하는 조치를 취하는 것도 주요 공격대상이다. 따라서, 정상수입 물량에 대한 규제를 취하는 경우, 항상 그러한 규제의 정당성과 합리성에 대한 입증책임이 수반된다는 점을 인식하고, 규제를 설계하고 도입해야 한다.

Ⅰ. 사건개요 및 사실관계

동 사건은 쌀 수입에 대해 터키가 부과한 수입제한조치와 관련된다. 터키는 쌀 소비량에 비해 생산량이 부족하여 수입을 해야만 하는 쌀 순수입국이며, 연간

540,000~570,000톤의 쌀을 소비한다. 2004년 이후 터키는 다음과 같은 세가지 유형의 관세율(MFN 세율, TRQ상의 할당관세율<In-quota rate>, TRQ상의 쿼터초과 세율 <Out-quota rate>)로 쌀을 수입하였다.

<터키의 쌀 관세 체제>

<table>
<tr><th>수입의 형태</th><th>쌀 종류</th><th>관세율</th></tr>
<tr><td rowspan="4">MFN 관세
(쿼터량을 초과하는 수입의 경우)</td><td>논벼(paddy rice)</td><td>34%</td></tr>
<tr><td>현미(brown rice)</td><td>36%</td></tr>
<tr><td>백미(milled rice)</td><td>35%</td></tr>
<tr><td colspan="2">터키의 WTO 양허율은 45% ad valorem</td></tr>
<tr><td>TRQ 세율 적용 및 국내구매 요건 부과</td><td colspan="2">- 2004.4~2006.7 동안 한정된 량(in-quota)에 대해 특혜관세 부과 (최대 300,000톤)
- 국내 구매 요건(domestic purchase requirement) 부과</td></tr>
<tr><td>EC, 구유고슬라비아와의 특혜무역(Preferential trade) 협약</td><td colspan="2">1년에 36000톤에 대해 무관세</td></tr>
</table>

터키는 EC 및 구 유고슬라비아와는 일정한 양에 있어 쌀 수입에 무관세를 허용하였다. 그리하여 특혜무역협약에 따라 각 2800톤, 8000톤의 쌀을 연간 무관세로 수입하는 것을 허용하였다. 특히 EC에서는 백미와 반백미를 합쳐서 28,000톤을 무관세로 수입하기로 하였기에 미국은 상대적으로 터키에 쌀을 수출하는데 불리하였다.

한편 위와 같은 관세에 더해 쌀 수입에는 터키 정부(MARA: Ministry of Agriculture and Rural Affairs)로부터의 수입허가증 통제(Certificate of Control) 자격을 취득할 것이 요구되었다. 그러나 터키는 쿼터량을 초과하여 MFN 관세가 적용되는 쌀 수입에 대해 허가증의 발급을 사실상 거부하는 정책을 취했다. 일정한 기간 동안 Protection and Control 당국의 총재가 MARA 장관에게 허가증의 발급을 일시적으로 유예하게끔 조치를 취하도록 유도하기도 했다. 이러한 일련의 정책은 모든 쌀 수입을 In-quota TRQ 수입으로 한정되도록 했다. 그리고 TRQ수입의 경우 국내 구매 요건(domestic purchase requirement)을 부과하였는바 이에 따라 수입자들은 터키산 쌀 생산자들로부터 직접 구매하거나, 터키 쌀 위원회(TMO: Turkish Rice Board)로부터 국내산 쌀의 상당량을 구매한 경우에만 외국쌀의 수입이 가능하였다.

<터키의 쌀 수입량>

중량에 근거한 쌀의 품종별 년간 실제 수입량(단위: 톤)					
기간	당사국측 제출정보	논벼	현미	백미	년간 합계
2003년	미국측	247,723	10,036	213,519	471,997
	터키측	247,723	10,934	213,528	472,186
2004년	미국측	26,749	26,177	101,188	154,485
	터키측	35,432	26,176	103,887	165,496
2005년	미국측	102,198	42,193	158,423	302,814
	터키측	102,197	42,193	158,422	302,813
2006년 1월~11월	미국측	91,744	41,740	53,063	186,513
2006년 1월~9월	터키측	102,761	54,430	87,597	244,789

* Exhibit US-81rev, source: Turkish Statistics Corporation (TUIK)
** Exhibit TR-23, source: UFT. See also exhibit TR-25.
*** Based on figures in exhibit TR-23

위 표와 같이, 2003년은 가장 수입량이 많은 해였다. 터키에 대해 벼를 가장 많이 수출하고 있는 국가인 미국은 터키의 위와 같은 수입제한조치에 민감할 수 밖에 없었다. 미국은 2003년 9월 쿼터초과 물량의 쌀 수출과 관련하여 터키 정부로의 허가증 발급이 거절되었다고 주장하며 터키를 WTO에 제소하였다. 미국은 터키정부가 (1) 양허율 또는 그 이하의 관세율이 적용되는 수입 쌀에 대한 허가증 발급 거절, (2) TRQ에 따라 인하된 관세율 하에서 쌀을 수입하기 위해서는 수입자가 일정량의 국내산 쌀을 구매해야 하는 요건, (3) TRQ와 관련된 행정요건 등을 취하거나 부과한 것을 문제삼고, (4) 터키의 쌀 수입 제도 자체가, GATT 제3.4조, 11.1조, 농업협정 제4.2조, TRIMS 협정 제2.1조와 그 부속서 및 수입허가협정의 다양한 규정들을 위반했다고 주장했다.140)

140) 이상 WT/DS334/R(패널보고서), paras. 2.5-34 참조.

Ⅱ. 주요쟁점 및 당사국 주장

1. 주요쟁점

가. 수입허가증 발부와 이의 농업협정 위반 여부

농업협정 상의 '시장접근(market access)' 규정은 모든 WTO 회원국이 외국 농산물 수입시 관세로 인해 방해받지 않아야 함을 의미하므로, 이 사안에서는 MARA에 의한 수입허가증 통제로 쌀 수입을 터키정부가 제한하는 것이 문제시되었다. 또한 쿼터량을 초과하여 MFN 관세가 적용되는 쌀 수입에 대해 허가증의 발급을 거절하는 터키의 정책이 농업협정 제4.2조 위반인지가 문제되었다.

나. 국내 구매 요건

아울러 미국은 관세율할당(TRQ)제도 중, 관세할당을 받기 위해 수입국들이 국내생산 쌀을 먼저 구매해야 하는 것에 불만을 가졌다. 따라서 이러한 제도가 GATT 제3.4조를 위반하는지가 문제시되었다.

결국 터키가 GATT 제3.4, 10, 11.1조, 농업협정 제4.2조, TRIMS 협정 제2.1조와 그 부속서 및 수입허가협정의 다양한 규정들을 위반했다는 미국의 주장에 대해, 패널은 GATT 제10, 11.1조, TRIMS 협정 제2.1조와 그 부속서 및 수입허가 협정에 대해서는 소송경제상 판단하지 않았다. 따라서 이하에서는 터키가 GATT 제3.4조와 농업협정 제4.2조를 위반했는지 여부를 검토한다.

2. 당사국 주장

가. 제소국: 미국의 주장

미국에 따르면 터키 법은 쌀 수입에 있어 '수입의 조건으로' 터키 세관에 허가증을 제출하도록 요구하는바 이 허가증은 "수입허가협정 제1조가 규정하고 있는 수입 허가"라고 주장하였다. 그리고 터키가 수입허가를 일시적으로 지연한 점은 명백한 수량제한 내지 차별적 수입허가로 이는 농업협정 제4.2조에 따라 일반관세로 전환되어야 한다고 주장했다.

또한, 미국은 터키의 국내 구매 요건의 부과는 수입산 쌀을 국내산 쌀보다 불리하게 취급하여 터키 시장에 수입산 쌀의 경쟁조건을 부정적으로 변화시키기 때문에 GATT 제3.4조를 위반하였다고 주장했다. 즉, 국내산 쌀 구매는 수입업자에게 더 많은 비용을 부담하게 하는 비우호적 조치라는 것이다.

나. 피소국: 터키의 주장

터키는 수입허가증 통제(certificate of control)는 "'세관 목적'을 위한 행정적 절차"일 뿐, 수입 면허나 원산지에 따라 수입을 할당하는 조치가 아니라고 반박했다. 또한 미국의 주장과는 달리 수입허가 통제는 비차별적인 방식으로 부여되는 것이라고 주장했다.

TRQ 제도의 운영에 관해, 터키는 이 제도가 외국산 쌀이 터키 쌀 시장에 적절히 제공되도록 외국산 쌀을 수입하는 수입업자에게 혜택을 부여하기 위한 것이라고 반박했다. 즉, TRQ 할당의 목적은 수입업자에게 자동적이며 최대한의 쿼터를 활용하게 하는 것이라고 주장했다.

Ⅲ. 패널 보고서 요지

1. 터키가 농업협정 제4.2조를 위반했는지 여부

> ◇ 농업협정 제4.2조
>
> 회원국은 제5조와 부속서 5에 달리 규정된 경우를 제외하고는 일반관세로 전환하도록 요구된 어떠한 종류의 조치(FN.1)도 유지 또는 이용하거나 동 조치로 복귀하지 아니한다.
>
> (FN 1) 이러한 조치는 1947년도 GATT의 규정으로부터의 국별의무 일탈에 따라 유지되는지 여부에 관계없이 수입수량제한, 가변수입부과금, 최소수입가격, 임의적인 수입허가, 국영무역을 통하여 유지되는 비관세조치, 수출자율규제, 일반관세 이외의 유사한 국경조치를 포함한다. 단, 1994년도 GATT나 세계무역기구 부속서 1가의 국제수지규정 또는 다른 일반적, 비농업특정적 규정에 따라 유지되는 조치는 포함하지 않는다.

미국에 따르면, 터키 법은 쌀 수입 시 '수입의 조건으로' 터키 세관에 수입허가증을 제출하도록 요구하는바 이 허가증은 "수입허가 협정 제1조가 규정하고 있는 수입 허가"라고 주장하였다. 그리고 2003년 9월 이후 터키 당국은 양허관세율에 따른 수입에 허가증을 부여하지 않으므로 쿼터 외 수입을 제한하고 있다고 주장했다. 그리고 이러한 관행은 GATT 제10, 11.1조와 농업협정 제4.2조 및 수입허가 협정의 다양한 규정들을 위반하는 것이라고 주장했다.

이에 대해, 터키는 수입허가증 통제는 "'세관 목적'을 위한 행정적 절차"일 뿐, 수입 허가나 원산지에 따라 수입을 할당하는 조치가 아니라고 반박했다. 또한 미국의 주장과는 달리 수입허가증은 비차별적인 방식으로 부여되는 것이라고 주장했다.

이에 미국은 터키가 관세에 따른 쿼터 이외의 수입쌀에 허가증을 부과하기를 거절하는 것은 수입수량제한이나 임의적 수입허가 관행처럼 농업협정 제4.2조에 따라 일반관세로 전환하도록 요구된 어떠한 종류의 조치라고 주장했다.

이에 따라 패널은 우선 미국이 주장하는 조치가 존재하는지를 검토한 후 해당 조치가 농업협정 제4.2조를 위반하고 있는지를 검토하였다.

가. 수입허가증 발급 및 이의 거절

MARA에 의해 부여되는 수입허가증 통제는 수입업자들이 쌀을 MFN 세율에 따라 수입할 수 있도록 하는 것이다. 터키정부는 2003년과 2006년 9월 사이에 200만톤의 쌀을 수입허가 조치했다. 미국은 터키의 이러한 쌀 수입체제에서는 쌀 수입에 대한 수입허가증(import licensing)이 요구되고 있으나, 터키는 양허관세율(bound rate of duty) 하에서 쌀 수입을 할 수 있는 허가증을 보장해주지 못하고 있다고 주장했다. 특히 2003년 9월 이후에는 MARA가 약속한 관세 범위에서의 수입허가증을 발급하지 않았고 이는 터키가 관세 쿼터량을 초과하는 수입을 효과적으로 막은 것이라고 주장했다.

터키가 관세 쿼터량을 초과하는 수입쌀에 대해 허가를 부여함을 거부했는지와 관련하여 미국은 (1) 쌀 수입에 대해 터키에 의해 거절된 수입 허가증 신청서, (2) 이러한 거절에 대한 터키 행정법원의 판결, (3) 터키 법원에 제출된 추가적인 거절과 관련된 자료, (4) 이러한 거절을 정당화하는 터키 정부의 주장이 담긴 서류, (5) 터키 정부가 농업 장관에게 수입산 쌀에 대한 허가를 중단할 것을 요청한 자료, (6) 쌀 수입에 대한 허가가 2006년 4월 1일자로 가능할 것이라고 터키 정부가 미국에 통보한 서신 등을 제출했다. 미국은 이러한 서류들은 터키 정부가 쌀 수입에 대한 법적 제한을 유지하였음을 보여주고 허가증 발부가 차별적으로 이뤄졌음을 보여주는 증거라고 주장했다.

터키는 위와 같은 서류의 진실성을 문제삼지는 않았으나 이러한 서류들의 함의에 대해서는 다른 입장을 제시했다. 예를 들어, 터키 법원의 결정은 장관의 권한과는 관계없는 단지 권고일 뿐이라고 하였다. 또한 몇몇의 개별적인 쌀 수입 운송이 거절되었으나, 미국은 승인의 요청에 대한 "체계적인 거절"이 있음을 증명하지는 못했다고 주장했다. 특히 쌀 수입에 대한 허가증 발급의 거절은 단지 개별적인 거절로 터키 법안과 WTO 하의 터키의 의무와 양립가능한 것이라고 주장했다. 즉, 이러한 거절은 수입자가 잘못된 관세 분류, 잘못된 원산지 정보처럼 누락되거나 잘못된 정보를 제출하였기 때문에 이루어진 것이라고 하였다. 또한 터키는 자국이 '체계적이고 정기적으로' 쌀 수입의 허가를 승인하였다며 이와 관련된 통계자료와 쌀 수입에 대해 허가장이 발부된 경우에 대한 자료를 제출하였다. 그러나 터키 정부가 TRQ 이외의 쌀 수입 허가 신청을 거절한 적이 있음은 부인하지 않았다.

이에 패널은 쌀 수입에 대한 허가장 발부의 거절이 이루어진 시기와 터키 농업부 장관이 유예에 대한 권유를 받아 허가장 발부를 일시적으로 중단했던 기간과 일치함을 주목했다. 그러나 패널은 두 사실이 시기적으로 일치한다는 사실만으로 수입 허가장 발부에 대한 거절이 MARA의 General Directorate of Protection and Control의 제안의 결과였음을 바로 증명하는 것은 아니라고 하면서, 다른 증거들을 검토하였다. 그 결과, 패널은 MARA의 General Directorate of Protection and Control이 '반복적이고 정기적으로' 농업부 장관에게 수입쌀에 대한 허가를 유예하라는 서면 제안서를 보냈음을 확인했다. 그리고 이러한 서면 제안서들이 그 문언 상 허가증 발급을 유예함에 대한 명시적인 언급을 하고 있음을 주목했다. 그리고 일단 장관이 해당 서면을 승인한 경우, 이와 같은 제안은 관세 쿼터를 초과하는 쌀 수입을 일시적으로 유예하게 하는 지시로 간주됨을 확인했다. 이러한 증거들에 비추어, 패널은 2003년 9월부터와 다른 여러 시기에 터키가 관세 쿼터를 초과하는 수입쌀에 대한 허가를 유예했음을 증명하는 충분한 증거가 있다고 판단했다. 따라서 이러한 사실에 대한 반박하려면 터키에 증명책임이 있다고 판시했다.

패널은 터키가 이러한 전제조건을 반박할만한 증거를 들었는지를 검토했다. 터키는 자국이 "체계적이고 규칙적으로" 허가장을 부과했다며 2003년부터 2006년 11월까지의 자료(수입쌀에 대해 2,242개의 허가장이 발부된 통계자료)를 제출했다.

그러나 패널은 터키에 대해 허가장이 거절된 경우에 대한 통계를 제출할 것을 요구했으나 터키는 자국 비밀 보호법상 규정을 사유로 들어 이에 대한 자료를 제출하지 않았다. 대신에 터키는 허가장 관련한 터키의 규칙, 허가장 형식, 추정치 및 계산과 관련된 자료를 제출했다. 결국 패널은, 위와 같은 자료만으로는 터키가 '체계적이고 규칙적으로' 관세 쿼터 밖의 쌀 수입에 대한 허가장을 발부했는지 여부에 대한 결정을 내릴 수 없다고 판시했다. 또한 국내법상 형사처벌 조항을 이유로, 패널 이외의 사람에게 분쟁 당사자에 대한 비밀 자료 열람을 불허하도록 요청한 터키의 청구는 DSU 제18.1조에 배치되는바 허용될 수 없으며, 아울러 국내법을 이유로 WTO 협정상의 입증 책임 성립을 부정할 수 없다고 판정했다. 이에 따라, 패널은 터키가 2003년 9월과 그 밖의 기간에 관세 할당 밖의 쌀 수입에 대한 허가장 부여를 거절하였다는 전제 사실을 반박하지 못하였다고 판시했다.

나. 농업협정 제4.2조에 따라 일반관세로 전환하도록 요구된 조치인지 여부

터키가 TRQ초과 물량의 쌀 수입에 대한 허가장 부여를 거절한 결정을 하였다는 사실 하에, 패널은 이러한 조치가 농업협정 제4.2조에 따라 일반관세로 전환하도록 요구된 어떠한 종류의 조치인지를 검토하였다. 미국은 이러한 조치가 각주 1에 규정된 '수입수량제한'인 동시에 '임의적 수입허가'라고 한 점을 들었는데, 이에 따라 패널은 해당 조치가 위 두 가지 중 어느 하나에 해당하는지를 검토했다.

수입수량제한인지에 대해서는, 수입 허가증 부과가 거절된 것은 수입쌀의 양을 제한함으로써 지역 쌀 생산 확보를 정당화하기 위한 조치였음을 확인했다. 패널은 또한 터키가 허가를 승인함에 대한 증거를 제시하지 않았을 뿐 아니라, 설령 많은 수의 허가장이 발부되었더라도 이러한 사실이 관세 쿼터를 초과하는 수입쌀에 대한 허가장 발부를 거절했던 사실을 무효로 만들지는 않는다고 판단했다. 그리하여 이러한 터키의 조치는 농업협정 제4.2조 각주1에 규정된 수입수량제한을 구성하고, 이는 제4.2조에 따라 일반관세로 전환하도록 요구된다고 판시하였다.

임의적 수입허가와 관련하여, 패널은 농업협정 제4조의 목적과 임의적 수입허가의 문구를 살폈다. 그리하여 수입 당국의 양허에 대한 자유재량, 수입품에 필요한 특정 서류의 부과 거부는 무역을 제한하기 위한 것으로 농업협정 제4.2조 각

주1의 '임의적 수입허가'에 해당한다고 보았다. 그리하여 패널은, 터키 당국이 수입 허가증 발부를 유예한 것은 효과적으로 무역을 규제하였다고 본 것이다. 결국 패널은, 쌀 수입에 대한 허가증 발부의 거절 및 제한은 일반관세로 전환하도록 요구된 수입수량제한과 임의적 수입허가에 해당하므로 터키가 농업협정 제4.2조를 위반하였다고 판시하였다.141)

2. 터키가 GATT 제3.4조를 위반하였는지 여부 - 국내 구매 요건

◇ GATT 제3.4조

다른 체약당사자의 영토내로 수입되는 체약당사자 영토의 상품은 그 국내판매, 판매를 위한 제공, 구매, 운송, 유통 또는 사용에 영향을 주는 모든 법률, 규정, 요건에 관하여 국내원산의 동종 상품에 부여되는 대우보다 불리하지 않은 대우를 부여받아야 한다. 이 항의 규정은 상품의 국적에 기초하지 아니하고 전적으로 운송수단의 경제적 운영에 기초한 차등적 국내운임의 적용을 방해하지 아니한다.

미국은 터키의 국내 구매 요건(TRQ 하에서 수입자가 쌀을 수입하기 위해서는 특정량의 국내산 쌀을 구매해야 하는 것)의 부과는 수입산 쌀을 국내산 쌀보다 불리하게 취급하여 터키 시장에 수입산 쌀의 경쟁조건을 부정적으로 변화시키기 때문에 GATT 제3.4조를 위반하였다고 주장했다. 터키는 TRQ 제도가 외국산 쌀이 터키 쌀 시장에 적절히 제공되도록 외국산 쌀을 수입하는 수입업자에게 혜택을 부여하기 위한 것이라고 반박했다. 패널은 Korea-Beef 사건의 상소기구 판시를 들며, 제3.4조 위반이 되기 위해서는 다음과 같은 3가지 요건을 충족해야 한다고 주장했다. (1) 수입산 제품과 국내산 제품이 '동종상품'일 것, (2) 해당 조치가 국내판매, 판매를 위한 제공, 구매, 운송, 유통 또는 사용에 영향을 주는 모든 법률, 규정, 요건일 것, (3) 수입상품이 국내 동종상품보다 덜 불리한 대우를 받았을 것이 그것이다.

이에 대해, 패널은 우선 동종상품 요소를 검토했는데, 수입산 쌀과 국내산 쌀이 동종상품이라는 점에는 당사국간에 이견이 없음을 보았다. 그리고 과거의 상소기구가 제품간의 차이가 단지 원산지에 근거한다면, 해당 제품들을 제3.4조의 동종상품이라고 취급하는 것이 타당하다고 한 점을 들었다. 또한 당사국간에 국내 구매 요건이 '법률, 규정, 요건'에 해당함에는 이견이 없음을 확인했다. 패널은

141) 이상 패널보고서, paras. 7.51-138 참조.

과거의 WTO 판시를 들며, 어떠한 조치가 수입자들이 터키 정부로부터 혜택(예를 들어, 감소된 관세율로 쌀을 수입할 수 있는 혜택)을 받기 위해 자발적으로 받아들이는 조건인 경우, 이는 명백히 '요건(requirement)'으로 간주된다고 보았다.

"영향을 주는(affecting)"이라는 용어와 관련해서 패널은, 해당 용어가 넓은 범위를 가지고 있다고 보았다. 그리고 만약 국내 구매 요건이 수입산 쌀과 국내산 쌀간의 경쟁적 관계를 변경시키는 효과가 있었다면, 비록 그러한 영향이 TRQ를 통한 이익을 부분적으로 보상하는 효과가 있더라도 이러한 '요건'이 수입산과 국내산 쌀간의 경쟁 관계에 '영향을 주었고' 결과적으로 국내산/수입산 쌀 구매에 대한 operator의 결정에 영향을 준 것이라고 판시했다.

'불리하지 않은 대우'와 관련하여 미국은, 국내 구매 요건이 경쟁의 기회를 국내산 쌀에 대해 호의적으로 변환시켰다고 주장했다. 터키는 이에 대해, 국내 구매 요건을 독립적으로 판단할 것이 아니라, 수입제품에 호의적으로 경쟁의 기회를 변화시킬 의도 하에 고안된 TRQ 제도의 일부로서 검토되어야 한다고 주장했다. 이에 대해 패널은, Korea-Beef 사건에서의 패널의 판시를 들며, 해당 조치가 수입상품의 경쟁의 기회에 해로운 영향을 미치는지를 검토해야 한다고 언급했다. 또한 과거 패널의 판시들이 수입품과 동종의 국내 상품간의 경쟁적 조건의 동등성을 확보하는 것의 중요성을 강조했음을 들었다. 이에 따라 패널은, 국내 생산자로부터 국내산 논벼를 구입한 수입자와 TMO로부터 국내산 논벼나 백미를 구입한 수입자만이 쌀 수입에 있어서의 관세 할당의 혜택을 누릴 수 있다는 점에 대해서는 당사국간의 이견이 없음을 확인했다. 즉, TRQ의 혜택을 받기 위해서는 국내 구매 요건을 충족하는 것이 필요한 것이고, 동종의 수입쌀을 구매하는 경우 그러한 혜택은 부여되지 않는다는 점에는 동의했다. 이에 따라 패널은, 국내 구매 요건은 수입쌀에게 불리하게 터키 내 시장 경쟁조건을 변화시켰음을 확인했다. 그리고 국내산 쌀의 구매는 동종의 수입산 쌀이 제공하지 못한 혜택(수입산 쌀을 감소된 관세율에 따라 구매할 수 있는 기회)을 부여했다고 판시했다. 결국 패널은 터키가 국내 구매 요건을 통해, 수입산 쌀에 대해 동종의 국내산 쌀에 비해 불리한 대우를 하여 GATT 제3.4조를 위반했다고 판시했다.[142)]

---

142) 이상 패널보고서, paras.7.211-272 참조.

Ⅳ. 해설 및 평가

터키-쌀 수입조치 분쟁은 쌀 시장 개방을 앞두고 있는 우리에게 많은 시사점을 주고 있다. WTO 농업협정에 따르면 모든 농산물은 1995년부터 관세화해야 한다. 이러한 대원칙의 예외로 한국 쌀에 대해서는 농업협정 제5부속서에 의거하여 10년간 관세화를 유예하고, 부속서에 근거한 추가협상을 통해 2014년 말까지 관세화를 유예할 수 있도록 허용한 것이다. 동 부속서는 만일 한국이 2004년 말 이후에도 개방을 연기하길 원한다면 그 조건과 대가에 관한 모든 사항을 "2004년 말 이전에 타결하는 협상에서 합의해야 한다"고 규정하고 있고, 우리는 2004년 말에 바로 이 권리를 행사하여 2014년 말까지 쌀 관세화를 재차 유예하는 것을 조건으로 관세화 시점까지 의무 수입량을 매년 추가로 늘려주기로 수출국들과 합의한 것이다. 이러한 합의시 2014년 이후에도 재유예할 수 있는 권한을 규정해 넣지 못했으므로, 2014년 이후 재유예는 불가능하다. 이론적으로는 WTO체제상의 의무면제(waiver)를 획득하게 되면, 기존 농업협정에 위반하는 재유예도 가능하나, 의무수입량을 대폭 늘려주어야 하는 등 의무면제의 대가를 지불해야 함을 고려할 때 현실성 있는 대안은 아니다. 결국, 우리는 2014년 쌀 관세화를 단행하고 시장을 전면적으로 개방해야 하는데, 이때는 농업협정 제4조상의 시장접근 조항에 합치하도록 제도를 운영하는 것이 필수적으로 요구된다.

우선, 관세상당치 계산에 입각해 쌀 수입관세율을 도출해야 한다. 이 과정에서 수출국들과의 어느 정도 합의가 있어야 관세율 설정에 대한 분쟁이 제기되지 않을 것이다. 또한, 의무수입물량(MMA) 쿼터 배분의 문제도 주의해야 한다. 관세화가 유예된 그동안 MMA는 2014년까지 매년 약 2만톤씩 추가로 증량토록 하고 있어, 1995년 5만 1천톤이었던 MMA가 2014년에는 40만 9천톤에 이른다. 쌀 관세화시에는 현행 국별쿼터를 모두 MFN 쿼터(글로벌 쿼터)로 전환해야 하므로, 미국의 경우 현행 국별쿼터가 소멸되는 것에 대해 불안감을 느낄 수 있다. 따라서 40만 9천톤의 MMA물량을 앞으로 한국정부가 어떻게 운영하는지, 이러한 물량을 모두 소진하는지 등의 이슈들에 대해 촉각을 곤두세울 것으로 보인다.

물론, 이러한 MMA물량을 운영하는데 있어 터키의 경우와 같이 국내 구매 요건을 부과하는 것은 금기시 된다. 터키 분쟁의 패널이 GATT 제3.4조 상의 "영향을 주는" 용어를 해석하면서, 수입산 쌀과 국내산 쌀 간의 경쟁적 관계를 변경시키는 효과가 있다면, 비록 그러한 영향이 TRQ를 통한 이익을 부분적으로 보상하는 효과도 낳더라도, 내국민대우 의무 위반이 성립한다고 판시한 점은 주목을 요한다. 국내 구매 요건뿐만 아니라, 다양한 국내적 조치를 통해 MMA수입제도 운영관련, 국산 쌀에 유리한 경쟁조건을 창출하려는 노력들은 항상 GATT 내국민대우와 충돌할 수 있음을 명심해야 한다. 그러한 조치가 부분적으로 수입쌀에 이익을 부여하는 측면이 있더라도 전체적인 구조상 GATT 제3조 위반 성립을 막지 못하는 것이다.

MMA물량 초과 물량으로 정상수입되는 쌀에 대해 시장접근을 저해하는 조치를 취하는 것도 주요 공격대상이다. 수입허가제를 실시하면서 이를 자의적으로 운영해서는 안된다. 터키 분쟁 패널이 판시한 바와 같이, 수입허가제에 따라 특정 수출국의 쌀 수출이 저해된 사례가 제시된다면, MFN원칙과 시장접근 원칙에 입각하여 "체계적이고 규칙적으로" 허가장을 부과해왔다는 입증책임은 수입국이 부담하는 것이다. 따라서 정상수입 물량에 대한 규제를 취하는 경우, 항상 그러한 규제의 정당성과 합리성에 대한 입증책임이 수반된다는 점을 인식하고, 규제를 설계하고 도입해야 한다.

한마디로, 터키 쌀 사건은 쌀 시장 관세화 이후에도 관세제도의 구체적 운영방법이 GATT내국민대우 및 농업협정 위반 클레임의 표적이 됨을 사례로 보여주고 있어, 우리에게 타산지석의 교훈을 남긴다.

〈WTO 분쟁해결 일지〉

2006.2.6. 미국, 패널 설치 요청
2006.3.17. 패널 설치
2006.7.31. 패널 구성
2007.5.3. 최종보고서 발간
2007.9.21. 최종보고서 회람
2007.10.22. 패널 보고서 채택

〈참고자료〉 WTO홈페이지(www.wto.org) 수록 WTO분쟁 패널/상소기구 보고서 및 Worldtradelaw.net(www.worldtradelaw.net) 수록 WTO분쟁 패널/상소기구 보고서 요약본

사건번호	사건제목, 보고서 분량 및 발간일
1. U.S-COOL (DS 384, 385)	United States-Certain Country of Origin Labelling(COOL) Requirements 패널 : 233페이지 2011년 11월 18일 상소 : 265페이지 2012년 6월 29일
2. U.S-Clove Cigarettes (DS 406)	United States-Measures Affecting the Production and Sale of Clove Cigarettes 패널 : 190페이지 2011년 9월 2일 상소 : 114페이지 2012년 4월 4일
3. Philippines-Distilled Spirits(DS 396, 403)	Philippines-Taxes on Distilled Spirits 패널 : 112페이지, 2011년 8월 15일 상소 : 116페이지, 2011년 12월 21일
4. Thailand-Cigarettes (DS 371)	Thailand-Customs and Fiscal Measures on Cigarettes from the Philippines 패널 : 354페이지, 2010년 11월 15일 상소 : 97페이지, 2011년 6월 17일
5. Australia-Apples (DS 367)	Australia-Measures Affecting the Importation of Apples from New Zealand 패널 : 485페이지, 2010년 8월 9일 상소 : 173페이지, 2010년 11월 29일
6. EC-Bananas(DS27), Article 21.5	European Communities-Regime for the Importation, Sale and Distribution of Bananas Second Recourse to Article 21.5 of the DSU by Equador 패널 : 225페이지, 2008년 5월 19일 패널 : 164페이지, 2008년 4월 7일 상소 : 197페이지, 2008년 11월 26일
7. Canada-Hormones Suspension(DS 321)	Canada-Continued Suspension of Obligations in the EC-Hormones Dispute 패널 : 229페이지, 2008년 3월 31일 상소 : 333페이지, 2008년 10월 16일
8. U.S-Hormones Suspension(DS 320)	United States-Continued Suspension of Obligations in the EC-Hormones Dispute 패널 : 235페이지 2008년 3월 31일 상소 : 333페이지, 2008년 10월 16일

사건번호	사건제목, 보고서 분량 및 발간일
9. U.S-Cotton Subsidies(DS267)	United States-Subsidies on Upland Cotton, Recourse to Article 21.5 of the DSU by Brazil 패널 : 204페이지, 2007년 12월 18일 상소 : 194페이지, 2008년 6월 2일
10. Chile-Agricultural Products(Price Band) (DS207)	Chile-Price Band System and Safeguard Measures Relating to Certain Agricultural Products, Recourse to Article 21.5 of the DSU by Argentina 패널 : 67페이지, 2006년 12월 8일 상소 : 103페이지, 2007년 5월 7일
11. China-Broiler Products(DS 427)	China-Anti-Dumping and Countervailing Duty Measures on Broiler Products from the United States 패널 : 168페이지, 2013년 8월 2일
12. Korea-Bovine Meat (DS 391)	Korea-Measures Affecting the Importation of Bovine Meat and Meat Products from Canada 패널 : 6페이지, 2012년 7월 3일
13. U.S-Orange Juice (DS 382)	United States-Anti-Dumping Administrative Reviews and Other Measures Related to Imports of Certain Orange Juice from Brazil 패널 : 85페이지, 2011년 3월 25일
14. U.S-Poultry (DS 392)	United States-Certain Measures Affecting Imports of Poultry from China 패널 : 142페이지, 2010년 9월 29일
15. Mexico-Olive Oil CVD(DS 341)	Mexico-Definitive Countervailing Measures on Olive Oil from the European Communities 패널 : 110페이지, 2008년 9월 4일
16. Turkey-Rice (DS 334)	Turkey-Measures Affecting the Importation of Rice 패널 : 130페이지, 2007년 9월 21일

최 원 목

[저자 약력]

이화여대 법학전문대학원 교수 (미국 조지타운대 법학박사)
한국 국제경제법학회 회장
한국 ABS포럼 회장
한국 해외자원에너지법제연구회 회장
통상교섭자문위원, 외교정책자문위원 등 역임

[저서·논문]

'WTO 비차별원칙의 이해 및 적용'외 국내외 10여권 저서
'WTO분쟁해결제도와 한국의 경험'외 국내외 60여편 논문

농업통상법

2015년 4월 20일 초판인쇄
2015년 4월 30일 초판발행

저 자 최 원 목
발행인 고 호 균
발행처 **법 영 사**

저자와의 협의하에 인지첩부를 생략함

135-835 서울시 강남구 논현로 130
전화 (501)8898(대) Fax (501)8895
등록 1987. 5. 11. 제3-125호(윤)
Homepage : www.bubyoungsa.co.kr
E-mail : bypuco@chol.com

※ 파본은 교환해 드립니다. 정가 **18,000원**

ISBN 978-89-7032-306-0